# 协和听课笔记

# 生 理 学

张 镭 主编

中国协和医科大学出版社

图书在版编目（CIP）数据

生理学 / 张镭主编. —北京：中国协和医科大学出版社，2020.10

（协和听课笔记）

ISBN 978-7-5679-1574-9

Ⅰ. ①生… Ⅱ. ①张… Ⅲ. ①生理学-医学院校-教学参考资料 Ⅳ. ①Q4

中国版本图书馆 CIP 数据核字（2020）第 152832 号

协和听课笔记
生理学

主　　编：张　镭
责任编辑：张　宇

出版发行：中国协和医科大学出版社
（北京市东城区东单三条 9 号　邮编 100730　电话 010-65260431）
网　　址：www.pumcp.com
经　　销：新华书店总店北京发行所
印　　刷：北京玺诚印务有限公司

开　　本：889×1194　1/32
印　　张：11.375
字　　数：260 千字
版　　次：2020 年 10 月第 1 版
印　　次：2020 年 10 月第 1 次印刷
定　　价：48.00 元

ISBN 978-7-5679-1574-9

# 编者名单


主　编　张　镭

编　委（按姓氏笔画排序）

王雅雯（中国医学科学院肿瘤医院）

白熠洲（清华大学附属北京清华长庚医院）

朱一鸣（中国医学科学院肿瘤医院）

朱晨雨（北京协和医院）

李　炎（北京协和医院）

李晗歌（北京协和医学院）

杨　寒（中山大学肿瘤防治中心）

吴春虎（阿虎医学研究中心）

张　镭（南方医科大学南方医院）

陈　玮（中日友好医院）

夏小雨（中国人民解放军总医院第七医学中心）

蔺　晨（北京协和医院）

管　慧（北京协和医院）

# 前 言

北京协和医学院是中国最早的一所八年制医科大学，在100多年的办学过程中积累了相当多的教学经验，在很多科目上有其独特的教学方法，尤其是各个学科的任课老师，都是其所在领域的专家、教授。刚进入协和的时候，就听说协和有三宝：图书馆、病案和教授。更有人索性就把协和的教授誉为“会走路的图书馆”。作为协和的学生，能够在这样的环境中学习，能够聆听大师们的教诲，我们感到非常幸运。同时，我们也想与大家分享自己的所学所获，由此，推出本套丛书。

本套丛书是以对老师上课笔记的整理为基础，再根据第9版教材进行精心编写，实用性极强。

本套丛书的特点如下：

1. 结合课堂教学，重难点突出

总结核心问题，突出重难点，使读者能够快速抓住重点内容；精析主治语录，提示考点，减轻读者学习负担；精选执业医师历年真题，未列入执业医师考试科目的学科，选用练习题，以加深学习记忆，力求简单明了，使读者易于理解。

2. 紧贴临床，实用为主

医学的学习，尤其是桥梁学科的学习，主要目的在于为临床工作打下牢固的基础，无论是在病情的诊断、解释上，还是在治疗方法和药物的选择上，都离不开对人体最基本的认识。

桥梁学科学好了，在临床上才能融会贯通，举一反三，学有所用，学以致用。

3. 图表形式，加强记忆

通过图表的对比归类，不但可以加强、加快相关知识点的记忆，通过联想来降低记忆的“损失率”，也可以通过表格中的对比来区分相近知识点，避免混淆，帮助大家理清思路，最大限度帮助读者理解和记忆。

生理学是各临床学科开展预防、诊断、治疗、康复和临床科学研究的重要基石，也是连接基础和临床学科的一门重要桥梁学科，故需认真学习和掌握生理学知识。全书共分 12 章，基本涵盖了教材的重点内容。每个章节都由本章核心问题、内容精要等部分组成，重点章节配执业医师历年真题，重点内容以下划线标注，有助于学生更好地把握学习重点。

本套丛书可供各大医学院校本科生、专科生及七年制、八年制学生使用，也可作为执业医师和研究生考试的复习参考用书，对住院医师也具有很高的学习参考价值。

由于编者水平有限，如有错漏，敬请各位读者不吝赐教，以便修订、补充和完善。如有疑问，可扫描下方二维码，会有专属微信客服解答。

编　者

2020 年 6 月

# 目　录

# 第一章　绪　　论

## 核心问题

1. 内环境与稳态的概念。
2. 人体生理功能的三大调节方式及其特点。
3. 正、负反馈的鉴别。

## 内容精要

通过了解机体生命活动的基本特征、内环境及其稳态并概括性地阐述机体生理功能的调节，建立对生理学的总体认识，理解维持机体内环境相对稳定即稳态的重要性。

## 第一节　生理学的研究对象和任务

### 一、生理学的研究对象

生理学是一门研究机体生命活动各种现象及其功能活动规律的科学。

### 二、生理学的研究任务

人体生理学是研究人体功能活动及其规律的科学，既研究人体各系统器官和不同细胞正常的生命功能活动现象和规律并阐明其内在机制，又研究在整体水平上各系统、器官、细胞乃至基因分子之间的相互联系，因为生命活动实际上是机体各个细胞乃至生物分子、器官、系统所有功能活动互相作用，统一整合的总和。

## 第二节　生理学的常用研究方法

### 一、动物实验

#### （一）急性实验

急性实验是以动物活体标本或完整动物为实验对象，人为地控制实验条件，在短时间内对动物标本或动物整体特定的生理活动进行观察和干预并记录其实验结果作为分析推断依据的实验。实验通常具有损伤性，甚至不可逆转，可造成实验对象的死亡。

1. 在体实验　又称活体解剖实验，在体实验的条件易于控制，实验较简单。

2. 离体实验　有利于排除无关因素的影响，但实验在特定的条件下进行，其获取的结果不一定能代表在自然条件下的整体活动情况。

#### （二）慢性实验

慢性实验是以完整、清醒的动物为研究对象，尽量使动物所处的外界环境接近自然常态，在一段时间内，在同一动物身上反复多次观察完整机体内某些器官功能活动或生理指标变化的实验。

慢性实验获得的结果比较接近整体的生理功能活动，但实验条件要求高，时间长，整体条件复杂，影响因素较多，所得

的结果有时不易分析。

## 二、人体生理研究

人们可以在生命伦理学的指导下，通过对人体活动的基本数据的收集、分析乃至大数据海量挖掘等方法，以获取更加有用的生理学资料，为临床医学提供更有指导性的实验依据。随着基因图谱的不断解码和破译，人类认识生命的发生、个体的发育、成熟、衰老的过程不断深化，也使个体化生理功能研究和生物信息学研究成为可能。

## 三、科学方法是解开生理学问题的钥匙

运用正确的科学方法进行生理学的研究，是获得生理学真知的重要途径。

# 第三节　生命活动的基本特征

各种生物体都具有一些共同的基本生命特征，包括新陈代谢、兴奋性、适应性和生殖等。从人体生命活动全周期来看，发育、成熟、衰老乃至死亡是一个具有规律性特征的过程。

## 一、新陈代谢

机体要生存，就得不断与环境进行物质和能量交换，摄取营养物质以合成自身的物质，同时不断分解自身衰老退化物质，并将分解产物排出体外。这种自我更新过程称为新陈代谢。新陈代谢是机体生命活动最基本的特征。

## 二、兴奋性

能引起活组织细胞产生反应的最小刺激强度称为阈强度，

简称阈值。刺激强度低于阈值的刺激称为阈下刺激，刺激强度大于阈值的刺激称为阈上刺激，引起最大反应的最小刺激称为最适刺激。

活组织细胞接受刺激产生反应的能力或特性称为兴奋性。不同的组织细胞对同样刺激的反应不同，通常可以采用阈值衡量兴奋性的高低，两者呈反变关系。

$$兴奋性 \propto \frac{1}{阈值}$$

## 三、适应性

机体根据环境变化调整自身生理功能的过程称为适应。机体能根据内外环境的变化调整体内各种活动，以适应变化的能力称为适应性。

## 四、生殖

生殖是机体繁殖后代、延续种系的一种特征性活动。

## 五、衰老

生命周期中有一个随着时间的进展而表现出功能活动的不断减退、衰弱，直至死亡的过程，这个过程泛称为衰老。包括人体结构成分的衰老变化，细胞数量减少，全身器官功能下降、功能改变和对内外环境的适应能力逐渐下降。

# 第四节　机体的内环境、稳态和生物节律

## 一、机体的内环境

生物学将机体生存的外界环境称为外环境，包括自然环境

和社会环境。体内各种组织细胞直接接触并赖以生存的环境称为内环境。

人体内的液体总称为体液，约占体重的 60%。体液分类：①约 2/3 的体液分布在细胞内，称为细胞内液。②其他的 1/3 分布在细胞外，称为细胞外液，包括血浆、组织液、淋巴液和脑脊液。生理学中通常把细胞外液称为内环境。

细胞外液含有各种无机盐和细胞必需的营养物质（如糖、氨基酸、脂肪酸等），还含有氧、二氧化碳及细胞代谢产物。正常细胞通过细胞膜进行细胞内液和细胞外液之间的物质交换，以维持细胞生命活动的进行。

### 二、内环境的稳态

内环境的稳态是指内环境的理化性质，如温度、酸碱度、渗透压和各种液体成分的相对恒定状态。内环境的稳态并不是静止不变的固定状态，维持稳态是保证机体正常生命活动的必要条件。

### 三、生物节律

生物节律是机体普遍存在的生命现象。机体内的各种功能活动按一定的时间顺序发生周期性变化。

## 第五节　机体生理功能的调节

机体生理功能的主要调节方式有 3 种：神经调节、体液调节和自身调节。这些调节活动既可以单独存在、独立完成，又可以相互配合、协同完成，共同实现维持机体内环境的相对稳定，保证生命活动的正常进行。

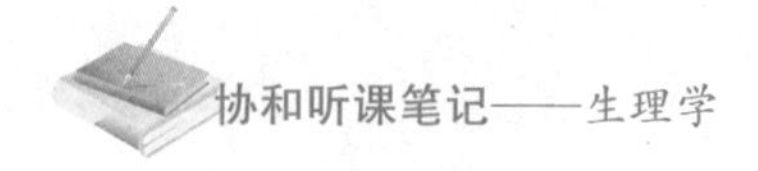


## 一、神经调节

机体内许多生理功能是由神经系统的活动调节完成的，称为神经调节。反射是神经调节的基本形式。反射活动的结构基础为反射弧，由五个基本成分组成，即感受器、传入神经、中枢、传出神经和效应器（图 1-5-1）。神经反射的特点是反应迅速，起作用快，调节精确。神经反射包括非条件反射和条件反射两种。

刺激 ⟶ 感受器 $\xrightarrow{\text{传入神经}}$ 中枢 $\xrightarrow{\text{传出神经}}$ 效应器 ⟶ 反应

图 1-5-1　反射弧的构成

## 二、体液调节

体液调节是指机体的某些组织细胞所分泌的特殊的化学物质，通过体液途径到达并作用于靶细胞上的相应受体，影响靶细胞生理活动的一种调节方式（表 1-5-1）。人体内很多内分泌腺的活动接受来自神经和体液的双重调节，称为神经-体液调节。体液调节作用缓慢而持久，作用面较广泛，调节方式相对恒定，对人体生命活动的调节和自身稳态的维持起着十分重要的作用。

表 1-5-1　体液调节分类

| 分类 | 特点 | 举例 |
|---|---|---|
| 远距分泌 | 通过血液循环作用于全身各处的靶细胞 | 甲状腺素、胰岛素、糖皮质激素、白介素、生长因子、趋化因子、$CO_2$、NO 等 |

续　表

| 分　类 | 特　　点 | 举　　例 |
|---|---|---|
| 旁分泌 | 不通过血液循环而直接进入周围的组织液，通过扩散作用到达邻近细胞后发挥特定的生理作用 | 胰高血糖素刺激胰岛 B 细胞分泌胰岛素 |
| 自分泌 | 有些细胞分泌的激素或化学物质在局部扩散，又反馈作用于产生该激素或化学物质的细胞本身 | 胰岛素可抑制胰岛 B 细胞分泌胰岛素 |
| 神经内分泌 | 下丘脑内有一些神经细胞能合成激素，激素随神经轴突的轴浆流至末梢，由末梢释放入血 | 血管升压素 |

### 三、自身调节

自身调节是指某些细胞或组织器官凭借本身内在特性，而不依赖神经调节和体液调节，对内环境变化产生特定适应性反应的过程。如肾小球的入球小动脉内压力增高时，牵张了入球小动脉平滑肌收缩，使入球小动脉管径变小，阻力增加，从而使血流量减少，维持正常的肾小球滤过率。调节特点：强度较弱，影响范围小，灵敏度较低，调节常局限于某些器官或组织细胞内，但对于该器官或组织细胞生理活动的功能调节仍然具有一定的意义。

## 第六节　人体内自动控制系统

### 一、反馈控制系统

#### （一）负反馈控制系统

负反馈控制系统是一个闭环的控制系统，来自受控部分的输出信息反馈调整控制部分的活动，最终使受控部分的活动向与其原先活动的相反方向改变的反馈活动。

1. 意义　负反馈使系统处于一种稳定状态。

2. 举例　血糖浓度、pH、循环血量、渗透压等。

### （二）正反馈控制系统

正反馈控制系统也是闭环控制系统，来自受控部分的输出信息反馈调整控制部分的活动，最终使受控部分的活动向与其原先活动的相同方向改变的反馈活动。

1. 意义　正反馈不可能维持系统稳态或平衡，而是打破原先的平衡状态。

2. 举例　排便、排尿、分娩、血液凝固等。

主治语录：负反馈控制有一定的调定点，正反馈可产生"滚雪球"效应。

## 二、前馈控制系统

在自动控制理论中，前馈控制系统是利用输入或扰动信号（前馈信号）的直接控制作用构成的开环控制系统。当控制部分发出信号，指令受控部分进行某一活动时，受控部分不发出反馈信号，而是由某监测装置在受到刺激后发出前馈信号，作用于控制部分，使其及早作出适应性反应，及时地调控受控部分的活动。前馈控制系统可以避免负反馈调节时矫枉过正产生的波动和反应的滞后现象。

## 历年真题

1. 下列各体液中，不属于机体内环境范畴的是

A. 血浆

B. 细胞内液

C. 组织间液

D. 淋巴液

E. 脑脊液

2. 神经系统活动的基本过程是

A. 产生动作电位

B. 反射

C. 反射弧

D. 反应

E. 细胞兴奋

参考答案：1. B　2. B

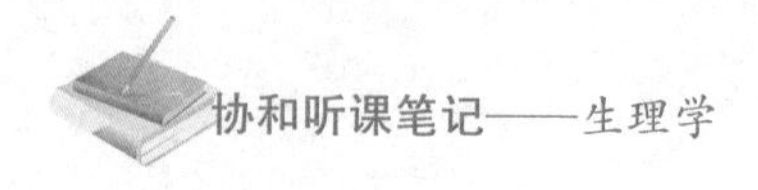


# 第二章　细胞的基本功能

## 核心问题

1. 细胞膜的跨膜物质转运形式及特点。
2. 细胞的生物电现象。
3. 细胞的兴奋性。
4. 骨骼肌的收缩特点。

## 内容精要

细胞是构成人体的最基本结构和功能单位。所有细胞均具有物质跨膜转运功能、信号转导功能和生物电现象，肌细胞具有收缩功能。

## 第一节　细胞膜的物质转运功能

### 一、细胞膜的化学组成及其分子排列形式

细胞膜又称质膜，可分隔细胞质与细胞周围环境。细胞膜和细胞内各种细胞器的膜结构及其化学组成基本相同，主要由脂质和蛋白质组成，还有少量糖类物质。

1. 细胞膜的脂质　大多以磷脂为主（约70%以上），胆固

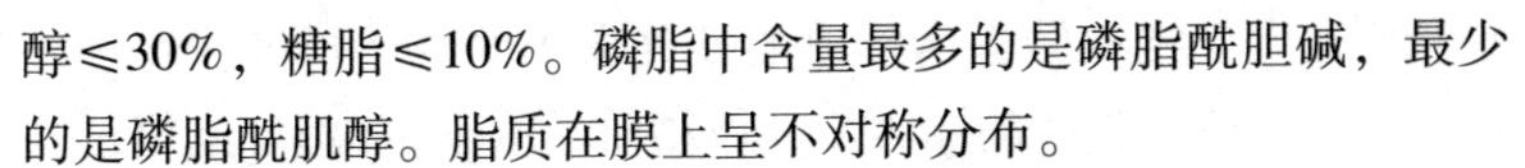

醇≤30%，糖脂≤10%。磷脂中含量最多的是磷脂酰胆碱，最少的是磷脂酰肌醇。脂质在膜上呈不对称分布。

2. 细胞膜的蛋白质 表面膜蛋白占20%~30%，主要在细胞膜的内表面。整合膜蛋白占70%~80%，如载体、通道、离子泵和转运体等与物质跨膜转运功能有关的功能蛋白。

3. 细胞膜的糖类 主要是一些寡糖和多糖链，以共价键的形式与膜蛋白或膜脂质结合而形成糖蛋白或糖脂，几乎总是位于细胞膜的外侧。

## 二、跨细胞膜的物质转运

1. 单纯扩散 物质从质膜的高浓度一侧通过脂质分子间隙向低浓度一侧进行的跨膜扩散；见于脂溶性（非极性）小分子量物质或少数不带电荷的极性小分子。

2. 易化扩散 在膜蛋白的帮助（或介导）下，非脂溶性的小分子物质或带电离子顺浓度梯度和/或电位梯度进行的跨膜转运。

（1）经通道易化扩散：各种带电离子在通道蛋白的介导下，顺浓度梯度和/或电位梯度的跨膜转运，称为经通道易化扩散，又称离子通道。特点为离子选择性、门控特性。

（2）经载体易化扩散：水溶性小分子物质或离子在载体蛋白介导下顺浓度梯度进行的跨膜转运，属于载体介导的被动转运。特点为结构特异性、饱和现象、竞争性抑制。

3. 主动转运 某些物质在膜蛋白的帮助下，由细胞代谢供能而进行的逆浓度和/或电位梯度跨膜转运。

（1）原发性主动转运：细胞直接利用代谢产生的能量将物质逆浓度梯度和/或电位梯度转运的过程。介导原发性主动转运的膜蛋白或载体称为离子泵。

典型离子泵包括钠-钾泵、钙泵、转运$H^+$的质子泵。

（2）继发性主动转运：有些物质主动转运所需的驱动力，

是利用原发性主动转运所形成的某些离子的浓度梯度，在这些离子顺浓度梯度扩散的同时使其他物质逆浓度梯度和/或电位梯度跨膜转运，这种间接利用 ATP 能量的主动转运过程称为继发性主动转运，又称联合转运。根据物质的转运方向，联合转运可分为同向转运和反向转运。

**主治语录：主动转运耗能，被动转运不耗能。细胞膜的转运方式，见表 2-1-1。**

表 2-1-1　细胞膜的转运方式

| 转运形式 | 被动转运 | | 主动转运 | |
|---|---|---|---|---|
| | 单纯扩散 | 易化扩散 | 原发性 | 继发性 |
| 扩散方向 | 高浓度→低浓度 | 高浓度→低浓度 | 低浓度→高浓度 | 低浓度→高浓度 |
| 移动过程 | 无需帮助，自由扩散 | 需离子通道或载体的帮助 | 需要泵的参与 | 需要转运体的协助 |
| 能量消耗 | 不消耗 | 不消耗 | 消耗 | 间接消耗 |
| 举例 | $O_2$、$CO_2$、$N_2$、类固醇激素、乙醇、尿素、甘油、水等 | 葡萄糖进入红细胞、普通细胞离子（$K^+$、$Na^+$、$Cl^-$、$Ca^{2+}$） | 钠-钾泵、钙泵、质子泵 | ①葡萄糖，氨基酸在小肠黏膜上皮的吸收及在肾小管上皮被重吸收的过程（$Na^+$-葡萄糖同向转运体）②神经递质在突触间隙被神经末梢重摄取的过程 |

4. 膜泡运输　大分子和颗粒物质进出细胞并不直接穿过细胞膜，而是由膜包围形成囊泡，通过膜包裹、膜融合和膜离断

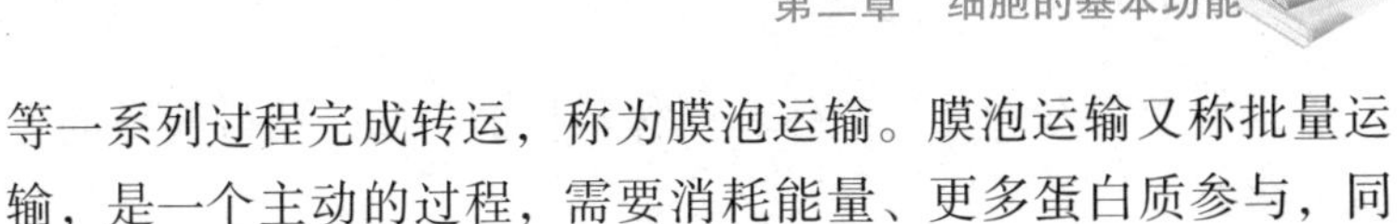


等一系列过程完成转运，称为膜泡运输。膜泡运输又称批量运输，是一个主动的过程，需要消耗能量、更多蛋白质参与，同时还伴有细胞膜面积的改变。主要形式如下。

（1）出胞：胞质内的大分子物质以分泌囊泡的形式排出细胞的过程。例如外分泌腺细胞排放酶原颗粒和黏液、内分泌腺细胞分泌激素、神经纤维末梢释放神经递质等过程。

（2）入胞：细胞外大分子物质或物质团块如细菌、死亡细胞和细胞碎片等被细胞膜包裹后以囊泡形式进入细胞的过程，又称内化。

## 第二节　细胞的跨膜信号转导

### 一、信号转导概述

#### （一）概念

细胞的信号转导是指生物学信息（兴奋或抑制）在细胞间或细胞内转换和传递，并产生生物效应的过程，但通常指跨膜信号转导，即生物活性物质（激素、神经递质、细胞因子等）通过受体或离子通道的作用而激活或抑制细胞功能的过程。

#### （二）生理意义

细胞的信号转导本质上是细胞和分子水平的功能调节，是机体生命活动中生理功能调节的基础。

#### （三）主要的信号转导通路

1. 在信号转导通路中，受体是指细胞中具有接受和转导信息功能的蛋白质。受体包括膜受体、胞质受体和核受体。能与受体发生特异性结合的活性物质称为配体。

2. 依据参与介导的配体和受体特性的不同，信号转导的方式分两类。

（1）水溶性的配体或物理信号：先作用于膜受体，再经跨膜和细胞内信号转导机制产生效应。依据膜受体的特性可分为多种通路，主要是离子通道型受体、G蛋白偶联受体、酶联型受体和招募型受体介导的信号转导。

（2）脂溶性配体：通过单纯扩散进入细胞内，直接与胞质受体或核受体结合而发挥作用，通常通过影响基因表达而产生效应，称为核受体介导的信号转导。

## 二、离子通道型受体介导的信号转导

经通道的易化扩散，因离子通道转运带电离子所产生的跨膜电流，可以改变细胞的生物电活动，进而显示跨膜信号转导功能。

1. 化学门控通道　一类由配体结合部位和离子通道两部分组成、同时具有受体和离子通道功能的膜蛋白，故称为离子通道型受体或促离子型受体。调控这些通道的化学物质（配体）是一些信使分子。而“促离子型”是指该类受体被激活后可引起离子跨膜移动的变化，实现信号转导功能。

2. 电压门控通道和机械门控通道　不称为受体，但也能将接受的物理刺激信号转换成细胞膜电位变化，具有与化学门控通道类似的“促离子型”信号转导功能，也可归入离子通道型受体介导的信号转导中。它们接受的是电信号或机械信号，但也通过离子通道活动和跨膜离子电流将信号转导至细胞内。

例如：①骨骼肌终板膜中的$N_2$型ACh受体阳离子通道激活所产生的膜电位变化，还需进一步激活邻近的肌细胞膜中电压门控钠通道，进而产生动作电位，才能引发骨骼肌收缩。②血压升高时，血液对血管壁平滑肌的扩张刺激，可激活平滑肌细胞膜中机械门控离子通道，导致$Ca^{2+}$内流，引起血管平滑肌的收缩。

## 三、G 蛋白偶联受体介导的信号转导

G 蛋白偶联受体是指被配体激活后，作用于与之偶联的 G 蛋白，再引发一系列以信号蛋白为主的级联反应而完成跨膜信号转导的一类受体。G 蛋白偶联受体既无通道结构，又无酶活性，其所触发的信号蛋白之间的相互作用主要是一系列的生物化学反应过程。

### （一）主要的信号蛋白和第二信使

1. G 蛋白偶联受体　该受体被配体激活后，通过改变分子构象而结合并激活 G 蛋白，再通过一系列级联反应将信号传递至下游的最终效应靶标，不仅可调节离子通道活动，还可以调节细胞的生长、代谢、细胞骨架结构以及通过改变转录因子的活性而调控基因表达等活动。

2. G 蛋白　鸟苷酸结合蛋白的简称，是 G 蛋白偶联受体联系胞内信号通路的关键膜蛋白。

3. G 蛋白效应器　G 蛋白直接作用的靶标，包括效应器酶、膜离子通道以及膜转运蛋白等。效应器酶的作用是催化生成（或分解）第二信使物质。

4. 第二信使　激素、神经递质、细胞因子等细胞外信使分子（第一信使）作用于膜受体后产生的细胞内信使分子。

5. 蛋白激酶　一类将 ATP 分子上的磷酸基团转移到底物蛋白而产生蛋白磷酸化的酶类。被磷酸化的蛋白质底物一方面可发生带电特性改变；另一方面可发生构象改变，导致其生物学特性发生变化。若底物蛋白也是一种蛋白激酶，便可触发瀑布样依次磷酸化反应，称为磷酸化级联反应。

### （二）常见的信号转导通路

1. 受体-G 蛋白-AC-cAMP-PKA 通路　又称 cAMP 第二信使

系统。

（1）关键信使分子是 cAMP。参与该通路的 G 蛋白有 $G_s$ 和 $G_i$，其中激活态的 $G_s$ 能激活 AC，具有 12 次穿膜的 AC 被激活后，其位于胞内侧的催化活性部位可催化胞质中 ATP 分解生成 cAMP，提高胞质中 cAMP 的浓度；但激活态的 $G_i$ 抑制 AC 的活性，降低胞质中 cAMP 的浓度。

（2）cAMP 作为第二信使分子，其大多数信号转导功能都是通过激活 cAMP 依赖的 PKA 而完成的，PKA 以丝氨酸/苏氨酸蛋白激酶方式，将 ATP 分子的磷酸根转移到底物蛋白的丝氨酸/苏氨酸残基上（磷酸化反应），而磷酸根所带的高密度电荷能引起底物蛋白构象改变，进而使酶的活性、通道的活动状态、受体的反应性和转录因子的活性发生改变。被 PKA 磷酸化的底物蛋白不同，由该蛋白在细胞中的功能不同而显示的效应也不同。

（3）cAMP 还可直接作用于膜离子通道而产生信号转导作用，如直接门控超极化激活的环核苷酸门控阳离子通道；cAMP 还可通过 cAMP 激活的交换蛋白激活 Ras 相关蛋白（Rap）介导的非 cAMP-PKA 通路，调节细胞的功能。

2. 受体-G 蛋白-PLC-$IP_3$-$Ca^{2+}$ 和 DG-PKC 通路　又称 $IP_3$ 和 DG 第二信使系统。

（1）关键信使分子是 $IP_3$ 和 DG。该通路属于非核苷酸类的 $Ca^{2+}$ 动员-肌醇脂质代谢通路。经由该通路进行信号转导的受体通常与 $G_q$ 或 $G_i$ 家族中的 $G_{i1}$、$G_{i2}$ 和 $G_{i3}$ 亚型偶联而激活 PLC，其中的 $G_q$ 的 α 亚基和 βγ 复合体都可激活 PLC，PLC 再分解膜脂质中 $PIP_2$ 为 $IP_3$ 和 DG。其中 $IP_3$ 是小分子水溶性物质，即扩散入细胞质后激活内质网或肌质网等非线粒体 $Ca^{2+}$ 库膜中的 $IP_3$ 受体，后者作为化学门控的钙释放通道引起胞内 $Ca^{2+}$ 库释放 $Ca^{2+}$，升高胞质中 $Ca^{2+}$ 浓度，进而启动 $Ca^{2+}$ 信号系统。$IP_3$ 可被 $IP_3$ 磷酸单脂酶降解而消除。

（2）信使分子 DG 属于脂溶性物质，生成后与 $Ca^{2+}$ 和膜中的磷脂酰丝氨酸一起，在膜的内侧面结合并特异地激活胞质中的 PKC，PKC 再进一步磷酸化下游功能蛋白而改变生理功能。DG 在 $PLA_2$ 等作用下降解而终止其第二信使作用。但经 $PLA_2$ 降解的产物，如花生四烯酸又可激活 PKC，而花生四烯酸的代谢产物如前列腺素、白三烯等又能进一步发挥信使分子的作用。

（3）PKC 属于丝氨酸/苏氨酸蛋白激酶，PKC 激活后使底物蛋白磷酸化可产生多种生物效应。

3. $Ca^{2+}$ 信号系统　由上述 $IP_3$ 触发从胞内 $Ca^{2+}$ 库释放进胞质的 $Ca^{2+}$，以及经细胞膜中电压门控通道或化学门控通道由胞外进入胞质的 $Ca^{2+}$，作为带电离子可影响膜电位而直接改变细胞的功能，但更重要的是作为第二信使，通过与胞内多种底物蛋白相结合而发挥作用，参与多种胞内信号转导过程（图 2-2-1）。

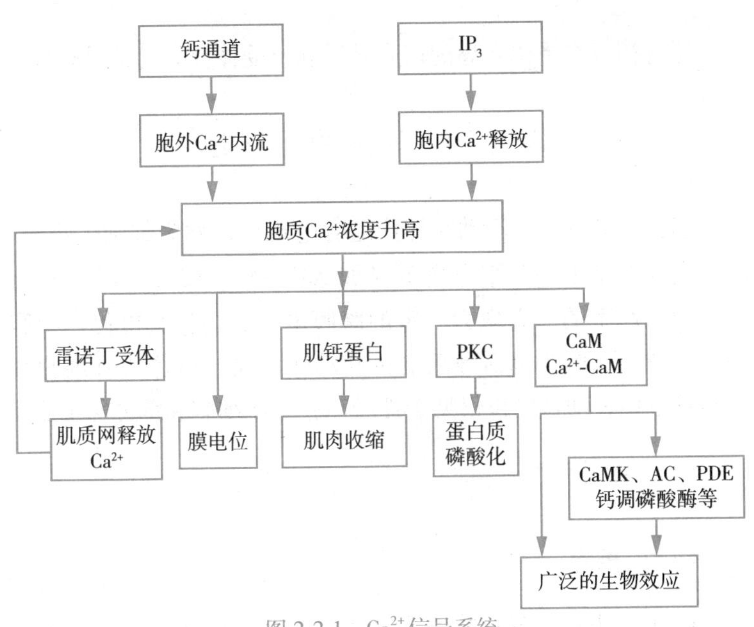


图 2-2-1　$Ca^{2+}$ 信号系统

## 四、酶联型受体介导的信号转导

酶联型受体是指其本身就具有酶的活性或与酶相结合的膜受体。这类受体的结构特征是每个受体分子只有单跨膜区段，其胞外结构域含有可结合配体的部位，而胞内结构域则具有酶的活性或能与酶结合的位点。这类受体的主要类型有酪氨酸激酶受体、酪氨酸激酶结合型受体、鸟苷酸环化酶（GC）受体和丝氨酸/苏氨酸激酶受体，涉及神经营养因子、生长因子和细胞因子等配体的信号转导。

主治语录：激活GC受体的配体主要是心房钠尿肽（ANP）和脑钠尿肽（BNP）。

## 五、其他

还有招募型受体介导的信号转导和核受体介导的信号转导。

# 第三节　细胞的电活动

细胞在进行生命活动时都伴随有电现象，称为细胞生物电。细胞生物电是由一些带电离子（如$Na^{+}$、$K^{+}$、$Cl^{-}$、$Ca^{2+}$等）跨膜流动而产生的，表现为一定的跨膜电位，简称膜电位。细胞的膜电位主要形式包括静息电位和动作电位。机体所有细胞都具静息电位，动作电位仅见于神经细胞、肌细胞和部分腺细胞。

## 一、静息电位

### （一）概念

1. 静息电位　静息状态下存在于细胞膜两侧的内负外正的

电位差。膜电位时均以细胞外为零电位，故细胞内负值越大，表示膜两侧的电位差越大，亦即静息电位越大。

2. 极化 生理学中，通常将安静时细胞膜两侧处于外正内负的稳定状态。

3. 超极化 静息电位增大（如细胞内电位由-70mV变为-90mV）的过程或状态。

4. 去极化 静息电位减小的过程或状态。

5. 反极化 膜内电位变为正值、膜两侧极性倒转的状态。

6. 复极化 细胞膜去极化后再向静息电位方向恢复的过程。

### （二）产生机制

静息电位形成的基本原因是带电离子的跨膜转运，而离子跨膜转运的速率取决于该离子在膜两侧的浓度差和膜对它的通透性。

1. 细胞膜两侧离子的浓度差与平衡电位 细胞膜两侧离子的浓度差是引起离子跨膜扩散的直接动力。该浓度差是由细胞膜中的离子泵，主要是钠泵的活动所形成和维持的。这种离子净扩散为零时的跨膜电位差称为该离子的平衡电位。

2. 静息时细胞膜对离子的相对通透性 静息电位的大小则取决于细胞膜对这些离子的相对通透性和这些离子各自在膜两侧的浓度差。膜对某种离子的通透性越高，该离子的扩散对静息电位形成的作用就越大，静息电位也就越接近于该离子的平衡电位。在安静状态下，细胞膜对各种离子的通透性以 $K^+$ 为最高。因此，静息电位更接近于 $K^+$ 平衡电位。

3. 钠泵的生电作用 钠泵通过主动转运可以维持细胞膜两侧 $Na^+$ 和 $K^+$ 的浓度差，为 $Na^+$ 和 $K^+$ 的跨膜扩散形成静息电位奠定基础。每分解 1 分子 ATP，钠泵可使 3 个 $Na^+$ 移出胞外，同时 2 个 $K^+$ 移入胞内，相当于把 1 个净正电荷移出膜外，结果使膜内电位的负值增大。因此，钠泵活动在一定程度上也参与静息电位的形成。钠泵活动愈强，细胞内电位的负值就愈大。

## 二、动作电位

### （一）概述

1. 概念　动作电位是指细胞在静息电位基础上接受有效刺激后产生的一个迅速的可向远处传播的膜电位波动。以神经细胞为例，当受到一个有效刺激时，其膜电位从-70mV逐渐去极化到达阈电位水平，此后迅速上升至+30mV，形成动作电位的升支（去极相）；随后又迅速下降至接近静息电位水平，形成动作电位的降支（复极相）。两者共同形成尖峰状的电位变化，称为锋电位。

锋电位是动作电位的主要部分，被视为动作电位的标志。锋电位之后膜电位的低幅缓慢波动，称为后电位。后电位包括前后两个部分，前一部分的膜电位仍小于静息电位，称为后去极化电位；后一成分大于静息电位，称为后超极化电位。如果沿用电生理学发展早期使用细胞外记录的方法对后电位命名，后去极化电位可称为负后电位，后超极化电位可称为正后电位（图2-3-1）。

2. 动作电位的特点

（1）“全或无”现象：要使细胞产生动作电位，所给的刺激必须达到一定的强度。若刺激未达到一定强度，动作电位就不会产生（无）；当刺激达到一定的强度时，所产生的动作电位，其幅度便到达该细胞动作电位的最大值，不会随刺激强度的继续增强而增大（全）。

（2）不衰减传播：动作电位产生后，并不停留在受刺激处的局部细胞膜，而是沿膜迅速向四周传播，直至传遍整个细胞，而且其幅度和波形在传播过程中始终保持不变。

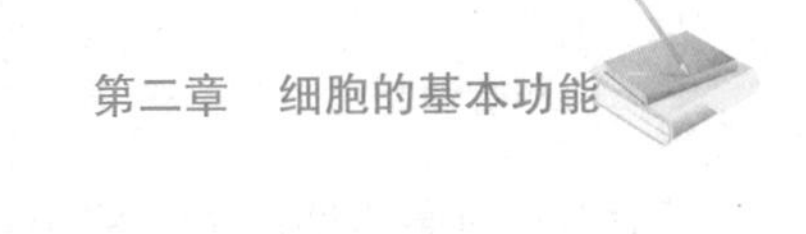

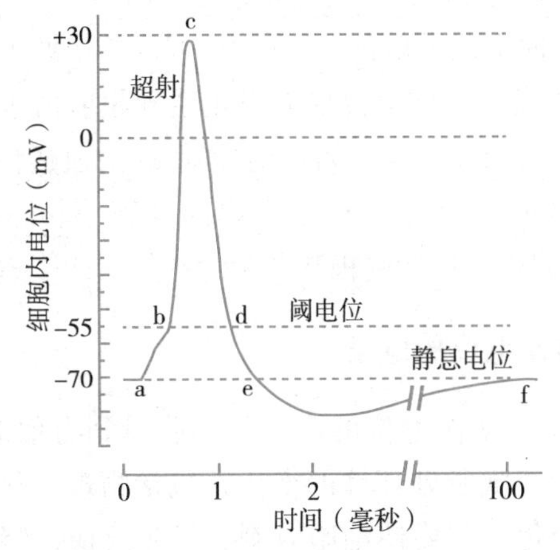


图 2-3-1　神经纤维动作电位示意图

ab：膜电位逐步去极化到达阈电位水平；bc：动作电位快速去极相；cd：动作电位快速复极相；bcd：锋电位；de：负后电位；ef：正后电位

(3) 脉冲式发放：连续刺激所产生的多个动作电位总有一定间隔而不会融合起来，呈现一个个分离的脉冲式发放。

## （二）动作电位的产生机制

1. 电-化学驱动力及其变化　根据平衡电位的定义，当膜电位（$E_m$）等于某种离子的平衡电位（$E_x$）时，这种离子受到的电-化学驱动力等于零。因此，离子的电-化学驱动力可用膜电位与离子平衡电位的差值（$E_m-E_x$）表示，差值愈大，离子受到的电-化学驱动力就愈大；数值前的正负号则表示离子跨膜流动的方向，正号为外向，负号为内向。

2. 动作电位期间细胞膜通透性的变化

(1) 细胞在安静时 $Na^+$已受到很强的内向驱动力，如果此

时膜对 $Na^+$ 的通透性增大，将出现很强的内向电流（正离子由膜外向膜内转运时形成的电流），从而引起膜的快速去极化。

（2）细胞发生动作电位如去极化达到超射值水平时，$K^+$ 受到的外向驱动力明显增大，若此时膜对 $K^+$ 的通透性也增大，将出现很强的外向电流（正离子由膜内向膜外转运时形成的电流），从而引起膜的快速复极化。

### （三）动作电位的触发

1. 阈刺激　动作电位的产生是细胞受到有效刺激的结果。一般刺激是指细胞所处环境的变化，包括物理、化学和生物等性质的环境变化。若要使细胞对刺激发生反应，特别是使某些细胞产生动作电位，刺激必须达到一定的量。刺激量通常包括3个参数，即刺激的强度、持续时间和刺激强度-时间变化率。

（1）能使细胞产生动作电位的最小刺激强度，称为阈强度或阈值，大于或小于阈强度的刺激分别称为阈上刺激和阈下刺激。

（2）有效刺激，是指能使细胞产生动作电位的阈刺激或阈上刺激。

2. 阈电位　并非任何刺激都能触发细胞产生动作电位。能触发动作电位的膜电位临界值称为阈电位。

### （四）动作电位的传播

1. 动作电位在同一细胞上的传播　细胞膜某一部分产生的动作电位可沿细胞膜不衰减地传遍整个细胞，这一过程又称传导。

（1）在无髓神经纤维或肌纤维，兴奋传导过程中局部电流在细胞膜上是顺序发生的，即整个细胞膜都依次发生 $Na^+$ 和 $K^+$ 流介导的动作电位。

（2）有髓纤维上只有郎飞结处能够发生动作电位，局部电流也仅在兴奋区的郎飞结与相邻安静区的郎飞结之间发生。当一个郎飞结的兴奋通过局部电流影响到邻近郎飞结并使之极化达到阈电位时，即可触发新的动作电位。这种动作电位从一个郎飞结跨越结间区“跳跃”到下一个郎飞结的传导方式称为跳跃式传导。

有髓鞘神经纤维及其跳跃式传导是生物进化的产物，有髓纤维的传导速度比无髓纤维快得多。神经纤维髓鞘化不仅能提高动作电位的传导速度，还能减少能量消耗。

2. 动作电位在细胞之间的传播　一般而言，细胞之间的电阻很大，无法形成有效的局部电流，因此动作电位不能由一个细胞直接传播到另一个细胞。但在某些组织，如脑内的某些核团、心肌以及某些种类的平滑肌，细胞间存在缝隙连接。缝隙连接是一种特殊的细胞间连接方式，可使动作电位在细胞之间直接传播。

### （五）兴奋性及其变化

1. 兴奋性　指机体的组织或细胞接受刺激发生反应的能力或特性，是生命活动的基本特征之一。

（1）当机体、器官、组织或细胞受到刺激时，功能活动由弱变强或由相对静止转变为比较活跃的反应过程或反应形式，称为兴奋。

（2）神经细胞、肌细胞和腺细胞很容易接受刺激并发生明显的兴奋反应。因此，将神经细胞、肌细胞和腺细胞这些能够产生动作电位的细胞称为可兴奋细胞。

（3）细胞兴奋性高低可以用刺激的阈值大小来衡量。阈值越小，兴奋性就越高；阈值越大，兴奋性则越低。例如，普鲁卡因可阻断神经纤维上的电压门控钠通道，使组织阈值增大，兴奋性降低，临床上常用作浸润麻醉。

2. 细胞兴奋后兴奋性的变化

（1）绝对不应期：在兴奋发生后的最初一段时间内，无论施加多强的刺激也不能使细胞再次兴奋。

（2）相对不应期：绝对不应期之后，细胞的兴奋性逐渐恢复，再次接受刺激后可发生兴奋，但刺激强度必须大于原来的阈值。相对不应期是细胞兴奋性从零逐渐恢复到接近正常的时期。

（3）超常期：相对不应期过后，有的细胞还会出现兴奋性轻度增高的时期。

（4）低常期：超常期后有的细胞又出现兴奋性的轻度减低。

## 三、电紧张电位和局部电位

### （一）细胞膜和胞质的被动电学特性

细胞膜和胞质作为一个静态的电学元件时所表现的电学特性，称为被动电学特性，包括静息状态下的膜电容、膜电阻和轴向电阻等。

### （二）电紧张电位

1. 概念　由膜的被动电学特性决定其空间分布和时间变化的膜电位称为电紧张电位。

2. 电紧张电位的极性　电紧张电位可因细胞内注射电流的性质不同表现为去极化电紧张电位（细胞内注射正电荷）和超极化电紧张电位（细胞内注射负电荷）。如果将正、负两个刺激电极都置于膜外侧，当接通直流电刺激时，负极下方的细胞膜可以产生去极化电紧张电位；而正电极下方的细胞膜则产生超极化电紧张电位。

3. 电紧张电位的特征

（1）等级性电位：电紧张电位的幅度可随刺激强度的增大而增大。

（2）衰减性传导：电紧张电位的幅度随传播距离的增加呈指数函数下降。

（3）电位可融合：由于电紧张电位无不应期，故多个电紧张电位可融合在一起，当去极化电紧张电位的幅度达到一定程度时，可引起膜中少量电压门控钠（或钙）通道开放，形成局部电位。

### （三）局部电位

1. 概念　细胞受到刺激后，由膜主动特性参与即部分离子通道开放形成的、不能向远距离传播的膜电位改变称为局部电位。其中，少量钠通道激活产生的去极化膜电位波动又称局部兴奋。

2. 局部电位的特征和意义

（1）特征：①等级性电位，即其幅度与刺激强度相关，而不具有“全或无”特点。②衰减性传导，局部电位以电紧张的方式向周围扩布，扩布范围一般不超过 1mm 半径。③没有不应期，反应可以叠加总和，其中相距较近的多个局部反应同时产生的叠加称为空间总和，多个局部反应先后产生的叠加称为时间总和。

（2）意义：局部电位不仅发生在可兴奋细胞，也可见于其他不能产生动作电位的细胞，如感受器细胞。去极化和超极化的局部电位均无不应期，可以通过幅度变化、空间和时间总和等效应在多种细胞上实现信号的编码与整合。因此，局部电位是体内除动作电位之外的另一类与信息传递和处理有关的重要电信号。

主治语录：静息电位与动作电位的鉴别（表2-3-1）。

表2-3-1 静息电位与动作电位的鉴别

| 鉴别项目 | 动作电位 | 局部电位 |
| --- | --- | --- |
| 刺激 | 阈刺激或阈上刺激 | 阈下刺激 |
| 膜去极化程度 | 达阈电位 | 不达阈电位 |
| 与强度关系 | 全或无 | 正比 |
| 传播 | 不衰减性，远距 | 电紧张，局部 |
| 可否叠加 | 否 | 可 |

## 第四节 肌细胞的收缩

肌组织根据形态学特点分横纹肌和平滑肌。根据神经支配分躯体神经支配的随意肌和自主神经支配的非随意肌。根据肌肉的功能特性分骨骼肌、心肌和平滑肌。

### 一、横纹肌

骨骼肌的收缩需在中枢神经系统控制下完成，并依赖于神经-肌接头处的兴奋传递、兴奋-收缩偶联、收缩蛋白的横桥周期等多个亚细胞生物网络系统的协调活动。

#### （一）骨骼肌神经-肌接头处的兴奋传递

1. 骨骼肌神经-肌接头的结构特征　骨骼肌神经-肌接头是运动神经末梢与其所支配的骨骼肌细胞之间的特化结构，由接头前膜、接头后膜和接头间隙构成。接头后膜是与接头前膜相对的骨骼肌细胞膜，又称终板膜。接头后膜有乙酰胆碱酯酶，

可将 ACh 分解为胆碱和乙酸。

2. 骨骼肌神经-肌接头的兴奋传递过程　传递过程具有电-化学-电传递的特点：即由运动神经纤维传到轴突末梢的动作电位（电信号）触发接头前膜 $Ca^{2+}$ 依赖性突触囊泡出胞，释放 ACh 至接头间隙（化学信号），再由 ACh 激活终板膜中 $N_2$ 型 ACh 受体阳离子通道而产生膜电位变化（电信号）。ACh 的释放是关键步骤，特点：①$Ca^{2+}$ 依赖性。②运动神经释放 ACh 是以囊泡为单位的量子释放。

（1）$Na^+$的净内流使终板膜发生去极化反应，称为终板电位（EPP），其幅度可达 50～75mV。EPP 属于局部电位，可以电紧张方式向周围扩布，刺激邻近的普通肌膜（非终板膜）中的电压门控钠通道开放，引起 $Na^+$内流和普通肌膜的去极化；当去极化达到阈电位水平时即可爆发动作电位，并传导至整个肌细胞膜。

（2）在静息状态下，因囊泡的随机运动也会发生单个囊泡的自发释放，并引起终板膜电位的微弱去极化，称为微终板电位（MEPP），其频率平均约 1 次/秒。每个 MEPP 的幅度平均仅 0.4mV。所以接头前膜一次兴奋产生的 EPP 是由大量囊泡同步释放所引起的 MEPP 发生总和而形成的。

由于骨骼肌神经-肌接头的兴奋传递中有神经递质的参与，也就易受到各种因素的影响。如筒箭毒碱和 α-银环蛇毒可特异性阻断终板膜中的 $N_2$型 ACh 受体阳离子通道而松弛肌肉。

### （二）横纹肌细胞的结构特征

横纹肌细胞的结构特征是细胞内含有大量的肌原纤维和高度发达的肌管系统。

1. 肌原纤维和肌节　相邻两 Z 线之间的区段称为肌节，是肌肉收缩和舒张的基本单位。肌原纤维由粗肌丝和细肌丝构成。

2. 肌管系统　横纹肌细胞中有横管（T 管）和纵管（L 管）两种肌管系统。

**（三）横纹肌细胞的收缩机制**

横纹肌的肌原纤维由与其走向平行的粗肌丝和细肌丝构成，肌肉的缩短和伸长系粗肌丝与细肌丝在肌节内发生相互滑行所致，而粗肌丝和细肌丝本身的长度均不改变。

1. 肌丝的分子结构（图 2-4-1）

（1）粗肌丝长 1.6μm，主要由许多肌球蛋白（或称肌凝蛋白）分子聚合而成。

（2）细肌丝长 1.0μm，主要由肌动蛋白（或称肌纤蛋白）、原肌球蛋白和肌钙蛋白三种蛋白组成。三者的比例为 7∶1∶1。

（3）肌球蛋白和肌动蛋白直接参与肌肉收缩，故称为收缩蛋白；而原肌球蛋白和肌钙蛋白不直接参与肌肉收缩，但可调控收缩蛋白间的相互作用，故称为调节蛋白。

（4）横桥具有 ATP 酶活性，其被激活后向 M 线扭动，成为肌丝滑行的动力。

2. 肌丝滑行的过程　粗肌丝与细肌丝间的相互滑行，是通过横桥周期完成的。横桥周期是指肌球蛋白的横桥与肌动蛋白

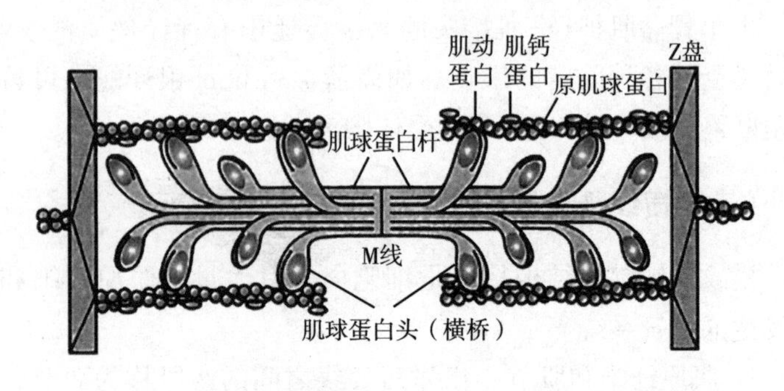


图 2-4-1　肌丝的分子结构示意图

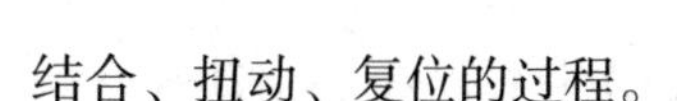

结合、扭动、复位的过程。

3. 横桥周期的运转模式与肌肉收缩的表现 通过横桥周期完成肌丝滑行而实现肌肉的收缩，实质上是通过肌动蛋白与肌球蛋白的相互作用，将分解 ATP 获得的化学能转变为机械能的过程。肌肉收缩所能产生的张力由每一瞬间与肌动蛋白结合的横桥数决定，而肌肉缩短的速度则取决于横桥周期的长短。

### （四）横纹肌细胞的兴奋-收缩偶联

将横纹肌细胞产生动作电位的电兴奋过程与肌丝滑行的机械收缩联系起来的中介机制，称为兴奋-收缩偶联。$Ca^{2+}$是重要的偶联因子。

兴奋-收缩偶联的基本步骤：①T 管膜的动作电位传导。②JSR 内 $Ca^{2+}$的释放。③$Ca^{2+}$触发肌丝滑行。④JSR 回摄 $Ca^{2+}$。

主治语录：兴奋-收缩偶联的发生部位在骨骼肌的三联管结构或心肌的二联管结构。

### （五）影响横纹肌收缩效能的因素

肌肉收缩效能是指肌肉收缩时产生的张力大小、缩短程度，以及产生张力或缩短的速度。根据肌肉收缩的这些外在表现，可将收缩分为等长收缩和等张收缩两种形式，前者表现为肌肉收缩时长度保持不变而只有张力的增加；后者表现为肌肉收缩时张力保持不变而只发生肌肉缩短。

最常见的收缩形式是先等长收缩增加张力，当张力足以克服阻力时，发生等张收缩而肌肉缩短。影响横纹肌收缩效能的因素包括负荷、肌肉收缩能力及收缩的总和等。

1. 前负荷

（1）前负荷是指肌肉在收缩前所承受的负荷，即初长度。

（2）前负荷逐渐增加时，肌肉每次收缩产生的主动张力也相应增大，但前负荷超过某一限度后，再增加前负荷反而使主动张力越来越小，直至降到零，即对于肌肉在等长收缩条件下所产生的主动张力大小来说，存在一个最适前负荷（最适初长度）。

2. 后负荷

（1）后负荷是指肌肉在收缩后所承受的负荷。

（2）后负荷增大时肌肉收缩张力和速度呈反变关系，这是由于后负荷对横桥周期的影响所致。后负荷在理论上为零时肌肉缩短速度最大，称为最大缩短速度，表现为等张收缩；随着后负荷的增大，表现为先等长收缩后等张收缩；当后负荷增加到使肌肉不能缩短时，肌肉产生的张力达到最大，称为最大收缩张力，表现为等长收缩。

3. 肌肉收缩能力　指与前负荷和后负荷无关，又能影响肌肉收缩效能的肌肉内在特性。

4. 收缩的总和　收缩的总和是指肌细胞收缩的叠加特性，是骨骼肌快速调节其收缩效能的主要方式，其中空间总和形式称为多纤维总和，时间总和形式称为频率总和。

（1）心脏的收缩为“全或无”式的，不会发生心肌收缩的总和。由于骨骼肌是随意肌，其收缩的总和实质上是中枢神经系统调节骨骼肌收缩效能的方式。

（2）多纤维总和原指多根肌纤维同步收缩产生的叠加效应。

（3）频率总和是指提高骨骼肌收缩频率而产生的叠加效应，这是运动神经元通过改变冲动发放频率调节骨骼肌收缩形式和效能的一种方式。

## 二、平滑肌

平滑肌是构成气道、消化道、血管、泌尿生殖器等器官的

主要组织成分，这些器官不仅依赖平滑肌的紧张性收缩来对抗重力或外加负荷，保持器官的正常形态，而且借助于平滑肌收缩而实现其运动功能。平滑肌属于非随意肌，其舒缩活动受自主神经的调控。

### （一）平滑肌的分类

根据平滑肌细胞之间的相互关系和功能活动特征，通常将平滑肌分为单个单位平滑肌和多单位平滑肌两类。

1. 单个单位平滑肌　又称内脏平滑肌，如小血管、消化道、输尿管和子宫等器官的平滑肌，这类平滑肌的肌细胞之间的联系类似于心肌细胞间的闰盘连接，存在大量缝隙连接，一个肌细胞的电活动可直接传导到其他肌细胞，平滑肌中全部肌细胞作为一个整体进行舒缩活动，即所谓的功能合胞体样活动。另外，这类平滑肌中还有少数起搏细胞，它们能自发地产生节律性兴奋和舒缩活动，即具有自动节律性或自律性，并能引发整块平滑肌的电活动和机械收缩活动。

2. 多单位平滑肌　主要包括睫状肌、虹膜肌、竖毛肌以及气道和大血管的平滑肌等。这类平滑肌的肌细胞之间几乎不含缝隙连接，各自独立，以单个肌细胞为单位进行活动，类似于骨骼肌。这类平滑肌没有自律性，其收缩活动受自主神经的控制，收缩强度取决于被激活的肌纤维数目（空间总和）和神经冲动的频率（时间总和）。

### （二）平滑肌细胞的结构特点

1. 细胞呈细长纺锤形，细胞内的细肌丝数量明显多于粗肌丝。

2. 平滑肌细胞的粗肌丝以相反的方向在不同方位上伸出横桥，这不仅可使不同方位的细肌丝相向滑行，更可使粗肌丝和细肌丝之间的滑行范围延伸到细肌丝全长，因此具有更大的舒缩范围。

3. 平滑肌的细胞膜形成一些纵向走行的袋状凹入，以增加细胞膜的表面积，但没有内陷的 T 管，故细胞膜上的动作电位不能迅速到达深部，这可能是平滑肌收缩缓慢的原因之一。

### （三）平滑肌细胞的生物电现象

平滑肌细胞的静息电位低于横纹肌，在-60～-50mV，主要是由于平滑肌细胞膜对 $Na^+$ 的通透性相对较高所致。

### （四）平滑肌细胞的收缩机制

1. 平滑肌收缩的触发因子

（1）与横纹肌相同，平滑肌细胞收缩的触发因子也是 $Ca^{2+}$，但平滑肌细胞胞质中 $Ca^{2+}$ 浓度的调控存在电-机械偶联和药物-机械偶联两条途径。

（2）电机械偶联，平滑肌细胞先在化学信号或牵张刺激作用下产生动作电位，再通过兴奋收缩偶联过程升高胞质中 $Ca^{2+}$ 浓度，但 $Ca^{2+}$ 主要来源于细胞外，即 $Ca^{2+}$ 从细胞膜中电压门控通道或机械门控通道流入胞内仅小部分 $Ca^{2+}$ 来自 SR 通过 RYR 释放。

（3）药物机械偶联，在不产生动作电位的情况下，通过接受化学信号而直接诱发胞质中 $Ca^{2+}$ 浓度的升高。

2. 平滑肌细胞的肌丝滑行　平滑肌细胞内不含肌钙蛋白，而有钙调蛋白（CaM），故胞质中 $Ca^{2+}$ 主要通过 $Ca^{2+}$-CaM 通路作用于粗肌丝而触发收缩。

### （五）平滑肌活动的神经调节

1. 作为非随意肌，大多数器官的平滑肌接受交感和副交感神经的双重支配，且神经的兴奋通过非定向突触传递方式传递到平滑肌细胞，作用比较弥散、缓慢，除兴奋作用外，也有抑制作用。

2. 对于内脏平滑肌，自主神经的活动主要是调节其兴奋性和收缩的强度与频率，而对多单位平滑肌，通常由自主神经直接控制其收缩活动。

## 历年真题

1. 静息电位产生的离子基础是
   A. $K^+$
   B. $Na^+$
   C. $Ca^{2+}$
   D. $H^+$
   E. $Cl^-$
2. 下列关于骨骼肌神经-肌接头处兴奋传递特点的描述，错误的是
   A. 单向传递
   B. 神经兴奋后肌肉不一定收缩
   C. 时间延搁
   D. 易受药物的影响
   E. 化学传递

参考答案：1. A　2. B

# 第三章　血　液

## 核心问题

1. 血浆渗透压的形成以及生理意义。
2. 血细胞的数量及功能。
3. 血细胞的生成与破坏。
4. 血液凝固与生理性止血。
5. ABO 及 Rh 血型的分型及临床输血的基本原理。

## 内容精要

血液在维持机体内环境稳态中作用非常重要。此外，血液还具有重要的防御和保护的功能，参与机体的生理性止血、抵御细菌、病毒等微生物引起的感染和各种免疫反应。临床血液检查在医学诊断上有重要的价值。

## 第一节　血液的生理概述

### 一、血液的组成

血液由血浆和悬浮于其中的血细胞组成（表 3-1-1）。

表 3-1-1　血液组成

<table>
<tr><td rowspan="6">全血</td><td rowspan="5">血浆</td><td colspan="3">水</td></tr>
<tr><td rowspan="4">溶质</td><td>血浆蛋白</td><td>白蛋白、球蛋白、纤维蛋白原</td></tr>
<tr><td rowspan="2">电解质</td><td>阳离子：$Na^+$、$K^+$、$Ca^{2+}$、$Mg^{2+}$等</td></tr>
<tr><td>阴离子：$HCO_3^-$、$Cl^-$等</td></tr>
<tr><td>其他</td><td>气体、激素、营养物质、代谢产物等</td></tr>
<tr><td>血细胞</td><td colspan="3">红细胞、白细胞、血小板</td></tr>
</table>

### （一）血浆

血浆是一种晶体溶液，包括水和溶解于其中的多种电解质、小分子有机化合物和一些气体。

1. 血浆中含多种蛋白，统称为血浆蛋白。血浆与组织液的主要差别是后者蛋白含量甚少，因为血浆蛋白的分子很大，不易透过毛细血管壁。正常成年人血浆蛋白含量为65~85g/L，其中白蛋白为40~48g/L，球蛋白为15~30g/L。

2. 血浆蛋白生理功能　①形成血浆胶体渗透压。②与甲状腺激素、肾上腺皮质激素、性激素等可逆性的结合。③作为载体运输低分子物质。④参与血液凝固、抗凝和纤溶等生理过程。⑤抵御病原微生物。⑥营养功能。

主治语录：血浆与组织液的电解质含量基本相同，故晶体渗透压基本相等；最大不同是血浆蛋白，因此它们的胶体渗透压不同。

### （二）血细胞

血细胞包括红细胞、白细胞和血小板三类，在血中所占的容积百分比，称为血细胞比容。

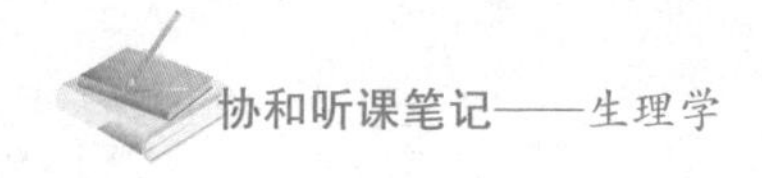


## 二、血液的理化特性

### （一）血液的比重

1. 正常人全血的比重为1.050～1.060，血液中红细胞数量越多，则全血比重越大。

2. 血浆的比重为1.025～1.030，其高低主要取决于血浆蛋白的含量。

3. 红细胞的比重为1.090～1.092，与红细胞内血红蛋白的含量呈正相关关系。

### （二）血液的黏度

1. 液体的黏度来源于液体内部分子或颗粒间的摩擦，即内摩擦。

2. 当温度不变时，全血的黏度取决于血细胞比容的高低，血浆的黏度取决于血浆蛋白含量的多少。全血的黏度还受血流切率的影响。血液的黏度是形成血流阻力的重要因素之一。

### （三）血浆渗透压

1. 溶液渗透压的高低取决于单位容积溶液中溶质颗粒（分子或离子）数目的多少，而与溶质的种类和颗粒的大小无关。

2. 血浆渗透浓度约为300mmol/L，即约300mOsm/($kg \cdot H_2O$)。血浆的渗透压主要来自溶解于其中的晶体物质。

3. 由晶体物质所形成的渗透压称为晶体渗透压，其80%来自$Na^+$和$Cl^-$。

4. 由蛋白质所形成的渗透压称为胶体渗透压，组织液中蛋白质很少，所以血浆的胶体渗透压高于组织液的胶体渗透压。血浆胶体渗透压主要来自白蛋白。血浆胶体渗透压虽小，但对于维持血管内外的水平衡极为有重要。

5. 临床或生理实验使用的溶液中，其渗透压与血浆渗透压相等的称为等渗溶液（如0.9%NaCl溶液），并非每种物质的等渗溶液都能使悬浮于其中的红细胞保持其正常形态和大小，如1.9%的尿素溶液虽然与血浆等渗，但红细胞置于其中后，立即发生溶血。一般把能够使悬浮于其中的红细胞保持正常形态和大小的溶液称为等张溶液。0.9%NaCl溶液既是等渗溶液，也是等张溶液。

### （四）血浆pH

正常人血浆pH为7.35~7.45。血浆pH的相对恒定有赖于血浆内的缓冲物质及肺和肾的正常功能。血浆内的缓冲物质主要包括$NaHCO_3/H_2CO_3$、蛋白质钠盐/蛋白质和$Na_2HPO_4/NaH_2PO_4$三对缓冲对，其中$NaHCO_3/H_2CO_3$最重要，其比值为20。此外，红细胞内还有血红蛋白钾盐/血红蛋白等缓冲对，参与维持血浆pH的恒定。当血浆pH<7.35时，称为酸中毒，>7.45时称为碱中毒。血浆pH<6.9或>7.8时都将危及生命。

## 三、血液的免疫学特性

免疫系统是机体抵御病原体感染的关键系统，通过清除体内衰老、损伤的细胞发挥免疫自稳功能，还能识别、清除体内突变细胞发挥免疫监视功能。免疫系统由免疫组织与器官、免疫细胞和免疫分子组成。免疫可分为固有免疫和获得性免疫两类（表3-1-2）。

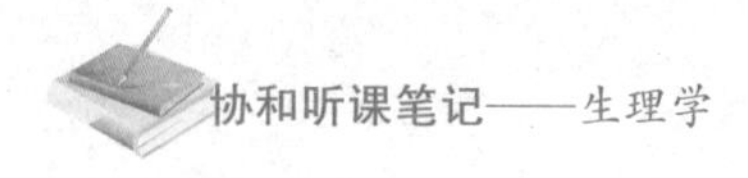


表 3-1-2 免疫的分类

| 免疫分类 | 作 用 |
| --- | --- |
| 固有（非特异性）免疫 | ①吞噬细胞具有识别、吞噬并杀灭细菌，具有一定的抗原提呈能力<br>②自然杀伤细胞能非特异性杀伤肿瘤细胞和被病毒及胞内病原体感染的靶细胞<br>③树突状细胞是功能最强的抗原提呈细胞，可摄取、加工处理并提呈抗原，进而激活初始 T 细胞 |
| 获得性（特异性）免疫 | ①B 淋巴细胞通过分化为具有抗原特异性的浆细胞产生抗体而引起体液免疫<br>②T 淋巴细胞通过形成活化的效应淋巴细胞以及分泌细胞因子引起细胞免疫 |

# 第二节 血细胞生理

## 一、血细胞生成的部位和一般过程

各类血细胞均起源于骨髓造血干细胞。造血过程也就是各类造血细胞发育和成熟。根据造血细胞的功能与形态特征，一般把造血过程分为造血干细胞、定向祖细胞和形态可辨认的前体细胞 3 个阶段。

## 二、红细胞生理

### （一）红细胞的数量和形态

1. 红细胞是血液中数量最多的血细胞。红细胞内的蛋白质主要是血红蛋白，因此使血液呈红色。正常人的红细胞数量和血红蛋白浓度不仅有性别差异，还可因年龄、生活环境和机体功能状态不同而有差异。

2. 我国成年男性红细胞的数量为（4.0~5.5）$\times 10^{12}$/L，女性为（3.5~5.0）$\times 10^{12}$/L。成年男性血红蛋白浓度为120~160g/L，成年女性为110~150g/L。

3. 人体外周血红细胞数量、血红蛋白浓度低于正常称之为贫血。

4. 正常成熟的红细胞无核，呈双凹圆碟形。成熟的红细胞无线粒体，糖酵解是红细胞获得能量的唯一途径。

### （二）红细胞的生理特征与功能

1. 红细胞的生理特征　红细胞具有可塑变形性、悬浮稳定性和渗透脆性等生理特征，这些特征都与红细胞的双凹圆碟形有关。

（1）红细胞变形能力的影响因素：①表面积与体积的比值降低，变形能力减弱。②红细胞内的黏度增大（见于血红蛋白变性或浓度过高），变形能力降低。③红细胞膜的弹性降低，红细胞变形能力降低。

（2）悬浮稳定性

1）通常以红细胞在第1小时末下沉的距离来表示红细胞的沉降速度，称为红细胞沉降率。

2）正常成年男性红细胞沉降率为0~15mm/h，成年女性为0~20mm/h。沉降率愈快，表示红细胞的悬浮稳定性愈小。

3）红细胞发生叠连后，红细胞团块的总表面积与总体积之比减小，摩擦力相对减小而红细胞沉降率（简称血沉）加快。决定红细胞叠连快慢的因素在于血浆成分的变化。

（3）渗透脆性：红细胞在低渗盐溶液中发生膨胀破裂的特性称为红细胞渗透脆性，简称脆性。

1）红细胞在等渗的0.9%NaCl溶液中可保持其正常形态和

大小。

2）当 NaCl 浓度降至 0.42%~0.46%时，部分红细胞开始破裂而发生溶血。

3）当 NaCl 浓度降至 0.28%~0.32%时，则红细胞全部发生溶血。

2. 红细胞的功能

（1）主要功能是运输 $O_2$ 和 $CO_2$。红细胞运输 $O_2$ 的功能依赖于细胞内的血红蛋白来实现。血液中的 $CO_2$ 主要以碳酸氢盐和氨基甲酰血红蛋白的形式存在。

（2）红细胞还参与对血液中的酸、碱物质的缓冲及免疫复合物的清除。

### （三）红细胞生成的调节

正常成年人每天约产生 $2\times10^{11}$ 个红细胞。骨髓是成年人生成红细胞的唯一场所。红骨髓内的造血干细胞首先分化成为红系定向祖细胞，再经过原红细胞、早幼红细胞、中幼红细胞、晚幼红细胞和网织红细胞的阶段，最终成为成熟的红细胞。

1. 红细胞生成所需物质　蛋白质和铁是合成血红蛋白的重要原料，而叶酸和维生素 $B_{12}$ 是红细胞成熟所必需的物质。此外，红细胞生成还需要氨基酸、维生素 $B_6$、维生素 $B_2$、维生素 C、维生素 E 和微量元素铜、锰、钴、锌等。

2. 红细胞生成的调节　红系祖细胞向红系前体细胞的增殖分化是红细胞生成的关键环节。肾是产生 EPO 的主要部位，缺氧可迅速引起 EPO 基因表达增加，使 EPO 的合成和分泌增加。

### （四）红细胞的破坏

红细胞在血液中的平均寿命约为 120 天，当红细胞逐渐衰老时，细胞变形能力减弱而脆性增加，在血管中可因受机械冲击而破损（血管内破坏）；红细胞通过微小孔隙也发生困难，因此特别容易被滞留在脾和骨髓中，被巨噬细胞所吞噬（血管外破坏）。

## 三、白细胞生理

### （一）白细胞的分类与数量

1. 白细胞可分为中性粒细胞、嗜酸性粒细胞、嗜碱性粒细胞、单核细胞和淋巴细胞五类。

2. 正常成年人血液中白细胞数为（4.0~10.0）×$10^9$L，其中中性粒细胞占50%~70%，嗜酸性粒细胞占0.5%~5%，嗜碱性粒细胞占0~1%，单核细胞占3%~8%，淋巴细胞占20%~40%。白细胞数量男女无明显差异。

3. 正常人血液中白细胞的数目可因年龄和机体处于不同功能状态而有变化。

（1）新生儿白细胞数较高，一般在15×$10^9$/L左右，婴儿期维持在10×$10^9$/L左右。新生儿血液中的白细胞主要为中性粒细胞，之后淋巴细胞逐渐增多，可占70%，3~4岁后淋巴细胞逐渐减少，至青春期时与成年人基本相同。

（2）有昼夜波动，下午白细胞数稍高于早晨。

（3）进食、疼痛、情绪激动和剧烈运动等可使白细胞数显著增多。

（4）女性在妊娠末期白细胞数波动于（12~17）×$10^9$/L，分娩时可高达34×$10^9$/L。

### （二）白细胞的生理特性和功能

各类白细胞均参与机体的防御功能。白细胞所具有的变形游走、趋化、吞噬和分泌等特性，是执行防御功能的生理基础。白细胞抵御外源性病原生物入侵的方式：通过吞噬作用清除入侵的细菌和病毒；通过形成抗体和致敏淋巴细胞来破坏或灭活入侵的病原体（表 3-2-1）。

表 3-2-1　白细胞的生理特性和功能

| 白细胞分类 | 生理特性 | 功　能 |
| --- | --- | --- |
| 中性粒细胞 | ①胞核呈分叶状，故又称多形核白细胞<br>②是血液中主要的吞噬细胞，其变形游走能力和吞噬活性都很强<br>③中性粒细胞内含有大量溶酶体酶 | ①吞噬侵入机体的细胞，防止病原微生物在体内的扩散<br>②吞噬和清除衰老的红细胞和抗原-抗体复合物<br>③是机体发生急性炎症反应时的主要反应细胞，是抵御化脓性细菌入侵的第一道防线 |
| 单核细胞 | ①从骨髓进入血液的单核细胞是尚未成熟的细胞<br>②单核细胞在血液中停留 2～3 天后迁移入组织中，继续发育成体积大，含溶酶体颗粒和线粒体的数目多，是具有比中性粒细胞更强的吞噬能力的巨噬细胞<br>③单核细胞与器官组织内的巨噬细胞共同构成单核吞噬细胞系统 | ①吞噬并杀灭入侵的致病物；能识别和杀灭肿瘤细胞<br>②清除坏死组织和衰老的红细胞、血小板等<br>③参与免疫反应<br>④巨噬细胞能产生集落刺激因子、白介素、肿瘤坏死因子、干扰素等，参与其他细胞生长的调控 |
| 嗜碱性粒细胞 | 成熟的嗜碱性粒细胞存在于血液中，只有在发生炎症时受趋化因子的诱导才迁移到组织中 | ①释放的肝素具有抗凝血作用<br>②参与机体的过敏反应 |
| 嗜酸性粒细胞 | ①血液中嗜酸性粒细胞的数目有明显的昼夜周期性波动，清晨细胞数减少，午夜时细胞数增多<br>②有较弱的吞噬能力，基本无杀菌作用 | ①限制嗜碱性粒细胞和肥大细胞在 I 型超敏反应中的作用<br>②参与对蠕虫的免疫反应 |
| 淋巴细胞 | 可分成 T 淋巴细胞、B 淋巴细胞和自然杀伤细胞 | 淋巴细胞在免疫应答反应过程中起核心作用 |

主治语录：中性粒细胞是血液中主要的吞噬细胞。

### （三）白细胞的生成和调节

1. 粒细胞的生成受集落刺激因子（CSF）的调节。

2. CSF 包括粒细胞-巨噬细胞集落刺激因子（GM-CSF）、粒细胞集落刺激因子（G-CSF）、巨噬细胞集落刺激因子（M-CSF）等。

### （四）白细胞的破坏

白细胞的寿命较难判断。

## 四、血小板生理

### （一）血小板的数量和功能

1. 正常成年人血液中的血小板数量为（100~300）$\times 10^9$/L。

2. 血小板有助于维持血管壁的完整性。

### （二）血小板的生理特性

1. 黏附　血小板与非血小板表面的黏着称为血小板黏附。

2. 释放　血小板受刺激后将储存在致密体、α-颗粒或溶酶体内的物质排出的现象。

3. 聚集　血小板与血小板之间的相互黏着。

4. 收缩　血小板具有收缩能力，血小板的收缩与血小板的收缩蛋白有关。

5. 吸附　血小板表面可吸附血浆中多种凝血因子（如凝血因子Ⅰ、凝血因子Ⅴ、凝血因子Ⅺ、凝血因子ⅩⅢ等）。

血小板的生理特性是血小板发挥生理性止血功能的基础。血小板的异常活化也参与动脉硬化的发生和血栓形成。目前抗血小板药物在临床血栓性疾病的治疗中得到了广泛使用。

### （三）血小板的生成和调节

1. 生成　血小板是从骨髓成熟的巨核细胞胞质裂解脱落下来的具有生物活性的小块胞质。

2. 调节　血小板的生成受血小板生成素（TPO）的调节。

### （四）血小板的破坏

血小板进入血液后，平均寿命为7~14天，但只在最初2天具有生理功能。衰老的血小板在脾、肝和肺组织中被吞噬破坏。此外，在生理止血活动中，血小板聚集后，其本身将解体并释放出全部活性物质，在发挥其生理功能时被消耗。

# 第三节　生理性止血

## 一、生理性止血的基本过程

生理性止血过程主要包括血管收缩、血小板血栓形成和血液凝固三个过程。

1. 血管收缩

（1）生理性止血首先表现为受损血管局部和附近的小血管收缩，使局部血流减少，有利于减轻或阻止出血。

（2）引起血管收缩的原因：①损伤性刺激反射性使血管收缩。②血管壁的损伤引起局部血管肌源性收缩。③黏附于损伤处的血小板释放5-HT、$TXA_2$等缩血管物质，引起血管收缩。

2. 血小板止血栓的形成　血管损伤后，由于内皮下胶原的暴露，1~2秒内即有少量的血小板黏附于内皮下的胶原上，这是形成止血栓的第一步。外源性ADP及$TXA_2$活化并促使更多血小板聚集→形成松软止血栓→堵塞伤口，达到初步止血，称一期止血。一期止血主要依赖于血管收缩及血小板止血栓的形成。

3. 血液凝固　血管受损也可启动凝血系统，在局部迅速发生血液凝固，使血浆中可溶性的纤维蛋白原转变成不溶性的纤维蛋白，并交织成网，以加固止血栓，称二期止血（图 3-3-1）。最后，局部纤维组织增生，并长入血凝块，达到永久性止血。

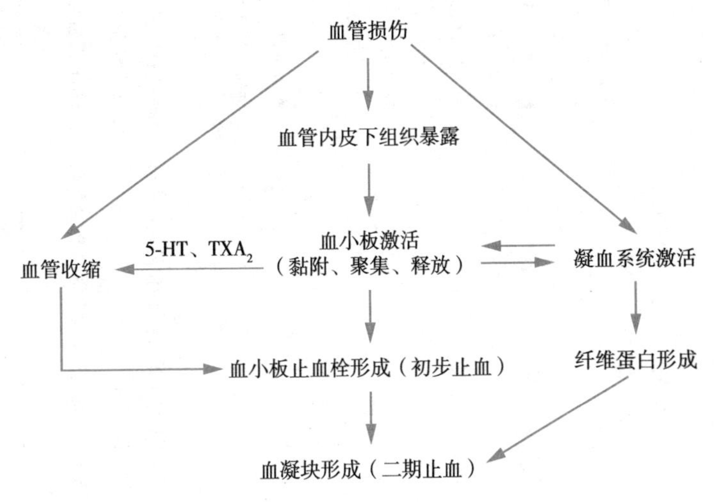


图 3-3-1　生理性止血过程示意图

5-HT：5 羟色胺；$TXA_2$：血栓烷 $A_2$

## 二、血液凝固

血液凝固是指血液由流动的液体状态变成不能流动的凝胶状态的过程。其实就是血浆中的可溶性纤维蛋白原转变成不溶性的纤维蛋白的过程。

### （一）凝血因子

血浆与组织中直接参与血液凝固的物质，统称为凝血因子。目前已知的凝血因子主要有 14 种，其中已按国际命名法依发现的先后顺序用罗马数字编号的有 12 种，即凝血因子Ⅰ~ⅩⅢ（表 3-3-1）。

表 3-3-1 凝血因子的某种特性

| 因子 | 同义名 | 合成部位 | 主要激活物 | 主要抑制物 | 主要功能 |
|---|---|---|---|---|---|
| Ⅰ | 纤维蛋白原 | 肝细胞 | | | 形成纤维蛋白，参与血小板聚集 |
| Ⅱ | 凝血酶原 | 肝细胞（需维生素K） | 凝血酶原酶复合物 | 抗凝血酶 | 凝血酶促进纤维蛋白原转变为纤维蛋白；激活FⅤ、FⅧ、FⅪ、FⅩⅢ和血小板，正反馈促进凝血；与内皮细胞上的凝血酶调节蛋白结合而激活蛋白质C和凝血酶激活的纤抑制物（TAFI） |
| Ⅲ | 组织因子（TF） | 内皮细胞和其他细胞 | | | 作为FⅦa的辅因子，是生理性凝血反应过程的启动物 |
| Ⅳ | 钙离子（$Ca^{2+}$） | — | | | 辅因子 |
| Ⅴ | 前加速素易变因子 | 内皮细胞和血小板 | 凝血酶和FⅩa，以凝血酶为主 | 活化的蛋白质C | 作为辅因子加速FⅩa对凝血酶原的激活 |
| Ⅶ | 前转变素稳定因子 | 肝细胞（需维生素K） | FⅩa、FⅨa、FⅦa | TFPI，抗凝血酶 | 与TF形成Ⅶa-TF复合物，激活FⅩ和FⅨ |

续 表

| 因子 | 同义名 | 合成部位 | 主要激活物 | 主要抑制物 | 主要功能 |
| --- | --- | --- | --- | --- | --- |
| Ⅷ | 抗血友病因子 | 肝细胞 | 凝血酶，FXa | 不稳定，自发失活；活化的蛋白质C | 作为辅因子，加速FⅨa对FX的激活 |
| Ⅸ | 血浆凝血活酶 | 肝细胞（需维生素K） | FⅪa，Ⅶa-TF复合物 | 抗凝血酶 | FⅨa与Ⅷa形成内源性途径FX酶复合物激活FX |
| X | Stuart-Prower因子 |  | Ⅶa-TF复合物，FⅨa-Ⅷa复合物 | 抗凝血酶，TFPI | 与FVa结合形成凝血酶酶复合物激活凝血酶原；FXa还可激活FⅦ、FⅧ和FV |
| Ⅺ | 血浆凝血活酶前质 | 肝细胞 | FⅫa，凝血酶 | $\alpha_1$-抗胰蛋白酶，抗凝血酶 | 激活FⅨ |
| Ⅻ | 接触因子或Hageman因子 |  | 胶原、带负电的异物表面、K | 抗凝血酶 | 激活FⅪ、纤溶酶原及前激肽释放酶 |
| ⅩⅢ | 纤维蛋白稳定因子 | 肝细胞和血小板 | 凝血酶 |  | 使纤维蛋白单体相互交联聚合形成纤维蛋白网 |

续　表

| 因子 | 同义名 | 合成部位 | 主要激活物 | 主要抑制物 | 主要功能 |
| --- | --- | --- | --- | --- | --- |
| — | 高分子量激肽原 | 肝细胞 | | | 辅因子，促进 FⅫa 对 FⅪ和对 PK 的激活，促进 PK 对 FⅫ的激活 |
| — | 前激肽释放酶 | | FⅫa | 抗凝血酶 | 激活 FⅫ |

TF：组织因子；TFPI：组织因子途径抑制物；K：激肽释放酶

主治语录："三界之外武艺盖世"（FⅢ不存在于血浆中，FⅤ最不稳定，是易变因子，FⅣ为钙离子）；被消耗因子有FⅡ、FⅤ、FⅧ、FⅩⅢ；依赖 VitK 有FⅡ、FⅦ、FⅨ、FⅩ；最不稳定因子有FⅤ、FⅧ。

## （二）凝血过程

血液凝固是由凝血因子按一定顺序相继激活而生成的凝血酶最终使纤维蛋白原变为纤维蛋白的过程。因此，凝血过程可分为凝血酶原酶复合物的形成、凝血酶的激活和纤维蛋白的生成三个基本步骤（图3-3-2）。

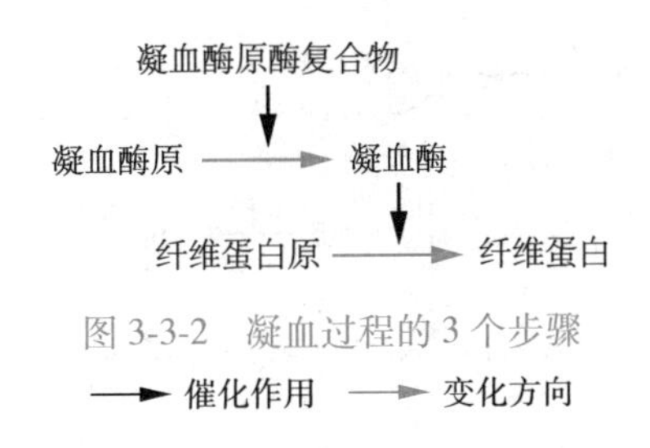


图3-3-2 凝血过程的3个步骤

→ 催化作用 → 变化方向

1. 凝血酶原酶复合物的形成 凝血酶原酶复合物可通过内源性凝血途径和外源性凝血途径生成（图3-3-3）。

（1）内源性凝血途径：完全依靠血液中的凝血因子逐步使血液凝固的途径。内源性凝血途径的启动因子是FⅫ。FⅫ的主要功能是激活FⅪ成为FⅪa，从而启动内源性凝血途径。

（2）外源性凝血途径：由存在于血液之外的FⅢ暴露于血液而启动的凝血过程。外源性凝血途径的启动因子是FⅢ。当血管损伤时，暴露出的FⅢ与FⅦa组成复合物，在磷脂、$Ca^{2+}$的存在下，激活FⅩ生成FⅩa。

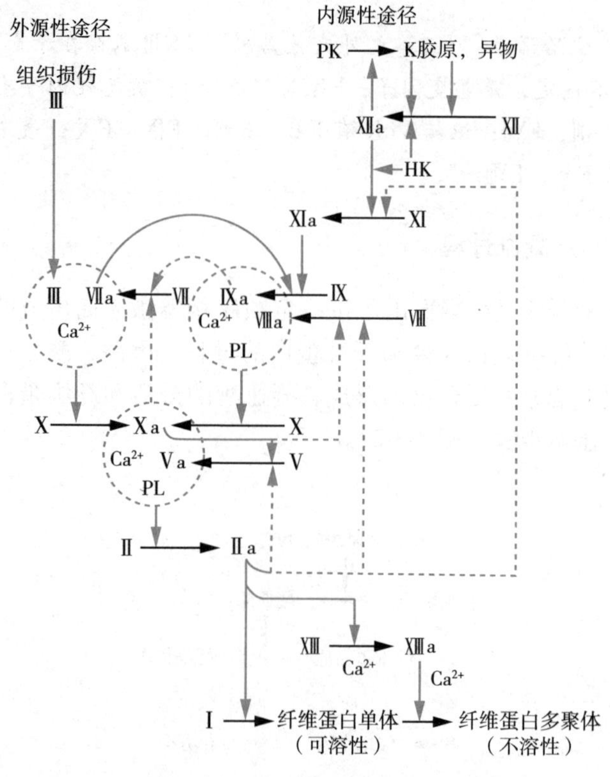


图 3-3-3　内、外源性凝血途径

→ 催化作用　→ 变化方向　- - → 正反馈促进

PL：磷脂；PK：前激肽释放酶；K：激肽释放酶；HK：高分子激肽原

**主治语录：内、外源性凝血的鉴别（表 3-3-2）。**

表 3-3-2　内、外源性凝血的鉴别

| 鉴别项目 | 内源性凝血途径 | 外源性凝血途径 |
|---|---|---|
| 启动 | 胶原纤维等激活因子 FⅫ | 组织损伤产生因子 FⅢ |

续　表

| 鉴别项目 | 内源性凝血途径 | 外源性凝血途径 |
| --- | --- | --- |
| 参与反应步骤 | 较多 | 较少 |
| 凝血速度 | 较慢 | 较快 |
| 发生条件 | 血管损伤或血管内凝血 | 组织损伤 |

2. 凝血酶原的激活和纤维蛋白的生成　凝血酶具有多种功能：①使纤维蛋白原（四聚体）从N端脱下四段小肽，即两个A肽和两个B肽，转变为纤维蛋白单体。②激活FⅩⅢ，生成FⅩⅢa。在$Ca^{2+}$的作用下，FⅩⅢa使纤维蛋白单体相互聚合，形成不溶于水的交联纤维蛋白多聚体凝块，完成凝血过程。③激活FⅤ、FⅧ和FⅪ，形成凝血过程中的正反馈机制。④使血小板活化。

### （三）体内生理性凝血机制

目前认为，外源性凝血途径在体内生理性凝血反应的启动中起关键性作用，组织因子是生理性凝血反应过程的启动物。组织因子镶嵌在细胞膜上，可起“锚定”作用，有利于使生理性凝血过程局限于受损血管的部位。

### （四）血液凝固的负性调控

1. 血管内皮的抗凝作用　正常的血管内皮作为一个屏障，可防止凝血因子、血小板与内皮下的成分接触，从而避免凝血系统的激活和血小板的活化。血管内皮还具有抗凝血和抗血小板的功能。

2. 纤维蛋白的吸附、血流的稀释和单核吞噬细胞的吞噬作用。

3. 生理性抗凝物质　体内的生理性抗凝物质可分为：丝氨酸蛋白酶抑制物、蛋白质C系统和组织因子途径抑制物三类，分别抑制激活的维生素 K 依赖性凝血因子（FⅦa 除外）、激活的辅因子 FⅤa 和 FⅧa，以及外源性凝血途径。

肝素具有强的抗凝作用，但在缺乏抗凝血酶的条件下，肝素的抗凝作用很弱。生理情况下血浆中几乎不含肝素。因此，肝素主要通过增强抗凝血酶的活性而发挥间接抗凝作用。

## 三、纤维蛋白的溶解

纤维蛋白被分解液化的过程，称为纤维蛋白溶解（简称纤溶）。纤溶系统主要包括纤维蛋白溶酶原（简称纤溶酶原，又称血浆素原）、纤溶酶（又称血浆素）、纤溶酶原激活物与纤溶抑制物。

### （一）纤溶酶原的激活

正常情况下，血浆中的纤溶酶是以无活性的纤溶酶原形式存在。纤溶酶原主要由肝产生。嗜酸性粒细胞也可合成少量纤溶酶原。纤溶酶原在激活物的作用下发生有限水解，脱下一段肽链而激活成纤溶酶。纤溶酶原激活物主要有组织型纤溶酶原激活物（t-PA）和尿激酶型纤溶酶原激活物（u-PA）。t-PA 是血液中主要的内源性纤溶酶原激活物，大多数组织的血管内皮细胞均可合成。正常情况下新分泌的 t-PA 已具有较低的纤溶酶原激活作用（图 3-3-4）。

### （二）纤维蛋白与纤维蛋白原的降解

纤溶酶属于丝氨酸蛋白酶，其最敏感的底物是纤维蛋白和纤维蛋白原。在纤溶酶作用下，纤维蛋白和纤维蛋白原可被分解为许多可溶性小肽，称为纤维蛋白降解产物。纤维蛋白降解产物通常不再发生凝固，其中部分小肽还具有抗凝血作用（图 3-3-4）。纤溶酶是血浆中活性最强的蛋白酶，特异性较低。

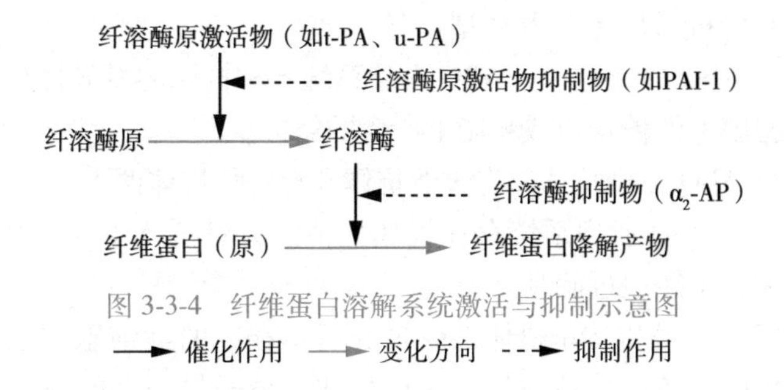


图 3-3-4　纤维蛋白溶解系统激活与抑制示意图

⟶ 催化作用　⟶ 变化方向　- - → 抑制作用

### （三）纤溶抑制物

体内有多种物质可抑制纤溶系统的活性，主要有纤溶酶原激活物抑制物-1（PAI-1）和 $\alpha_2$-抗纤溶酶（$\alpha_2$-AP）。

# 第四节　血型和输血原则

## 一、血型与红细胞凝集

1. 血型　红细胞膜上特异性抗原的类型，这种抗原是由种系基因控制的多态性抗原，称为血型抗原。

2. 红细胞凝集　本质是抗原-抗体反应。红细胞膜上抗原的特异性取决于其抗原决定簇，这些抗原在凝集反应中被称为凝集原。

## 二、红细胞血型

### （一）ABO 血型系统

1. ABO 血型的分型　根据红细胞膜上是否存在 A 抗原和 B 抗原可将血液分为四种 ABO 血型：红细胞膜上只含 A 抗原者为 A 型；只含 B 抗原者为 B 型；含有 A 与 B 两种抗原者为 AB 型；

A 和 B 种抗原均无者为 O 型。

2. ABO 血型抗原　ABO 血型系统各种抗原的特异性决定于红细胞膜上的糖蛋白或糖脂上所含的糖链。

3. ABO 血型抗体　有天然抗体和免疫性抗体两类。

（1）ABO 血型系统存在天然抗体。天然抗体多属 IgM，分子量大，不能通过胎盘。

（2）免疫抗体是机体接受自身所不存在的红细胞抗原刺激而产生的。免疫性抗体属于 IgG 抗体，分子量小，能通过胎盘进入胎儿体内。由于自然界广泛存在 A 抗原和 B 抗原，正常成年人通常存在 IgM 型和 IgG 型 ABO 血型抗体。

4. ABO 血型的遗传　人类 ABO 血型系统的遗传是由 9 号染色体上的 A、B 和 O 三个等位基因来控制的。在一对染色体上只可能出现上述三个基因中的两个，分别由父母双方各遗传一个给子代。3 个基因可组成六组基因型（表 3-4-1）。A 和 B 基因为显性基因，O 基因为隐性基因，故血型的表现型仅有四种。

表 3-4-1　ABO 血型的基因型和表现型

| 基因型 | 表现型 |
|---|---|
| OO | O |
| AA，AO | A |
| BB，BO | B |
| AB | AB |

5. ABO 血型的鉴定　常规 ABO 血型的定型包括正向定型和反向定型。正向定型是用抗 A 与抗 B 抗体检测来检查红细胞上有无 A 或 B 抗原；反向定型是用已知血型的红细胞检测血清中有无抗 A 或抗 B 抗体，结果判断见表 3-4-2。

表 3-4-2 红细胞常规 ABO 血型定型

| 正向定型 | | | 反向定型 | | | 血型 |
|---|---|---|---|---|---|---|
| B 型血清（抗 A） | A 型血清（抗 B） | O 型血清（抗 A，抗 B） | A 型红细胞 | B 型红细胞 | O 型红细胞 | |
| − | − | − | + | + | − | O |
| + | − | + | − | + | − | A |
| − | + | + | + | − | − | B |
| + | + | + | − | − | − | AB |

### （二）Rh 血型系统

1. 在我国各族人群中，汉族和其他大部分民族的人群中，Rh 阳性者约占 99%，Rh 阴性者只占 1%左右。

2. 红细胞能被抗 Rh 血清凝集者称为 Rh 阳性；而红细胞不能被凝集者，称为 Rh 阴性。由六种抗原决定，其中 D 抗原特异性最强。

3. Rh 血型的特点及其临床意义　Rh 系统的抗体主要是 IgG，其分子较小，因此能透过胎盘。Rh 阴性受血者在第一次接受 Rh 阳性血液的输血后，一般不产生明显的输血反应，但在第二次或多次输入 Rh 阳性的血液时，即可发生抗原抗体反应，输入的 Rh 阳性红细胞将被破坏而发生溶血。

## 三、血量和输血原则

### （一）血量

血量指全身血液的总量。正常成年人的血液总量相当于体重的 7%～8%，即每千克体重有 70～80ml 血液。因此，体重为 60kg 的人，血量为 4. 2～4. 8L。

### （二）输血原则

输血的原则是同型输血。无同型血时，可以输入少量配血基本相合的血液（<200ml），但血清中抗体效价不能太高（<1∶200），输血速度也不宜太快，并在输血过程中应密切观察受血者的情况，如发生输血反应，必须立即停止输注。

输血前必须进行交叉配血试验，即把供血者的红细胞与受血者的血清进行配合试验，称为交叉配血主侧；而且要把受血者的红细胞与供血者的血清作配合试验，称为交叉配血次侧。

如果交叉配血试验的两侧都没有凝集反应，即为配血相合，可以进行输血；如果主侧有凝集反应，则为配血不合，不能输血；如果主侧不起凝集反应，而次侧有凝集反应称为配血基本相合，这种情况可见于将O型血输给其他血型的受血者或AB型受血者接受其他血型的血液。

主治语录：临床上首选的输血原则是同型输血。

历年真题

1. 通常所说的血型是指
   A. 红细胞膜上的受体类型
   B. 红细胞膜上凝集素的类型
   C. 红细胞膜上凝集原的类型
   D. 血浆中凝集原的类型
   E. 血浆中凝集素的类型
2. 献血者为A型血，经交叉配血试验，主侧不凝集而次侧凝集，受血者的血型应为
   A. B型
   B. AB型
   C. A型
   D. O型
   E. A型或B型

参考答案：1. C　2. B

# 第四章　血液循环

## 核心问题

1. 心动周期概念；心脏泵血过程及机制；心脏泵血功能的评定及储备。

2. 影响心输出量的因素。

3. 工作细胞和自律细胞跨膜电位及其形成机制；心肌生理特性。

4. 正常心电图波形及生理意义。

5. 动脉血压的形成、正常值和影响因素；中心静脉压及影响静脉回流因素；微循环组成及作用；组织液生成及其影响因素。

6. 心脏和血管活动的神经调节、体液调节；冠脉循环的血流特点和血流量的调节。

## 内容精要

在整个生命活动过程中，心脏不停地跳动推动血液在心血管系统内循环流动称为血液循环。血液循环的主要功能是完成体内的物质运输：运送细胞新陈代谢所需的营养物质和 $O_2$ 到全身，以及运送代谢产物和 $CO_2$ 到排泄器官。

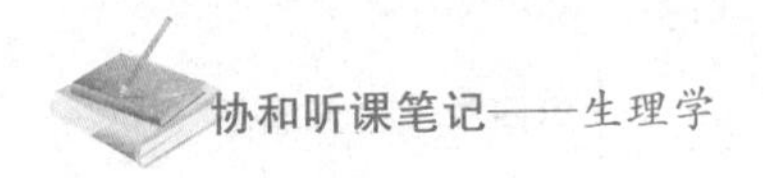


# 第一节 心脏的泵血功能

心脏的节律性收缩和舒张对血液的驱动作用，是心脏的主要功能。正常成年人安静时，心脏每分钟可泵出血液5~6L。

## 一、心脏的泵血过程和机制

### （一）心动周期

1. 心动周期 心脏的一次收缩和舒张构成的一个机械活动周期，分为收缩期和舒张期。

2. 心动周期的长度与心率成反变关系 如果正常成年人的心率为75次/分，则每个心动周期持续0.8秒。

### （二）心脏的泵血过程

左心室、右心室的泵血过程相似，而且几乎同时进行。现以左心室为例，说明一个心动周期中心室射血和充盈的过程（图4-1-1，表4-1-1），以便了解心脏泵血的机制。

表4-1-1 心动周期中左心室压力、瓣膜、容积、血流方向和心音变化

| 时相 | | 压力变化关系 | $V_{A-V}$ | $V_A$ | 心室容积 | 心内流方向 | 心音 |
| --- | --- | --- | --- | --- | --- | --- | --- |
| 心房收缩期 | | $P_a>P_v<P_A$ | 开 | 关 | 继续↑→最大 | 心房→心室 | 可有第四心音 |
| 心室收缩期 | 等容收缩期 | $P_a<P_v<P_A$（$P_v$上升速度最快） | 关 | 关 | 不变 | 血液存于心室 | 第一心音 |
| | 快速射血期 | $P_a<P_v>P_A$ | 关 | 开 | 迅速↓ | 心室→动脉 | — |

续　表

| 时 | 相 | 压力变化关系 | $V_{A-V}$ | $V_A$ | 心室容积 | 心内流方向 | 心音 |
|---|---|---|---|---|---|---|---|
| | 减慢射血期 | $P_a<P_v<P_A$ * | 关 | 开 | 继续↓→最小 | 心室→动脉 | — |
| 心室舒张期 | 等容舒张期 | $P_a<P_v<P_A$（$P_v$下降速度最快） | 关 | 关 | 不变 | 血液存于心房 | 第二心音 |
| | 快速充盈期 | $P_a>P_v<P_A$ | 开 | 关 | 迅速↑ | 心房→心室 | 可有第三心音 |
| | 减慢充盈期 | $P_a>P_v<P_A$ | 开 | 关 | 继续↑ | 心房→心室 | — |

$P_a$：房内压；$P_v$：室内压；$P_A$：主动脉压；$V_{A-V}$：房室瓣；$V_A$：动脉瓣；*：此时心室内压虽略低于主动脉压，但因血液仍具有较高的动量，故能逆压力梯度继续射入主动脉

1. 左心室肌的收缩和舒张是造成左心室内压变化，导致心房和心室之间以及心室和主动脉之间产生压力梯度的根本原因；而压力梯度则是推动血液在心房、心室以及主动脉之间流动的主要动力。在收缩期，心室肌收缩产生的压力增高和血流惯性是心脏射血的动力，而在舒张早期，心室主动舒张是心室充盈的主要动力，在舒张晚期心房肌的收缩可进一步充盈心室。

2. 在等容收缩期，室内压升高最快；在等容舒张期末，左心室容积最小。

3. 在快速充盈期，心室对心房和大静脉内的血液可产生“抽吸”作用，血液快速流入心室，使心室容积迅速增大。

4. 在快速射血期末，左心室压力最高，主动脉压力最高。

主治语录：心室回心血量主要靠心室舒张的抽吸作用。

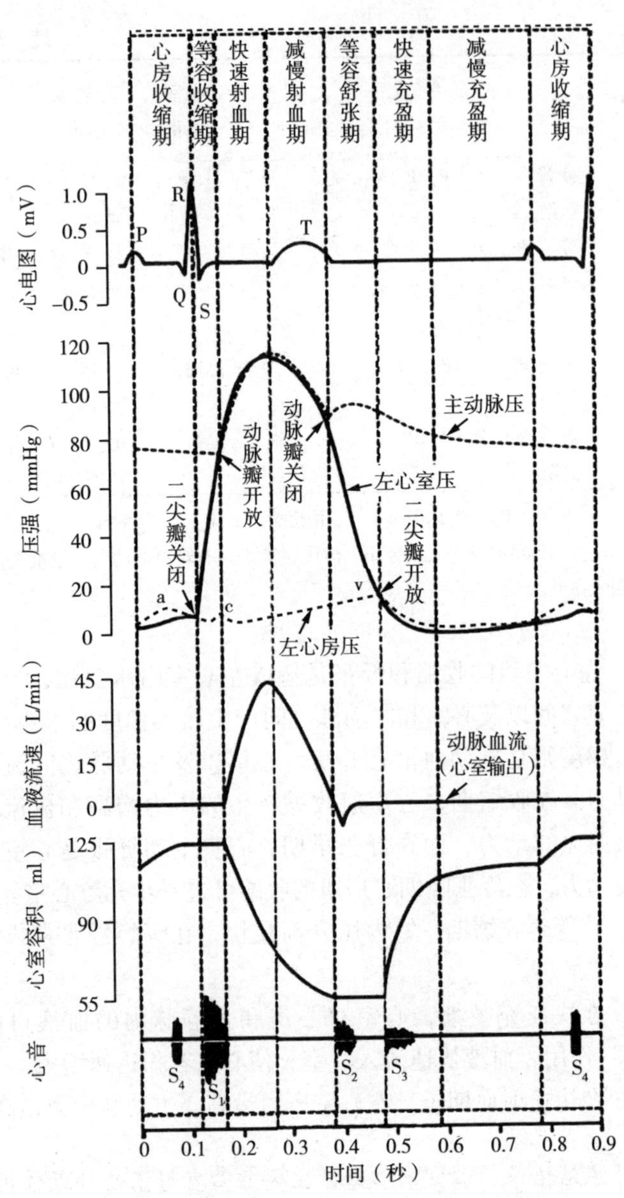


图 4-1-1　心动周期各时相中左心室压力、容积和瓣膜等变化示意图

### （三）心房在心脏泵血中的作用

心房大部分时间里都处于舒张状态，其主要作用是接纳储存从静脉不断回流的血液，尤其是在心室收缩和射血期间。

## 二、心输出量与心脏泵血功能的储备

### （一）心输出量

1. 每搏输出量　一侧心室一次心脏搏动所射出的血液量，简称搏出量。正常成年人安静状态下，约为70ml（60~80ml）。

2. 射血分数　搏出量占心室舒张末期容积的百分比。健康成年人的射血分数为55%~65%，能更准确地反映心脏的泵血功能。

3. 每分输出量　一侧心室每分钟射出的血液量，又称心输出量或心排出量。心输出量=心率×搏出量。如果心率为75次/分，搏出量为70ml，则心输出量约为5L/min。

4. 心指数　以单位体表面积（$m^2$）计算的心输出量，即心指数=心输出量/体表面积。静息心指数可作为比较身材不同个体的心功能的评价指标。例如，中等身材的成年人体表面积为1.6~1.7$m^2$，在安静和空腹的情况下心输出量为5 ~ 6 L/min，故静息心指数为3.0 ~3.5L /(min · $m^2$)。

### （二）心脏泵血功能的储备

1. 健康成年人在安静状态下，心输出量5~6L；剧烈运动时，心输出量可达25~30L，为安静时的5~6倍。这说明正常心脏的泵血功能有相当大的储备量。心输出量可随机体代谢需要而增加的能力，称为心泵功能储备或心力储备。心泵功能储备可用心脏每分钟能射出的最大血量，即心脏的最大输出量来表示。

2. 心泵功能储备的大小主要取决于搏出量和心率能够提高的程度，因此心泵功能储备包括搏出量储备和心率储备两部分。

(1) 搏出量储备：搏出量是心室舒张末期容积和收缩末期容积之差，可分为收缩期储备和舒张期储备两部分。前者是通过增强心肌收缩能力和提高射血分数来实现的，而后者则是通过增加舒张末期容积而获得的。

(2) 心率储备：正常健康成年人安静时的心率为60~100次/分。假如搏出量保持不变，使心率在一定范围内加快，当心率达160~180次/分时，心输出量可增加至静息时的2~2.5倍，称为心率储备。

## 三、影响心输出量的因素

### (一) 心室肌的前负荷与心肌异长自身调节

1. 心室肌的前负荷　前负荷可使骨骼肌在收缩前处于一定的初长度。常用心室舒张末期的心房内压力来反映心室的前负荷。

2. 心肌异长自身调节　改变心肌初长度而引起心肌收缩力改变的调节，称为异长自身调节。增加前负荷（初长度）时，心肌收缩力加强，搏出量增多，每搏功增大。

(1) 特点：心室肌的肌节一般不会超过2.25~2.30μm。

(2) 意义：对搏出量的微小变化进行精细的调节。

可通过心室功能曲线（图4-1-2）进一步说明：

1) 左心室舒张末期压在5~15mmHg为曲线的上升支，随着心室舒张末期压↑，心室的每搏功↑。通常，左心室舒张末期压仅5~6mmHg，而左心室舒张末期压为12~15mmHg是心室最适前负荷。表明初长度在未达到最适前负荷时，搏出量随初长度↑而↑。

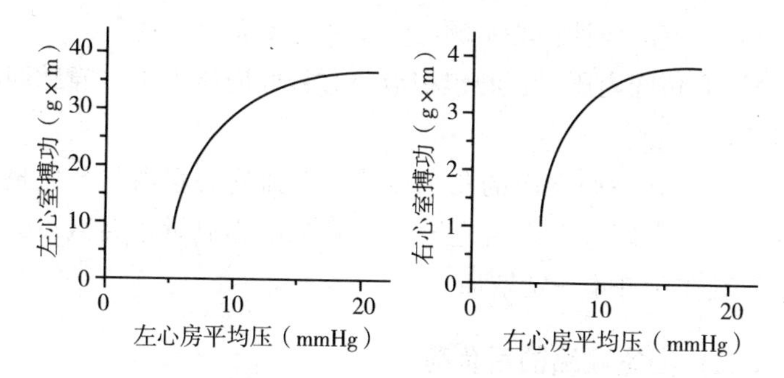


图 4-1-2　犬左、右心室功能曲线

注：实验中分别以左、右心房平均压代替左、右心室舒张末期压

2）左心室舒张末期压在 15～20mmHg，曲线趋于平坦，说明前负荷在其上限范围变动时对每搏功和心室泵血功能的影响不大。

3）左心室舒张末期压高于 20mmHg，曲线平坦或甚至轻度下倾但并不出现明显的降支，说明心室前负荷即使超过 20mmHg，每搏功仍不变或仅轻度减少。只有在发生严重病理变化的心室，心功能曲线才会出现降支。

3. 影响前负荷的因素

（1）静脉回心血量：在多数情况下，静脉回心血量的多少是决定心室前负荷大小的主要因素。静脉回心血量又受到心室充盈时间、静脉回流速度、心室舒张功能、心室顺应性和心包腔内压力等因素的影响。

1）心室充盈时间：心率↑→心动周期↓→心室充盈时间↓→静脉回心血量↓。

2）静脉回流速度：静脉回流速度↑→静脉回心血量↑。

3）心室舒张功能：舒张期 $Ca^{2+}$ 回降速度↑→静脉回心血量↑。

4）心室顺应性：心室顺应性↑→心室充盈血量↑。

5）心包腔内压力：心包积液→心包腔内压力↑→静脉回心血量↓。

（2）射血后心室内的剩余血量：射血后心室内剩余血量增加时，舒张末期心室内压也增高，静脉回心血量将会减少，因此心室充盈量并不一定增加。

### （二）心室收缩的后负荷

1. 大动脉血压是心室收缩时所遇到的后负荷。

2. 除通过异长自身调节机制增加心肌初长度外，机体还可通过神经和体液机制以等长调节的方式改变心肌收缩的能力，使搏出量能适应于后负荷的改变。

### （三）心肌收缩能力

心肌收缩能力指心肌不依赖于前负荷和后负荷而能改变其力学活动（包括收缩的强度和速度）的内在特性，又称心肌的变力状态。在完整的心室，心肌收缩能力增强可使心室功能曲线向左上方移位，表明在同样的前负荷条件下，每搏功增加，心脏泵血功能增强。这种通过改变心肌收缩能力的心脏泵血功能调节称为等长调节。

1. 儿茶酚胺（去甲肾上腺素和肾上腺素）在激动心肌细胞的β肾上腺素能受体后，可使心肌收缩能力增强。

2. 钙增敏剂（如茶碱）可增加肌钙蛋白对 $Ca^{2+}$ 的亲力，使心肌收缩能力增强。

3. 甲状腺激素可提高肌球蛋白 ATP 酶的活性，因此也能增强心肌收缩能力。

4. 老年人和甲状腺功能低下的患者，因为肌球蛋白分子亚型的表达发生改变，ATP 酶活性降低，故心肌收缩能力减弱。

### （四）心率

1. 正常成年人在安静状态下，心率为60~100次/分，平均约75次/分。心率可随年龄、性别和不同生理状态而发生较大的变动。新生儿的心率较快；随着年龄的增长，心率逐渐减慢，至青春期接近成年人水平。在成年人，女性的心率稍快于男性。在经常进行体力劳动或体育运动的人，平时心率较慢。在同一个体，安静或睡眠时的心率较慢，而运动或情绪激动时心率加快。

2. 如果心率过快，当超过160~180次/分，将使心室舒张期明显缩短，心舒期充盈量明显减少，因此搏出量也明显减少，从而导致心输出量下降。如果心率过慢，当低于40次/分，将使心室舒张期过长，此时心室充盈早已接近最大限度，心舒期的延长已不能进一步增加充盈量和搏出量，因此心输出量也减少。

3. 在整体情况下，心率受神经和体液因素的调节。交感神经活动增强时心率加快；迷走神经活动增强时心率减慢。循环血中肾上腺素、去甲肾上腺素和甲状腺激素水平增高时心率加快。此外，心率还受体温的影响，体温每升高1℃，心率每分钟可增加12~18次。

## 四、心功能评价

心脏的主要功能是泵血。在临床医学实践和科学研究工作中，常需对心脏的泵血功能进行判断也即心功能评价。心功能评价分可为：心脏射血功能评价和心脏舒张功能评价。

1. 心脏射血功能评价　通过分别计算搏出量、射血分数和每搏功，以及心输出量、心指数可评价心室的射血功能。此外，对心室收缩压曲线求一阶导数，所产生的心室收缩压变化速率

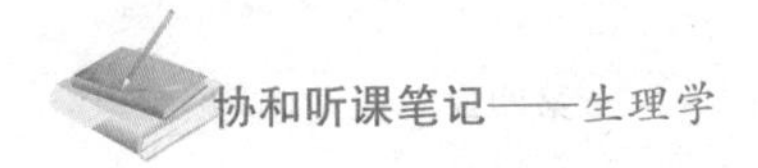


曲线（dP/dt）可作为心脏收缩能力的指标。

2. 心脏舒张功能评价　对心室舒张压曲线求一阶导数，所产生的心室压舒张压变化速率曲线（-dP/dt）可作为心脏舒张功能的指标。

## 五、心音

正常人在一次心搏过程中可产生四个心音，即第一心音、第二心音、第三心音和第四心音。通常用听诊的方法只能听到第一心音和第二心音；在某些青年人和健康儿童可听到第三心音；用心音图可记录到4个心音。心脏的某些异常活动可以产生杂音或其他异常的心音。因此，听取心音或记录心音图对于心脏疾病的诊断具有重要意义。

1. 第一心音　第一心音标志着心室收缩的开始，在心尖搏动处（左第五肋间锁骨中线）听诊最为清楚，其特点是音调较低，持续时间较长。第一心音是由于房室瓣突然关闭引起心室内血液和室壁的振动，以及心室射血引起的大血管壁和血液湍流所发生的振动而产生的。

2. 第二心音　第二心音标志着心室舒张期的开始，在胸骨右、左两侧第2肋间（即主动脉瓣和肺动脉瓣听诊区）听诊最为清楚，其特点是频率较高，持续时间较短。第二心音主要因主动脉瓣和肺动脉瓣关闭，血流冲击大动脉根部引起血液、管壁及心室壁的振动而引起。

3. 第三心音　在部分健康儿童和青年人，偶尔可听到第三心音。第三心音出现在心室快速充盈期之末，是一种低频、低幅的振动，是由于快速充盈期之末室壁和乳头肌突然伸展及充盈血流突然减速引起的振动而产生的。

4. 第四心音　第四心音出现在心室舒张的晚期，是与心房收缩有关的一组发生在心室收缩期前的振动，又称心房音。正常心房收缩时一般不产生声音但异常强烈的心房收缩和在左心室壁顺应性下降时可产生第四心音。

## 第二节　心脏的电生理学及生理特性

根据组织学和电生理学特点，可将心肌细胞分成工作细胞（心房肌细胞、心室肌细胞）和自律细胞（窦房结细胞、浦肯野细胞），前者有稳定的静息电位，主要执行收缩功能；后者组成心内特殊传导系统，大多没有稳定的静息电位，并可自动产生节律性兴奋。根据心肌细胞动作电位去极化的快慢及其产生机制，又可将心肌细胞分成快反应细胞（心房肌细胞、心室肌细胞和浦肯野细胞）和慢反应细胞（窦房结细胞和房室结细胞）。快反应细胞动作电位的特点是去极化速度和幅度大，兴奋传导速度快，复极过程缓慢并且可分成几个时相，因此动作电位时程很长。慢反应细胞动作电位特点是去极化速度和幅度小，兴奋传导速度慢，复极过程缓慢而没有明确的时相区分。

### 一、心肌细胞的跨膜电位及其形成机制

#### （一）工作细胞跨膜电位及其形成机制

1. 静息电位　心室肌细胞的静息电位为-90～-80mV，是$K^+$平衡电位、少量$Na^+$内流和生电性$Na^+$-$K^+$泵活动的综合反映。静息电位的大小主要取决于细胞内液和细胞外液的$K^+$浓度差和膜对$K^+$的通透性，$K^+$向膜外扩散形成的平衡电位是静息电位的主要来源。

2. 心室肌细胞动作电位　与骨骼肌和神经细胞的动作电位明显不同，心室肌细胞动作电位可分为5个时相（表4-2-1）。

主要特征在于复极化过程复杂，持续时间很长，动作电位的降支和升支不对称。

表 4-2-1 心室肌细胞和窦房结细胞动作电位的产生机制

| 分　期 | 电位变化 | 心室肌细胞动作电位的产生机制 |
| --- | --- | --- |
| 静息电位 | -90~-80mV | 大量 $K^+$ 外流达平衡，少量 $Na^+$ 内流 |
| 0 期（快速去极化期） | -90~+30mV | 快 $Na^+$ 通道开放，$Na^+$ 内流增加 |
| 1 期（快速复极初期） | +30~0mV | 快 $Na^+$ 通道关闭，一过性 $K^+$ 外流增加 |
| 2 期（平台期） | 0mV 左右，持续时间较长 | $Ca^{2+}$ 内流、少量 $Na^+$ 内流、$K^+$ 外流 |
| 3 期（快速复极末期） | 0~90mV | $Ca^{2+}$ 内流停止，$K^+$ 外流增多 |
| 4 期（静息期/完全复极化期） | -90mV<br>恢复离子分布 | 钠泵（将 $Na^+$ 排出细胞外，摄入 $K^+$）<br>$Na^+$-$Ca^{2+}$ 交换体（将 3 个 $Na^+$ 转入胞内，1 个 $Ca^{2+}$ 排出胞外）<br>钙泵（将少量 $Ca^{2+}$ 排出细胞外） |

3. 心房肌细胞动作电位　心房肌细胞也属于快反应细胞。心房肌细胞膜上的 $I_{k1}$ 通道密度稍低于心室肌，静息电位受 $Na^+$ 内漏的影响较大，因此细胞内的负电位较心室肌为小，其静息电位约-80mV。

### （二）自律细胞的跨膜电位及其形成机制

1. 窦房结细胞动作电位　属慢反应电位，其特征为：动作电位去极化速度和幅度较小，很少有超射，没有明显的 1 期和平台期，只有 0、3、4 期，而 4 期电位不稳定，最大复极电位绝对值小。在3期复极完毕后就自动地产生去极化，使膜电位逐渐减小，即发生4期自动去极化。当去极达阈电位水平时即可爆发动作电位（表4-2-2）。

表4-2-2 自律细胞的跨膜电位及其形成机制

| 自律细胞的跨膜电位 | | 窦房结细胞 | 浦肯野细胞 |
|---|---|---|---|
| 特点 | 分期 | 无明显的复极1、2期（只有0、3、4期） | 分5期。除4期外均似心室肌，但时程较长 |
| | 最大复极电位 | -70mV | -90mV |
| | 阈电位 | -40mV | -70mV |
| | 0期去极 | 速度慢、幅度小、时程长 | 速度快、幅度大、时程短 |
| | 4期自动去极速度 | 快 | 慢 |
| 形成机制 | 4期 | （$I_k$）$K^+$外流逐渐减少（主要因素） | （$I_f$）$Na^+$内流逐渐↑（主要） |
| | | （$I_f$）$Na^+$内流渐强（弱） | （$I_k$）$K^+$外流的进行性衰减 |
| | | （$I_{Ca-T}$）$Ca^{2+}$内流（后程出现） | |
| | 3期 | $K^+$外流超过$Ca^{2+}$内流 | |
| | 0期 | $Ca^{2+}$缓慢内流 | （$I_{Na}$）快$Na^+$内流 |

2. 浦肯野细胞动作电位　在所有心肌细胞中，浦肯野细胞的动作电位时程最长。

## 二、心肌的生理特性

心肌细胞具有兴奋性、传导性、自律性和收缩性4种基本生理特性。

## （一）兴奋性

1. 心肌细胞兴奋性的周期性变化　心肌细胞每产生一次兴奋，其膜电位将发生一系列规律性变化，兴奋性也因此产生相应的周期性变化。这种周期性变化使心肌细胞在不同时期内对重复刺激表现出不同的反应特性，从而对心肌兴奋的产生和传导，甚至对收缩反应产生重要影响。现以心室肌细胞为例说明在一次兴奋过程中兴奋性的周期性变化（表 4-2-3）。

（1）有效不应期：从 0 期去极化开始到复极化 3 期膜电位达-55mV 这一段时间内，无论给予多强刺激，都不会引起心肌细胞产生去极化反应，此段时期称为绝对不应期（ARP）。从复极至-55mV 继续复极至-60mV 的这段时期内，若给予阈上刺激虽可引起局部反应但仍会产生新的动作电位，这一时期称为局部反应期。上述两段时期合称为有效不应期（ERP）。

表 4-2-3　心肌兴奋性的周期性变化

| 心肌兴奋性变化 | | 时间及电位 | 兴奋性 | 反应 | $Na^+$通道 |
|---|---|---|---|---|---|
| 有效不应期 | 绝对不应期 | 0 期→复极 3 期-55mV | 无 | 任何刺激均无效 | 完全失活 |
| | 局部反应期 | 复极 3 期-55mV→-60mV | 无 | 强刺激仅有局部反应 | 仅少量复活 |
| 相对不应期 | | 复极 3 期-60mV→-80mV | <正常 | 阈上刺激→低幅 AP | 大部分复活 |
| 超常期 | | 复极 3 期-80mV→-90mV | >正常 | 阈下→稍低幅 AP | 基本至备用状态 |

AP：动作电位

（2）相对不应期：从复极-60mV 到约-80mV 的时期。在此期间内，用大于正常阈值的强刺激才能产生动作电位，故称为相对不应期。

（3）超常期：相当于复极的-80mV到-90mV的时期。在这一期内，用低于正常阈值的刺激，就可引起动作电位，表示其兴奋性超过正常，称为超常期。

2. 影响心肌细胞兴奋性的因素

（1）组织细胞兴奋性：其高低通常用刺激阈值的大小来衡量。阈值低者兴奋性高，阈值高者则兴奋性低。

（2）静息电位或最大复极电位水平

1）如果阈电位水平不变，而静息电位或最大复极电位的负值增大，则它与阈电位之间的差距就加大，因此引起兴奋所需的刺激强度增大，兴奋性降低。例如在ACh作用下，膜对$K^+$通透性增高，$K^+$外流增多，引起膜的超极化，此时兴奋性便降低。

2）反之，静息电位或最大复极电位的负值减小，使之与阈电位之间的差距缩短，引起兴奋所需的刺激强度减小，则兴奋性升高。

3）但当静息电位或最大复极电位显著减小时，则可由于部分钠通道失活而使阈电位水平上移，结果兴奋性反而降低。

（3）阈电位水平：若静息电位或最大复极电位不变而阈电位水平上移，则静息电位或最大复极电位和阈电位之间的差距加大，兴奋性便降低。反之，阈电位水平下移则可使兴奋性增高。

（4）引起0期去极化的离子通道性状：引起快、慢反应动作电位0期去极化的钠通道和L型钙通道都有静息（备用）、激活和失活3种功能状态。$Na^+$通道是否处于备用状态：是心肌细胞是否具有兴奋性的前提。

3. 兴奋性的周期性变化与收缩活动的关系　与神经细胞和骨骼肌细胞相比，心肌细胞兴奋性周期中的有效不应期特别长，一直延续到心肌收缩活动的舒张早期。因此心肌不会发生强直收缩。

如果在心室的有效不应期之后，心肌受到人为的刺激或起自窦房结以外的异常刺激时，心室可产生一次正常节律以外的收缩，称为期前收缩。当紧接在期前收缩后的一次窦房结的兴奋传到心室时，恰好落在期前兴奋的有效不应期内，因此不能引起心室兴奋和收缩，必须等到下次窦房结的兴奋传来，才能发生收缩。所以在一次期前收缩之后，往往出现一段较长的心室舒张期，称为代偿间歇。心率较慢时，代偿性间歇将不会出现。

**（二）传导性**

1. 兴奋在心脏内的传导　心脏的特殊传导系统包括窦房结、房室结、房室束、左右束支和浦肯野纤维网，是心内兴奋传导的重要结构基础。

兴奋在浦肯野纤维网传导的最快，在房室结区最慢，慢的原因是：①纤维直径细小，仅约 0.3μm。②细胞间闰盘上的缝隙连接数量比普通心肌少。③这些纤维由较为胚胎型的细胞所构成，其分化程度低，传导兴奋的能力也较低。

房室结区传导速度缓慢，且是兴奋由心房传向心室的唯一通道，因此兴奋经过此处将出现一个时间延搁，称为房-室延搁。房-室延搁具有重要的生理和病理意义，保证了心室的收缩发生在心房收缩完毕之后，有利于心室的充盈和射血。但也使得房室结成为传导阻滞的好发部位，房室传导阻滞是临床上极为常见的一种心律失常。

2. 决定和影响传导性的因素　心肌的传导性受结构和生理两方面因素的影响。

（1）结构因素：心肌细胞的直径是决定传导性的主要结构因素，细胞直径与细胞内电阻呈反比关系，细胞直径大，细胞

内电阻越小，局部电流越大，传导速度越快；反之亦然。

（2）生理因素：心肌细胞的电生理特性是决定和影响心肌传导性的主要因素。心脏内兴奋的传导过程即动作电位的传导过程，而动作电位的传导受到以下因素的影响。

1）动作电位0期去极化速度和幅度：①兴奋部位0期去极速度越快，局部电流的形成也越快，能很快地促使邻近部位去极达到阈电位水平，从而产生一新的动作电位，故传导能很快进行。②兴奋部位0期去极化的幅度越大，兴奋部位与未兴奋部位之间的电位差也越大，局部电流也越强，能更有效地使邻近部位产生一新的动作电位故兴奋传导也越快。③局部电流大，其扩布的距离也大，使更远的部位受到刺激而兴奋，故传导加速。

浦肯野细胞动作电位0期去极化速度比心室肌快1倍，这是其传导速度很快的原因之一。任何生理、病理或药物因素，凡能减慢动作电位0期最大去极化速率和动作电位幅度者都会引起传导速度减慢。

2）膜电位水平：膜电位降低则最大去极化速度显著降低。当膜电位降至-55mV时，则0期最大去极化速度几乎为0，因为此时$Na^+$通道已失活关闭。如果膜电位大于正常静息电位水平，最大去极化速度并不增加，这可能是$Na^+$通道效率已达极限之故。可见，在正常静息电位值条件下，钠通道处于最佳可利用状态。当静息电位减小时，动作电位升支的幅度和速度都降低，这将导致传导减慢乃至障碍。期前兴奋的传导减慢正是由于期前兴奋是在膜电位较小的条件下发生的缘故。

3）邻近未兴奋部位膜的兴奋性：其高低、将影响兴奋沿细胞的传导。

### （三）自动节律性

1. 心脏的起搏点　产生兴奋并控制整个心脏活动的自律组

织通常是自律性最高的窦房结，故窦房结是心脏活动的正常起搏点，由窦房结起搏而形成的心脏节律称为窦性节律。其他自律组织在正常情况下仅起兴奋传导作用，而不表现出其自身的节律性，故称为潜在起搏点。

2. 窦房结控制潜在起搏点的主要机制

（1）抢先占领：窦房结的自律性高于其他潜在起搏点。

（2）超速驱动压抑：当自律细胞在受到高于其固有频率的刺激时，便按外来刺激的频率发生兴奋，称为超速驱动。在外来的超速驱动刺激停止后，自律细胞不能立即呈现其固有的自律性活动，需经一段静止期后才逐渐恢复其自身的自律性活动，这种现象称为超速驱动压抑。

3. 决定和影响自律性的因素　影响自律性的因素包括：①自律细胞动作电位4期自动去极化的速度。②最大复极电位。③阈电位水平，其中以4期自动去极化速度最为重要。

### （四）收缩性

1. 心肌收缩的特点

（1）同步收缩：心肌细胞之间有低电阻的闰盘存在，兴奋可通过缝隙连接发生电偶联在细胞之间迅速传播，引起所有细胞几乎同步兴奋和收缩。心肌的同步收缩也称“全或无”式收缩。

（2）不发生强直收缩：由于心肌兴奋性周期的有效不应期特别长，心脏不会发生强直收缩。

（3）对细胞外$Ca^{2+}$依赖性：收缩的关键过程在于心肌细胞胞质中$Ca^{2+}$浓度变化。

主治语录：心肌细胞为“全或无”式收缩（同步），不发生强直收缩。

2. 影响心肌收缩的因素　凡能影响心脏搏出量的因素，如前负荷、后负荷和心肌收缩能力以及细胞外 $Ca^{2+}$ 的浓度等，都能影响心肌的收缩。运动、肾上腺素、洋地黄类药物及其他因素是常见的增加心肌收缩的因素。低氧和酸中毒时则导致心肌收缩力降低。

3. 心肌收缩与心力衰竭　心力衰竭主要表现为严重的收缩功能不全和/或舒张功能不全。心力衰竭时引发收缩或舒张功能不全的原因还包括兴奋-收缩偶联功能失常、胚胎基因表达、钙应用蛋白改变和心肌细胞死亡等。

## 三、体表心电图

### （一）心电图的概述

1. 将测量电极置于体表的一定部位记录出来的心脏兴奋过程中所发生的有规律的电变化曲线，称为心电图或体表心电图。

2. 心电图反映的是每个心动周期整个心脏兴奋的产生、传播和恢复过程中的生物电变化，而与心脏的机械收缩活动无直接关系。心电图作为一种无创记录方法，在临床上被广泛用于心律失常和心肌损害等多种心脏疾病的诊断。

### （二）心电图导联方式与正常心电图各波和间期的意义

1. 从体表记录心电图时，引导电极的放置位置及与心电图机连接的线路，称为心电图导联。临床上对患者行心电图检查时通常记录以上 12 个导联心电图，以便临床医师评估患者的心率、心律等信息。

2. 以标准Ⅱ导联心电图为例，介绍心电图各波和间期的形态及意义（图 4-2-1）。

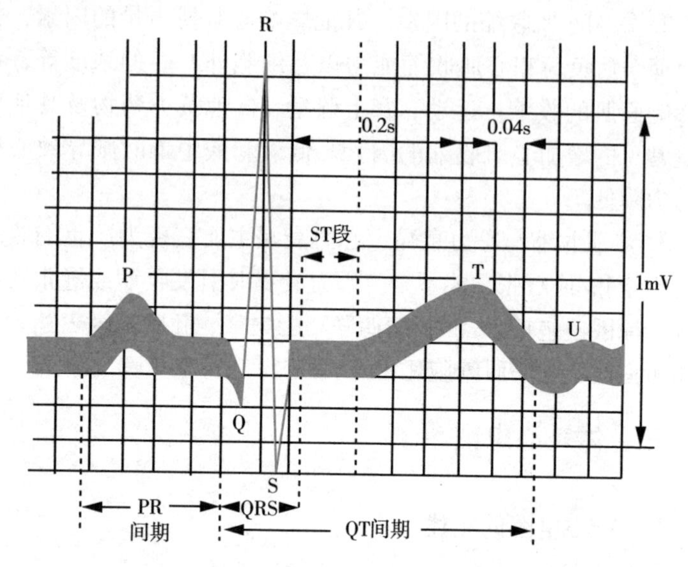


图 4-2-1　正常人体心电模式图

（1）P 波

1）在一个心动周期中，心电图记录首先出现的一个小而圆钝的波称为 P 波，其反映的是左、右两心房的去极化过程。

2）P 波正常时程为 0.08～0.11 秒，幅度不超过 0.25mV。P 波方向在Ⅰ、Ⅱ、aVF、$V_4$～$V_6$导联中均向上，在 aVR 导联则向下，而在其余导联呈双向、倒置或低平。

3）心房颤动时，P 波消失，取而代之的是细小杂乱房颤波形。

（2）QRS 波群

1）继 P 波之后间隔一小段时间（P-R 间期），出现的一个时程较短、幅度较高、形状尖锐的波群，称为 QRS 波群，QRS 波群反映左、右两心室的去极化过程。

2）正常的 QRS 波群历时 0.06~0.10 秒，代表兴奋在心室内传播所需的时间。QRS 波主波方向在Ⅰ、Ⅱ、Ⅲ、aVF、$V_4$~$V_6$导联中均向上，而在 aVR 导联则向下。

3）QRS 波群增宽反映兴奋在心室内传导时间的延长，表示可能有心室内传导阻滞或心室肥厚；QRS 波群幅值增高提示心肌肥厚。发生期前收缩时，QRS 波群出现宽大畸形。

（3）T 波

1）QRS 波群之后间隔一段时间（ST 段）出现的一个持续时间较长、波幅较低的向上的波，称为 T 波。

2）T 波反映的是心室复极化过程，历时 0.05~0.25 秒，波幅为 0.1~0.8mV。

3）如果出现 T 波低平、双向或倒置，则称为 T 波改变。T 波改变可见于多种生理、病理或药物作用下，临床意义需要仔细确定。

（4）U 波

1）T 波后 0.02~0.04 秒可能出现的一个低而宽的波，称为 U 波。

2）U 波方向一般与 T 波一致，波宽 0.1~0.3 秒，波幅一般小于 0.05mV。

（5）PR 间期

1）从 P 波起点到 QRS 波起点之间的时程，一般为 0.12~0.20 秒。

2）PR 间期代表由窦房结产生的兴奋经由心房、房室交界和房室束到达心室并引起心室肌开始兴奋所需要的时间，故又称房室传导时间。当发生房室传导阻滞时，PR 间期延长。

（6）QT 间期

1）QT 间期是指从 QRS 波起点到 T 波终点的时程，代表心室开始去极化到完全复极化所经历的时间。

2）QT 间期的长短与心率成反变关系，心率愈快，QT 间期愈短。QT 间期延长易引起早后去极，并可能诱发严重的室性心律失常——尖端扭转型室性心动过速。

（7）ST 段

1）ST 段是指从 QRS 波群终点到 T 波起点之间的线段。反映心室各部分都处于除极化状态。

2）心肌缺血或损伤时 ST 段会出现异常压低或抬高。

## 第三节　血管生理

### 一、各类血管的功能特点

血管系统中动脉、毛细血管和静脉三者依次串联，以实现血液运输和物质交换的生理功能。动脉和静脉管壁从内向外依次为内膜、中膜和外膜。内膜的内皮细胞构成通透性屏障；中膜的血管平滑肌舒缩可调节血管的流量。

#### （一）血管的功能性分类特点

1. 弹性贮器血管　指主动脉、肺动脉主干及其发出的最大分支，其管壁坚厚，具有弹性和可扩张性。

2. 分配血管　将血液运输至各器官组织。

3. 毛细血管前阻力血管　包括小动脉和微动脉，半径小、阻力大。

4. 毛细血管前括约肌　环绕在真毛细血管起始部平滑肌，属于阻力血管的一部分。

5. 交换血管　位于动静脉之间，外包绕一薄层基膜，通透性好。

6. 毛细血管后阻力血管　微静脉，可对血流产生一定阻力。

7. 容量血管　静脉系统，容纳 60%~70%的循环血量。

8. 短路血管 血管床中小动脉和小静脉之间的直接吻合支。功能上与体温调节有关。

### (二) 血管的内分泌功能

1. 血管内皮细胞的内分泌功能 生理情况下，血管内皮细胞合成和释放的各种活性物质，对调节血液循环、维持内环境稳态及生命活动的正常进行起重要作用。

2. 血管平滑肌细胞的内分泌功能 血管平滑肌细胞可合成、分泌肾素和血管紧张素，调节局部血管的紧张性和血流量。此外，平滑肌细胞还能合成细胞外基质胶原、弹力蛋白和蛋白多糖等。

3. 血管其他细胞的内分泌功能 血管壁中的成纤维细胞、脂肪细胞、肥大细胞、巨噬细胞和淋巴细胞等，除保护、支撑和营养血管外，还能分泌多种血管活性物质。如外膜周的脂肪组织可合成分泌血管紧张素原、血管紧张素Ⅱ。

## 二、血流动力学

### (一) 血流量和血流速度

1. 血流量 指在单位时间内流经血管某一横截面的血量，又称容积速度。

2. 血流速度 指血液中某一质点在管内移动的线速度。

3. 当血液在血管内流动时，血流速度与血流量成正比，而与血管的横截面积成反比。

4. 在血流速度快、血管口径大、血液黏度低的情况下，较易发生湍流。生理情况下，心室腔和主动脉内的血流方式是湍流，一般认为这有利于血液的充分混合，其他血管系统中的血流方式为层流。但在病理情况下，如房室瓣狭窄、主动脉瓣狭

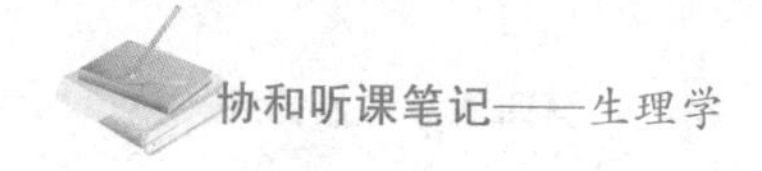


窄以及动脉导管未闭等，均可因湍流形成而产生杂音。

### （二）血流阻力

1. 血流阻力　指血液流经血管时所遇到的阻力，主要由流动的血液与血管壁以及血液内部分子之间的相互摩擦产生。产生阻力的主要部位是小血管（小动脉和微动脉）。

2. 当血管长度相同时，血液黏度越大，血管直径越小，则血流阻力越大。

3. 在某些生理和病理情况下，血液黏度也是可变的。影响血液黏度的因素主要有以下方面。

（1）血细胞比容越大，血液的黏度就越高。

（2）切率较低时，红细胞发生聚集趋势，血液黏度便增高。

（3）切率足够高，血液黏度将随血管口径的变小而降低。

（4）血液的黏度可随温度的降低而升高。

### （三）血压

血管内流动的血液对血管侧壁的压强，即单位面积上的压力，称为血压。按照国际标准计量单位规定，血压的单位是帕（Pa）或千帕（kPa），习惯上常以毫米汞柱（mmHg）表示，1mmHg = 0.1333kPa。大静脉压和心房压较低，常以厘米水柱（$cmH_2O$）为单位，$1cmH_2O = 0.098kPa$。

## 三、动脉血压与动脉脉搏

### （一）动脉血压

1. 动脉血压的形成　动脉血压通常是指主动脉血压。动脉血压的形成条件主要包括四方面。

（1）心血管系统有足够的血液充盈（前提）：血量↑或循

环系统容积↓→则循环系统平均充盈压↑。

（2）心脏射血（必要条件）：心室收缩时→动脉血压↑，舒张时→动脉血压↓。

（3）外周阻力：指小动脉和微动脉对血流的阻力。

（4）主动脉和大动脉的弹性贮器作用：动脉血压的波动↓。

2. 动脉血压下的正常值　在安静状态下，我国健康青年人的收缩压为 100～120mmHg，舒张压为 60～80mmHg，脉压为 30～40mmHg。随着年龄的增长，血压呈逐渐升高的趋势，且收缩压升高比舒张压升高更为显著。

我国高血压标准：收缩压≥140mmHg 或舒张压≥90mmHg，分类见表 4-3-1。

表 4-3-1　血压的分类

| 血压分类 | 收缩压（mmHg） | | 舒张压（mmHg） |
|---|---|---|---|
| 理想血压 | <120 | 和 | <80 |
| 正常 | 120～129 | 和/或 | 80～84 |
| 正常高值 | 130～139 | 和/或 | 85～89 |
| 1 级高血压 | 140～159 | 和/或 | 90～99 |
| 2 级高血压 | 160～179 | 和/或 | 100～109 |
| 3 级高血压 | ≥180 | 和/或 | ≥110 |
| 单纯收缩期高血压 | ≥140 | 和/或 | <90 |

目前对低血压的定义尚无统一标准，一般把收缩压低于 90mmHg 或舒张压低于 60mmHg 划定为低血压。

3. 影响动脉血压的因素

（1）心脏每搏输出量（主要影响收缩压）：搏出量↑→心缩期射入主动脉血量↑→动脉管壁所承受的压强↑→故收缩

压↑较舒张压↑更显著→脉压↑。

(2) 心率 (主要影响舒张压): 心率↓→舒张压↓较收缩压↓更显著→脉压↑。

(3) 外周阻力 (主要影响舒张压): 外周阻力↑→心舒期血流↓→舒张压↑较收缩压↑更显著→脉压↓。

(4) 主动脉和大动脉的弹性贮器作用: 收缩压↑、舒张压↓→脉压↑。

(5) 循环血量与血管系统容量的匹配情况: 大失血后, 循环血量↓→动脉血压↓。

主治语录: 心率的变化主要影响舒张压, 大动脉弹性储器作用主要影响脉压。

**(二) 动脉脉搏**

动脉脉搏是指在每个心动周期中, 因动脉内压力和容积发生周期性变化而引起的动脉管壁周期性波动。

## 四、静脉血压和静脉回心血量

**(一) 静脉血压**

1. 通常将右心房和胸腔内大静脉血压称为中心静脉压, 而将各器官静脉的血压称为外周静脉压。中心静脉压正常为4~12cm$H_2O$, 其高低取决于心脏射血能力和静脉回心血量之间的相互关系。

2. 心脏射血能力减弱 (如心力衰竭), 右心房和腔静脉淤血, 中心静脉压就升高。

3. 中心静脉压可反映心脏功能状态和静脉回心血量, 在临床上常作为判断心血管功能的重要指标, 也可作为控制补液速度和补液量的监测指标。

4. 中心静脉压高于正常或有升高趋势，提示输液过多过快或心脏射血功能不全；而中心静脉压偏低或有下降趋势，则提示输液量不足。

### （二）重力对静脉压的影响

1. 人体由平卧位转为直立位时，足部血管内的血压比平卧时高，增高的部分约为80mmHg，相当于从足到心脏这段血柱所产生的静水压。

2. 跨壁压指血液对管壁的压力与血管外组织对管壁的压力之差。具有一定的跨壁压是保持血管充盈扩张的必要条件。

3. 当跨壁压降低时易发生塌陷，静脉容积也减少；反之，跨壁压增高时静脉充盈扩张，容积增大。在失重状态下，静脉跨壁压也将降低。

### （三）静脉回心血量

1. 静脉对血流的阻力　静脉对血流的阻力很小，因此血液从微静脉回流到右心房，压力仅降低约15mmHg。这与保证静脉回心血量的功能是相适应的。

2. 影响静脉回心血量的因素

（1）体循环平均充盈压：体循环平均充盈压是反映血管系统充盈程度的指标。体循环平均充盈压升高，静脉回心血量也就增多。体循环平均充盈压降低，静脉回心血量减少。

（2）心脏收缩力量：心脏收缩力越强，对心房和大静脉内血液的抽吸力也就越大。

（3）体位改变：当人体从卧位转为立位时，身体低垂部分的静脉因跨壁压增大而扩张，容纳的血量增多，故回心血量减少。反之，回心血量增大。

（4）骨骼肌的挤压作用：骨骼肌和静脉瓣膜一起，对静脉回流起着“泵”的作用，称为“静脉泵”或“肌肉泵”。肌肉收缩时，静脉回心血量增加；肌肉舒张时，静脉回心血量减少。

（5）呼吸运动：在吸气时，有利于外周静脉内的血液回流至右心房。相反，呼气时，不利于血液回流至右心房。呼吸运动对肺循环静脉回流的影响和对体循环的影响不同。

## 五、微循环

微动脉和微静脉之间的血液循环，称为微循环。

### （一）组成

典型的微循环由微动脉、后微动脉、毛细血管前括约肌、真毛细血管、通血毛细血管（或称直捷通路）、动-静脉吻合支和微静脉等部分组成。

### （二）微循环的血流通路

1. 迂回通路　指血液从微动脉流经后微动脉、毛细血管前括约肌进入真毛细血管网，最后汇入微静脉的微循环通路。该通路血流缓慢，是血液和组织液之间进行交换的主要场所，又称营养通路。

2. 直捷通路　其主要功能是使一部分血液能迅速通过微循环而进入静脉，直捷通路在骨骼肌组织的微循环中较为多见。

3. 动-静脉短路　是吻合微动脉和微静脉的通道，其管壁薄，在体温调节中发挥作用。

### （三）微循环的血流动力学

1. 微循环血流阻力　毛细血管血压的高低取决于毛细血管前、后阻力的比值。微动脉的阻力对血流量的控制起主要作用。

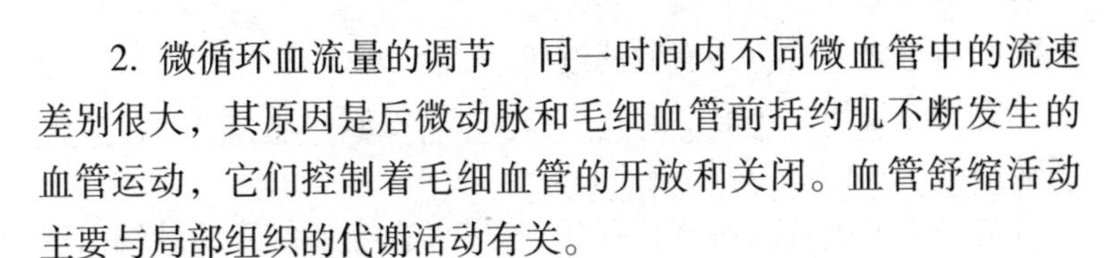

2. 微循环血流量的调节　同一时间内不同微血管中的流速差别很大，其原因是后微动脉和毛细血管前括约肌不断发生的血管运动，它们控制着毛细血管的开放和关闭。血管舒缩活动主要与局部组织的代谢活动有关。

### （四）血液和组织液之间的物质交换方式

1. 扩散　溶质分子在单位时间内通过毛细血管壁进行扩散的速率与该溶质分子在血浆和组织液中的浓度差，管壁对该溶质分子的通透性、管壁的有效交换面积等因素成正比，与毛细血管壁的厚度（即扩散距离）成反比。

2. 滤过和重吸收　当毛细血管壁两侧静水压不等时，水分子会从压力高的一侧向压力低的一侧移动，从毛细血管内向外移动为滤过，反之为重吸收。

3. 吞饮　在毛细血管内皮细胞一侧的液体可被内皮细胞膜包围吞饮入胞内形成吞饮囊泡，运送到细胞另一侧排出胞外。

## 六、组织液

组织液是血浆经毛细血管壁滤过而形成的。

### （一）组织液生成

正常情况下，组织液由毛细血管的动脉端不断产生，同时一部分组织液又经毛细血管静脉端返回毛细血管内，另一部分组织液则经淋巴管回流入血液循环。因此，正常组织液的量处于动态平衡状态。

这种平衡取决于 4 个因素：①毛细血管血压。②组织高静水压。③血浆胶体渗透压。④组织液胶体渗透压。其中，①和④是促使液体从毛细血管内向血管外滤出的力量，而②和③是将液体从血管外重吸收入毛细血管内的力量。滤过的力量和重

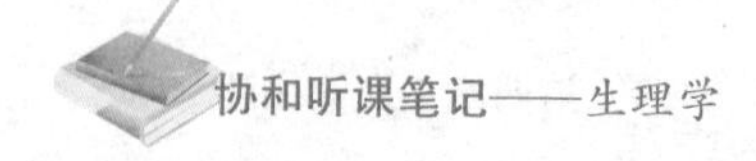


吸收的力量之差，称为有效滤过压。

有效滤过压=（毛细血管血压+组织液胶体渗透压）-（组织液静水压+血浆胶体渗透压）

流经毛细血管的血浆，有0.5%~2%在毛细血管动脉端以滤过的方式进入组织间隙，其中约90%在静脉端被重吸收入血液，其他约10%（包括滤过的白蛋白分子）进入毛细淋巴管成为淋巴液。

### （二）影响组织液生成的因素

1. 毛细血管有效流体静压　组织液和毛细淋巴管内淋巴液之间的压力差是组织液进入淋巴管的动力。组织液压力升高时，能加快淋巴液的生成速度。

2. 有效胶体渗透压　即血浆胶体渗透压与组织液胶体渗透压之差。是限制组织液生成的主要力量。血浆胶体渗透压主要取决于血浆蛋白尤其是白蛋白浓度。当血浆蛋白减少时，如营养不良或某些肝肾疾病，可因血浆胶体渗透压↓随之有效胶体渗透压↓，有效滤过压↑而水肿。

3. 毛细血管壁通透性　在感染、烧伤、过敏等情况下，毛细血管壁的通透性异常增高，血浆蛋白可随液体渗出毛细血管，使血浆胶体渗透压下降，组织胶体渗透压↑，有效滤过压↑，结果导致组织液生成↑而水肿。

4. 淋巴回流　从毛细血管滤出的液体约10%需经淋巴系统回流，故淋巴系统是否畅通可直接影响组织液回流。同时，淋巴系统还能在组织液生成增多时代偿性加强回流，以防液体在组织间隙中积聚过多。但在某些病理情况下，如丝虫病患者的淋巴管被堵塞，使淋巴回流受阻，含蛋白质的淋巴液就在组织间隙中积聚而形成淋巴水肿。

## 七、淋巴液的生成和回流

淋巴系统由淋巴管、淋巴结、脾和胸腺等组成。

淋巴液回流的功能生理，主要是将组织液中的蛋白质分子带回至血液中，并且能清除组织液中不能被毛细血管重吸收的组织中的红细胞及细菌等较大的分子等。小肠绒毛的毛细淋巴管对营养物质特别是脂肪的吸收起重要的作用。

组织液和毛细淋巴管内淋巴液之间的压力差是促进组织液进入淋巴管的动力。以下几种可使组织液压力增加的情况都能使淋巴液的生成增多：①毛细血管血压升高。②血浆胶体渗透压降低。③毛细血管壁通透性和组织液胶体渗透压增高。

## 第四节　心血管活动的调节

### 一、神经调节

#### （一）心血管的神经支配

1. 心脏的神经支配

（1）交感神经和迷走神经：心脏受交感神经（增强心脏活动）和心迷走神经（抑制心脏活动）双重支配（表4-4-1）。

表4-4-1　心脏的交感神经和迷走神经支配

| 区　　别 | 心交感神经 | 心迷走神经 |
| --- | --- | --- |
| 节前神经元递质 | 乙酰胆碱（ACh） | 乙酰胆碱（ACh） |
| 节后神经递质 | 去甲肾上腺素（NA） | 乙酰胆碱（ACh） |
| 递质作用部位 | 心肌细胞膜的$\beta_1$受体 | 心肌细胞膜的M型胆碱能受体 |
| 支配部位 | 窦房结、房室交界、房室束、心房肌和心室肌 | 窦房结、房室交界、房室束及其分支、心房肌 |
| 效应 | 正性变时、变力和变传导作用 | 负性变时、变力和变传导作用 |

（2）支配心脏的肽能神经纤维：可释放神经肽Y、血管活性肠肽、降钙素基因相关肽、阿片肽等递质，参与对心肌和冠状血管生理功能的调节。

（3）心脏的传入神经纤维：心交感神经和心迷走神经内均含有大量的传入神经纤维，可反射性地调节交感神经活动和心血管活动。高血压和慢性心力衰竭时心交感神经传入纤维活动增强，是病理状态下交感神经过度激活的机制之一。

（4）心交感紧张与心迷走紧张：两者作用相互拮抗，共同调节心脏活动。心交感紧张和心迷走紧张还随呼吸周期发生变化，吸气时心迷走紧张较低而心交感紧张较高，心率加快，呼气时则相反。心率随呼吸周期而发生明显变化的现象称为呼吸性窦性心律不齐。

2. 血管的神经支配　支配血管平滑肌的神经称为血管运动神经，可分为缩血管神经和舒血管神经两大类。

（1）缩血管神经纤维

1）都是交感神经纤维，节后纤维末梢释放的递质为去甲肾上腺素。

2）皮肤血管中缩血管纤维分布最密，骨骼肌和内脏的血管次之，冠状血管和脑血管中分布较少，在同一器官中，动脉中缩血管纤维的密度高于静脉，微动脉中密度最高，而毛细血管前括约肌中神经纤维分布很少。

3）和交感舒血管神经纤维的比较，见表4-4-2。

（2）舒血管神经纤维

1）交感舒血管神经纤维。

2）副交感舒血管神经纤维：少数器官如脑膜、唾液腺、胃肠道的外分泌腺和外生殖器等，其血管平滑肌既接受交感缩血管纤维支配，又接受副交感舒血管的副交感纤维支配，其节后末梢释放的递质是乙酰胆碱，与血管平滑肌的M型胆碱能受体

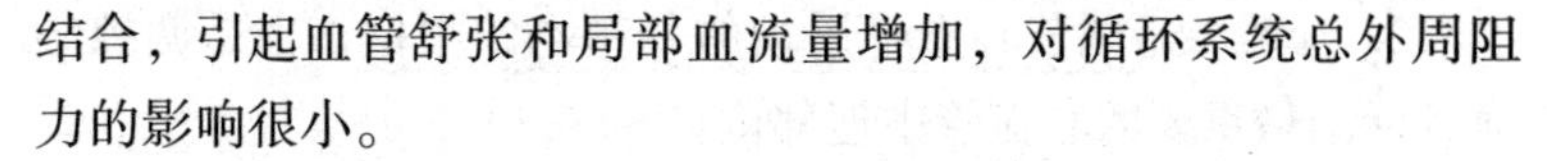

结合，引起血管舒张和局部血流量增加，对循环系统总外周阻力的影响很小。

3）脊髓后根舒血管纤维：皮肤伤害性感觉传入纤维在外周末梢处可有分支。当皮肤受到伤害性刺激时，感觉冲动一方面传入中枢，另一方面可在末梢分叉处沿其分支到达受刺激部位邻近的微动脉，引起微动脉舒张，局部皮肤出现红晕，这种仅通过轴突外周部位完成的反应，称为轴突反射。这种神经纤维称为后根舒血管纤维，其释放的递质很可能是降钙素基因相关肽。

4）肽类舒血管神经纤维。

表 4-4-2　交感缩血管神经纤维和交感舒血管神经纤维的比较

| 比较项目 | 交感缩血管神经纤维 | 交感舒血管神经纤维 |
| --- | --- | --- |
| 节后神经递质 | 去甲肾上腺素 | ACh |
| 血管平滑肌受体 | α 受体为主，$\beta_2$受体少 | M 型受体 |
| 受体阻断药 | 酚妥拉明 | 阿托品 |
| 效应 | α 受体兴奋收缩血管，$\beta_2$受体兴奋舒张血管 | 舒血管 |
| 支配 | 几乎所有血管都接受交感缩血管纤维的支配，大多数血管接受交感缩血管纤维的单一支配 | 骨骼肌的微动脉接受交感缩血管、交感舒血管纤维的双重支配 |
| 生理作用 | 起紧张性作用，调节血管（主要是小动脉）阻力和血压 | 不参与血压调节，与情绪激动、防御反应时骨骼肌血流量增加有关 |

## （二）心血管中枢

1. 心血管中枢　指中枢神经系统中与控制心血管活动有关的神经元集中的部位。

2. 延髓　是调节心血管活动的最基本的中枢，也是调控心血管活动最重要的心血管中枢部位。

3. 脊髓　脊髓的活动主要受高位心血管中枢活动的控制，是中枢调控心血管活动的最后传出通路。脊髓交感节前神经元能完成某些原始心血管反射，维持一定的血管张力，但调节能力较低、不完善。

4. 下丘脑　下丘脑室旁核在心血管活动的整合中起重要作用。

5. 其他心血管中枢　在延髓以上的脑干部分以及大脑和小脑中，也都存在与心血管活动有关的神经元。

### （三）心血管反射

1. 颈动脉窦和主动脉弓压力感受性反射　当动脉血压突然升高时，可反射性引起心率减慢、心输出量减少、血管舒张、外周阻力减小，血压下降，这一反射称为压力感受性反射或降压反射。

（1）动脉压力感受器：主要是指位于颈动脉窦和主动脉弓血管外膜下的感觉神经末梢。动脉压力感受器并不是直接感受血压的变化，而是感受血管壁的机械牵张刺激。在一定范围内，压力感受器的传入冲动频率与动脉管壁扩张程度成正比。在同一血压水平，颈动脉窦压力感受器通常比主动脉弓压力感受器更敏感。

（2）传入神经及其中枢联系：颈动脉窦压力感受器的传入神经纤维组成颈动脉窦神经，主动脉弓压力感受器的传入神经纤维走行于迷走神经干内，两者都进入延髓，到达孤束核。

（3）反射效应：动脉血压升高时，压力感觉器传入冲动增多，使心迷走神经活动加强，心交感神经活动减弱，心交感缩血管神经活动减弱，其效应为心率减慢，心输出量减少，外周

血管阻力降低，引起动脉血压下降。反之，当动脉血压降低时，压力感觉器传入冲动减少，使迷走神经活动减弱，交感神经活动加强，于是心率加快，心输出量增加，外周血管阻力增高，血压回升。

（4）压力感受性反射功能曲线：曲线中间部分较陡，向两端渐趋平坦。这说明当窦内压在正常平均动脉压水平（大约100mmHg）的范围内发生变动时，压力感受性反射最为敏感，纠正偏离正常水平的血压的能力最强，动脉血压偏离正常水平愈远，压力感受性反射纠正异常血压的能力愈低。

（5）生理意义：压力感觉性反射在心输出量外周血管阻力、血量等发生突然变化的情况下，对动脉血压进行快速调节的过程中起重要的作用，使动脉血压不致发生明显的波动，其传入神经称为缓冲神经。在慢性高血压患者或实验性高血压动物中，压力感受性反射功能曲线向右移位，这种现象称为压力感受性反射的重调定。即此反射在较高的动脉血压水平上工作。重调定可发生在感受器水平或反射的中枢部分。

主治语录：压力感受性反射是一种负反馈调节。

2. 心肺感受器引起的心血管反射　在心房、心室和肺循环大血管壁上存在许多感受器，总称为心肺感受器。引起心肺感受器兴奋的适宜刺激有两大类：一类是血管壁的机械牵张刺激；另一类是化学刺激。当受到牵拉刺激或某些化学物质如前列腺素等刺激时，上述感受器兴奋引起心率减慢，心输出量减少，外周阻力降低和血压下降，还降低血浆血管升压素和醛固酮水平，增加肾的排水和排钠量，降低循环血量和细胞外液量。

3. 颈动脉体和主动脉体化学感受性反射

（1）在颈总动脉分叉处和主动脉弓区域，存在一些特殊的感受装置，当血液的某些化学成分发生改变时，如缺氧、$CO_2$分压过高、$H^+$浓度过高等，可以刺激这些感受装置，因此这些感受装置被称为颈动脉体和主动脉体化学感受器。

（2）化学感受性反射的效应主要是调节呼吸，反射性地引起呼吸加深加快；通过呼吸运动的改变，再反射性影响心血管活动。

（3）化学感受性反射在平时对心血管活动并不起明显的调节作用，只有在低氧、窒息、失血、动脉血压过低和酸中毒等情况下才发生作用。缺血或缺氧等引起的化学感受性反射可兴奋交感缩血管中枢使骨骼肌和大部分内脏血管收缩，总外周阻力增大，血压升高。

4. 躯体感受器引起的心血管反射　刺激躯体传入神经可以引起各种心血管反射。

5. 其他内脏感受器引起的心血管反射　扩张肠、膀胱、肺、胃等空腔器官，挤压睾丸等，常可引起心率减慢和外周血管舒张等效应。

6. 脑缺血反应

（1）当脑血流量减少时心血管中枢的神经元可对脑缺血发生反应，引起交感缩血管紧张显著加强，外周血管强烈收缩，动脉血压升高，称为脑缺血反应，表现为交感缩血管中枢紧张性显著升高，外周血管强烈收缩，动脉血压升高，有助于在紧急情况下改善脑的血液供应。

（2）Cushing反应（反射）是一种特殊的脑缺血反应。当颅内压升高时，因脑血管受压迫而使脑血流减少引起脑缺血反应，动脉压升高，从而克服颅内压对脑血管的压迫作用，使脑血流得以维持。

## 二、体液调节

### （一）肾素-血管紧张素系统（RAS）

是人体重要的体液调节系统，广泛存在于心肌、血管平滑

肌、骨骼肌、脑、肾、性腺、颌下腺、胰腺以及脂肪等多种器官组织中，共同参与对靶器官的调节。在生理情况下，RAS 对血压的调节以及心血管系统的正常发育、心血管功能稳态、电解质和体液平衡的维持等均具有重要作用。

1. RAS 的构成　肾素是由肾脏近球细胞分泌的一种酸性蛋白酶。当交感神经兴奋、各种原因引起肾血流量减少或血浆中 Na 浓度降低时，肾素分泌增多，并经肾静脉进入血液循环，以启动 RAS 的链式反应。

其反应过程如下：①肾素可将其在血浆或组织中的底物，即肝脏或组织中合成和释放的血管紧张素原水解产生一个十肽，为血管紧张素Ⅰ（AngⅠ）。②在血浆或组织中，特别是肺循环血管内皮表面存在血管紧张素转换酶（ACE），ACE 可水解 AngⅠ，切去 C 末端的两个氨基酸产生一个八肽，为血管紧张素Ⅱ（AngⅡ）。③AngⅡ在血浆和组织中可进一步酶解成血管紧张素Ⅲ（AngⅢ）。④在不同酶的水解作用下，AngⅠ、AngⅡ或 AngⅢ可形成不同肽链片段的血管紧张素（图 4-4-1）。⑤上述的血管紧张素家族成员，可被进一步降解为无活性的小肽片段。

2. 血管紧张素家族主要成员的生理作用

（1）AngⅡ的生理作用：血管紧张素中最重要的是 AngⅡ。

1）缩血管作用：AngⅡ作用于血管平滑肌，可使全身微动脉收缩，动脉血压升高，也使静脉收缩，回心血量增加。

2）促进交感神经末梢释放递质：AngⅡ可使交感神经末梢释放递质去甲肾上腺素增多。

3）对中枢神经系统的作用：AngⅡ作用于脑内的一些神经元，并可增强渴觉，导致饮水行为；AngⅡ还可抑制压力感受性反射，交感缩血管中枢紧张加强；并促进神经垂体释放血管升压素和缩宫素；还可使促肾上腺皮质激素释放增加。

4）促进醛固酮的合成和释放：AngⅡ还可强烈刺激肾上腺

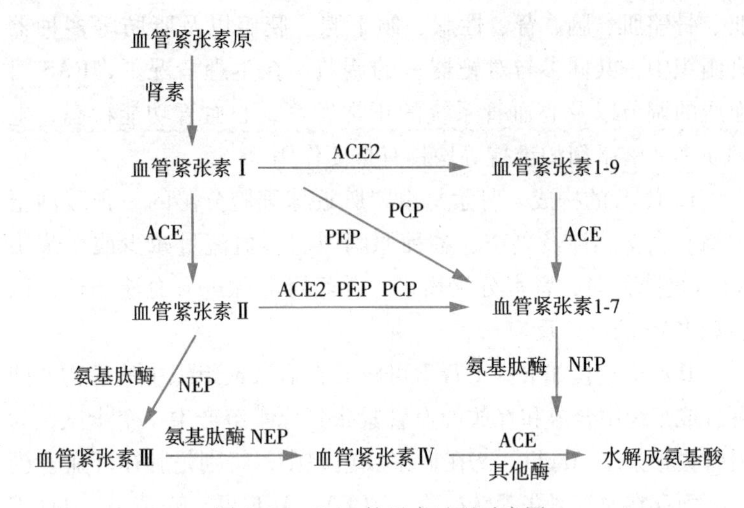


图 4-4-1 RAS 的反应过程示意图

ACE：血管紧张素转换酶；ACE2：血管紧张素转换酶 2；NEP：中性内切酶；PCP：脯氨酰羧肽酶；PEP：脯氨酰肽链内切酶

皮质球状带细胞合成和释放醛固酮，后者可促进肾小管对 $Na^+$ 和水的重吸收，并使细胞外液量增加。

（2）RAS 其他成员的生理作用

1）对体内多数组织细胞而言，Ang Ⅰ不具有生物活性。

2）Ang Ⅲ的缩血管效应仅为血管紧张素Ⅱ的 10%～20%，但刺激肾上腺皮质合成和释放醛固酮的作用较强。

3）Ang Ⅳ作用于神经系统和肾脏的 $AT_4$ 受体，可调节脑和肾皮质的血流量。Ang Ⅳ与 $AT_4$ 受体结合还可产生与 Ang Ⅱ不同或相反的作用。Ang Ⅳ可抑制左心室的收缩功能，加速其舒张；收缩血管的同时刺激血管壁产生前列腺素类物质或 NO，调节血管收缩的状态。

### （二）肾上腺素和去甲肾上腺素

肾上腺素和去甲肾上腺素（NE）都属于儿茶酚胺类物质。循环血液中的肾上腺素和去甲肾上腺素主要来自肾上腺髓质，其中肾上腺素约占80%，去甲肾上腺素约占20%。

1. 肾上腺素　与α和β（$\beta_1$和$\beta_2$）受体结合能力很强。表现如下。

1）在心脏，肾上腺素与$\beta_1$受体结合，产生正性变时和变力作用，使心输出量增加。

2）在皮肤、胃肠道、肾脏和的血管平滑肌上，α肾上腺素能受体在数量上占优势，肾上腺素的作用是使这些器官的血管收缩。

3）在骨骼肌和肝的血管，β肾上腺素能受体占优势，小剂量的肾上腺素常以兴奋β肾上腺素能受体的效应为主，引起血管舒张，大剂量时也兴奋α肾上腺素能受体，引起血管收缩。

2. 去甲肾上腺素　主要与血管平滑肌α受体和心脏$\beta_1$受体结合，对血管平滑肌的$\beta_2$肾上腺素能受体结合的能力较弱。静脉注射NE可使全身血管广泛收缩，外周阻力增加，动脉血压升高；而血压升高又使压力感受性反射活动增强，由于压力感受性反射对心脏的效应超过NE对心脏的直接效应，结果导致心率减慢。

### （三）血管升压素（VP）

VP是下丘脑视上核和室旁核一部分神经元合成的一种九肽激素，在垂体后叶贮存并释放入血，又称抗利尿激素（ADH）。VP可引起血管收缩，血压升高。在正常情况下的浓度达不到引起升压的作用，仅当其浓度明显增加时才引起血压升高。对体内细胞外液量和血浆渗透压的稳态和动脉血压的稳态，都起重

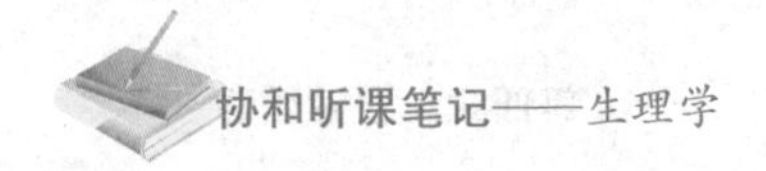


要的作用。当血浆渗透压升高，或禁水，失血失水时，VP 释放增加，调节机体细胞外液量，实现对动脉血压的长期调节作用。

### （四）血管内皮生成的血管活性物质

1. 血管内皮生成的舒血管物质　血管内皮生成的舒血管物质有前列环素、内皮超级化因子、NO 等。

2. 血管内皮生成的缩血管物质　血管内皮细胞也可产生多种缩血管物质总称为内皮缩血管因子，内皮素（ET）是已知的最强烈的缩血管物质之一。

### （五）激肽释放酶-激肽系统

激肽具有舒血管活性，可参与血压和局部组织血流的调节。人体至少有 3 种激肽。

1. 缓激肽　由血浆激肽释放酶可水解高分子量激肽原而产生的一种九肽。

2. 赖氨酸缓激肽　由组织激肽释放酶作用于血浆中的低分子激肽原而产生的一种十肽，又称胰激肽。后者在氨基肽酶的作用下失去赖氨酸残基，成为缓激肽。

3. 甲二磺酰赖氨酰缓激肽　存在于尿液中。

### （六）心血管活性多肽

1. 心房钠尿肽

（1）钠尿肽（NP）是一组参与维持机体水盐平衡、血压稳定、心血管及肾脏等器官功能稳态的多肽。其成员有心房钠尿肽（ANP）、脑钠尿肽（BNP）和 C 型钠尿肽（CNP）等。

（2）ANP 主要由心房肌细胞合成和释放的一类多肽。可使心率减慢，每搏输出量减少，外周血管舒张。它还作用于肾脏引起肾排水和排钠增多。

（3）BNP 是反映心脏功能的一个重要标志物。心力衰竭时循环中脑钠肽水平升高，其增高程度与心力衰竭的严重程度呈正相关，可作为评定心力衰竭进程和预后的指标。BNP 本身还作为药物，用于急性失代偿心力衰竭的临床治疗。ANP 的主要生物效应如下。

1）利钠和利尿作用：ANP 可增加肾小球滤过率，并抑制近端小管和集合管对钠的重吸收，使肾排钠和排水增多。ANP 还可抑制肾素、醛固酮和血管升压素的生成和释放，并对抗其作用，从而间接发挥利钠和利尿作用。ANP 还具有对抗 RAS、ET 和 NE 等缩血管物质的作用。

2）心血管作用：ANP 可舒张血管，降低血压；也可减少搏出量，减慢心率，从而减少心输出量。ANP 还具有缓解心律失常和调节心功能的作用。

3）调节细胞增殖：ANP 是一种细胞增殖的负调控因子，可抑制血管内皮细胞、平滑肌细胞和心肌成纤维细胞等多种细胞的增殖。

2. 肾上腺髓质素（ADM）

血管内皮细胞可能是合成和分泌 ADM 的主要部位。ADM 能使血管舒张，外周阻力降低，具有强而持久的降压作用。在心脏，ADM 可产生正性肌力作用，并通过增加冠脉血流量，抑制炎症反应及氧自由基的生成，提高钙泵活性和加强兴奋-收缩偶联等多种途径，发挥对心脏的保护作用。ADM 还可使肾排钠和排水增多。

3. 尾升压素Ⅱ（UⅡ） 分UⅠ和UⅡ两型。

UⅡ能持续、高效地收缩血管，尤其是动脉血管，是迄今所知最强的缩血管活性肽。在整体心脏，小剂量UⅡ可引起血流阻力轻度降低，心输出量轻度增加；大剂量UⅡ则引起心输出量明显减少。UⅡ还具有明显的促细胞肥大和增殖的作用。

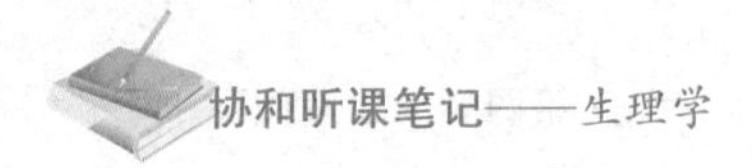


4. 阿片肽

（1）脑内的β-内啡肽可作用于心血管中枢的有关核团，使交感神经活动抑制，心迷走神经活动加强，降低动脉血压。

（2）阿片肽也可作用于外周的阿片受体。

（3）阿片肽通过血管壁的阿片受体，可使血管平滑肌舒张；也可与交感缩血管纤维末梢突触前膜中的阿片受体结合，减少交感缩血管纤维递质的释放。

（4）应激、内毒素、失血等强烈刺激可引起β-内啡肽释放，并可能成为引起循环休克的原因之一。针刺穴位也可引起脑内阿片肽释放，可能是针刺使高血压患者血压下降的机制之一。

5. 降钙素基因相关肽（CGRP） CGRP 对心肌具有正性变力和变时作用；还可促进内皮细胞的生长和内皮细胞向受损血管壁的迁移，促进新生血管的生成。

## （七）气体信号分子

1. CO 在人和哺乳动物，几乎所有器官、组织的细胞都能合成和释放内源性 CO。体内的血红素经血红素加氧酶代谢可生成内源性 CO。CO 能快速自由透过各种生物膜，产生舒血管作用。其舒血管作用的机制包括：①激活 sGC，增高胞质内 cGMP 水平，使血管平滑肌松弛，血管舒张。②刺激钾通道开放，促进细胞内的 $K^+$ 外流，引起膜的超极化而产生抑制效应。

2. 硫化氢（$H_2S$） 带有臭鸡蛋味的气体。

（1）生理浓度的 $H_2S$ 具有舒张血管、维持正常血压稳态的作用；对心肌组织具有负性肌力作用和降低中心静脉压的作用。

（2）$H_2S$ 的作用由 ATP 依赖的钾通道所介导，结果导致 $K^+$ 外流增加和膜的超极化。

（3）$H_2S$ 还可以浓度依赖性地抑制血管平滑肌细胞的增殖。

### （八）前列腺素（PG）

其中 $PGE_2$ 主要由肾脏产生，具有舒血管作用，参与血压稳态调节；$PGI_2$ 主要在血管组织合成，有强烈的舒血管作用；$PGF_{2\alpha}$ 则能使静脉收缩。

### （九）细胞因子

1. 细胞因子　大多以自分泌或旁分泌的方式作用于靶细胞而引起生物效应。

2. 脂肪组织　除储存能量和调节代谢外，还可产生特异的脂肪细胞因子，如瘦素、脂联素和抵抗素等，参与调控机体的能量代谢及多种心血管活动。

（1）瘦素：主要生理作用是调节脂肪代谢，与高血压关系密切。瘦素可剂量依赖地升高血压，其作用靶点包括下丘脑、肾素-血管紧张素系统和肾交感神经，并通过降低 NO 水平、增加肾小管对钠的重吸收、促使血管平滑肌肥大、甚至改变红细胞的生化和物理属性，使血压升高。

（2）脂联素：脂肪组织分泌最多的脂肪细胞因子，可改善内皮功能，促进血管新生，抑制病理性心肌肥大和缺血后心肌损伤，抑制血管平滑肌细胞增殖，从而延缓动脉粥样硬化及再狭窄过程，被认为是心血管系统的一种重要的保护因子。

### （十）其他因素

1. 生长因子也可作用于心肌、血管内皮或平滑肌细胞，影响心血管活动。如胰岛素样生长因子-1（IGF-1）可促进心肌生长、肥大和增强心肌收缩力，也能刺激血管平滑肌细胞增殖和血管舒张。血管内皮生长因子能促进血管内皮增生和血管生成，并能使血管扩张和增加毛细血管的通透性。

2. 有些全身性的激素也可影响心血管系统的活动，如肾上腺糖皮质激素能增强心肌的收缩力，胰岛素对心脏有直接的正性变力作用，胰高血糖素对心脏有正性变力与变时作用，甲状腺激素能增强心室肌的收缩和舒张功能、加快心率、增加心输出量和心脏做功量等。

## 三、自身调节

在一定的血压变动范围内，器官、组织的血流量能通过局部的机制得到适当的调节，称为自身调节。血管局部调节机制有两类。

1. 代谢性自身调节机制——局部代谢产物学说

组织代谢增强，代谢产物积聚增加，引起局部微动脉舒张，为组织提供更多氧并带走代谢产物。

2. 肌源性自身调节——肌源学说

（1）肌源性自身调节的意义为在血压发生一定程度的变化时使某些器官的血流量能相对保持稳定。

（2）肌源性的自身调节在肾血管表现特别明显，在脑、心、肝、肠系膜和骨骼肌的血管也能看到，但皮肤血管一般没有这种表现。

## 四、动脉血压的长期调节

1. 动脉血压的长期调节通过肾脏调节细胞外液来实现，构成肾-体液控制系统。当体内细胞外液量增多时，血量也就增多，血量和循环系统容量之间的相对关系发生改变，使动脉血压升高；能直接导致肾排水和排钠增加，使体内细胞外液总量减少，从而使血压恢复到正常水平。体内细胞外液量减少时，发生相反的过程，即肾排水和排钠减少，使体液量和动脉血压恢复。

2. 影响肾-体液控制系统活动的主要因素有血管升压素、

心房钠尿肽、肾素-血管紧张素-醛固酮系统等。当循环血量增多，动脉血压升高时，肾脏可通过以下机制使循环血量和血压恢复到正常水平（详见第八章）。

1）血管升压素的释放减少，可使集合管对水的重吸收减少，肾排水量增加，细胞外液量回降。

2）心房钠尿肽分泌增多，可使肾重吸收钠和水减少，排钠和排水量增加，细胞外液量回降。

3）体内RAS系统的活动被抑制，肾素分泌减少，循环血中AngⅡ水平降低，AngⅡ引起血管收缩效应减弱，血压回降；醛固酮分泌减少，肾小管重吸收钠和水减少，引起细胞外液量回降。

4）交感神经系统活性相对抑制，可使心肌收缩力减弱，心率减慢，心输出量减少，外周血管舒张，血压回降。反之，当循环血量减少，动脉血压降低时，则引起相反的调节过程。

肾-体液控制系统是控制体液量的最关键因素，是长期血压调控的主角。

## 第五节　器官循环

### 一、冠脉循环

#### （一）冠脉循环的解剖特点

1. 左、右冠状动脉自升主动脉根部发出后，其主干和大分支行走于心脏的表面，小分支则常以垂直于心脏表面的方向穿入心肌，沿途发出分支，最后在心内膜下层分支成网。冠脉小分支的分布特点使之容易在心肌收缩时受到压迫。

2. 心肌内毛细血管的密度很高，毛细血管数和心肌纤维数之比可达1∶1，在心肌横截面上，每平方毫米面积内有

2500~3000根毛细血管，因此心肌和冠脉血液之间的物质交换可迅速进行。当心肌因负荷过重而发生代偿性肥厚时，肌纤维直径增大，但毛细血管数量并不相应增加，所以肥厚的心肌容易发生血供不足。

3. 冠状动脉同一分支的近远端之间或不同分支之间有侧支互相吻合，在人类，这些相互吻合的侧支在心内膜下较多。正常人冠脉侧支虽在出生时已形成，但均较细小，血流量很少。当冠状动脉突然阻塞时，常不易很快建立起侧支循环而导致心肌梗死；但若冠脉阻塞较缓慢时，侧支可逐渐扩张，建立新的有效侧支循环，起到一定的代偿作用。

### （二）冠脉循环的生理特点

1. 灌注压高，血流量大　在安静状态下，人冠脉血流量为每100g心肌每分钟60~80ml。心舒期的长短和动脉舒张压的高低是影响冠脉血流量（CBF）的重要因素。体循环外周阻力减少时，动脉舒张压降低，CBF减少。心率加快时，心动周期的缩短主要是心舒期缩短，CBF减少。

2. 摄氧率高，耗氧量大　在安静时，经冠脉循环血液中所剩余的氧含量就较低，因此当机体进行剧烈运动时，心肌耗氧量增加，心肌依靠提高从单位血液中摄氧的潜力就较小，此时主要依靠扩张冠脉血管来增加CBF，以满足心肌当时对氧的需求。

3. 血流量受心肌收缩的影响发生周期性变化　在心室开始收缩时，由于心室壁张力急剧升高，压迫肌纤维之间的小血管，可使CBF明显减少，心肌深层的CBF可在等容收缩期出现断流甚至逆流。在快速射血期，由于主动脉压升高，冠状动脉压也随之升高，CBF有所增加；但进入减慢射血期后，CBF又复减少。在舒张期开始后，心肌对冠脉的压迫减弱或解除冠脉血流阻力减小，CBF 迅速增加，并在舒张早期达到高峰，然后逐渐减少。

### （三）冠状血流量的调节

1. 心肌代谢水平的影响　在整体条件下，冠脉血流量主要是由心肌本身的代谢水平来调节的。

（1）心肌收缩的能量来源几乎唯一地依靠有氧代谢。

（2）心肌代谢↑时，耗氧量↑，局部组织中 $O_2$分压↓→ATP 生成↓分解↑→心肌细胞中的 ATP 分解成 ADP 和 AMP。

（3）存在于冠脉血管周围间质细胞中的核苷酸酶将 AMP 分解为腺苷→具有强烈的舒张小动脉作用。

（4）心肌的其他代谢产物，如 $H^+$、$CO_2$、乳酸、缓激肽、PGE 也有舒张冠脉的作用。

2. 神经调节

（1）交感神经兴奋→激活冠脉平滑肌 α 受体→冠脉收缩

↓

激活心肌 $\beta_1$受体→心脏活动↑→耗氧量↑→代谢产物↑→冠脉舒张

（2）迷走神经兴奋→激活冠脉平滑肌 M 受体→冠脉舒张

↓

激活心肌 M 受体→抑制心脏活动→心肌代谢水平↓→冠脉收缩

神经因素对冠脉血流的影响在很短时间内就被心肌代谢改变所引起的血流变化所掩盖。在剧烈运动或大失血等情况下，交感神经兴奋可使全身血管收缩，而冠脉血管（及脑血管）却无明显收缩，此时主要通过全身血量的重新分配来保证心、脑等重要器官仍能获得相对较多的血液供应。

3. 体液调节　肾上腺素和去甲肾上腺素可通过增强心肌的

代谢活动和耗氧量使 CBF 增加；也可直接作用于冠脉平滑肌 α 或 β 受体，引起冠状血管收缩或舒张，但其作用不如对代谢作用明显。甲状腺激素也能提高心肌代谢水平，可使冠脉舒张，CBF 增加。NO 和 CGRP 具有较强的舒张冠脉的作用，使 CBF 增加；而 AngⅡ和大剂量 VP 则能使冠状动脉收缩，使 CBF 减少。

主治语录：一般心肌收缩时可压迫冠状动脉，使冠脉血量减少；舒张期冠脉血量增加。

## 二、肺循环

进入肺的血管包括肺循环血管和体循环中的支气管血管两部分。肺循环是指血液由右心室射出，经肺动脉及其分支到达肺毛细血管，再经肺静脉回到左心房的血液循环，其任务是进行气体交换，将含氧量较低的静脉血转变为含氧量较高的动脉血。体循环中的支气管血管则主要对支气管和肺起营养性作用。肺段远端的周围性支气管静脉在肺泡附近与肺循环中的肺小静脉汇合，使部分支气管静脉血可通过吻合支流入肺静脉，再进入左心房，结果使主动脉血液中掺入 1%~2%的静脉血。

### （一）肺循环的生理特点

1. 血流阻力小、血压低

（1）肺动脉及其分支短而粗，管壁薄，肺动脉壁的厚度仅为主动脉壁的 1/3。

（2）肺循环血管全部位于胸腔负压环境中，所以血流阻力小，血压低。

2. 血容量大，变化大

（1）肺的血容量较多，肺部的血容量为 450~600ml，占全身血量的 9%~12%。

（2）肺部血容量的变动范围较大，故肺循环血管也起储血库的作用。

（3）肺循环血容量在每一次呼吸周期中也有周期性变换。

3. 毛细血管的有效滤过压较低

（1）肺毛细血管的有效滤过压仅约+1mmHg [（7+14）-（-5+25）]。较低的有效滤过压使肺毛细血管有少量液体持续进入组织间隙。

（2）这些液体除少量渗入肺泡内被蒸发外（同时也对肺泡内表面起湿润作用），其他大部分进入肺淋巴管而返回血液循环。

### （二）肺循环血流量的调节

1. 局部组织化学因素的影响　肺泡气 $O_2$分压对局部肺循环血管的舒缩活动具有较大影响。部分肺泡内气体的 $O_2$分压降低时，这些肺泡周围的微动脉收缩，尤其在肺泡气 $CO_2$分压升高时，其效应更加显著（如在高海拔地区）。

2. 神经调节　肺循环血管受交感神经和迷走神经双重支配。

（1）刺激交感神经对肺血管的直接作用是引起收缩和血流阻力增大。

（2）在整体情况下，交感神经兴奋时由于体循环血管收缩，可将一部分血液挤入肺循环，使肺循环血流量增加。

（3）刺激迷走神经可使肺血管舒张。

3. 体液调节

（1）肾上腺素、去甲肾上腺素、AngⅡ、血栓素 $A_2$、$PGF_{2\alpha}$等，都能使肺循环的微动脉收缩。

（2）组胺、5-羟色胺能使肺循环的微静脉收缩，但在流经肺循环后即分解失活。

## 三、脑循环

### （一）脑循环的特点

1. 血流量大，耗氧量大

（1）在安静情况下，每100g脑的血流量为50~60ml/min。约占心输出量的15%。整个脑的耗氧量约占全身耗氧量的20%。

（2）脑组织代谢水平高，且其能量消耗几乎全部来源于糖的有氧氧化，故耗氧量很大。

（3）脑组织对缺血和缺氧的耐受性较低，若每100g脑组织血流量低于40ml/min时，就会出现脑缺血症状；在正常体温条件下，如果脑血流量完全中断5~10秒，即可导致意识丧失，中断5~6分钟以上，将产生不可逆的脑损伤。

2. 血流量变化小　除脑组织外，颅腔内还有脑血管（包括血管内血流）和脑脊液。由于颅腔的容积是固定的，而脑组织和脑脊液均不可压缩，脑血管的舒缩程度就受到很大的限制，脑血流量的变化范围明显小于其他器官。脑组织血液供应的增加主要依靠提高脑循环的血流速度来实现。

3. 存在血-脑脊液屏障和血-脑屏障（详见后文）。

### （二）脑血流量的调节

1. 自身调节

（1）当平均动脉压在60~140mmHg变动时，脑血流量可通过自身调节保持相对稳定；而正常情况下，脑循环的灌注压为80~100mmHg。在高血压患者，自身调节范围上限可上移到180~200mmHg。

（2）当平均动脉压低于下限时，脑血流量将明显↓，可引起脑功能障碍；若平均动脉压高于上限时，脑血流量则明显↑，严重时可因脑毛细血管血压过高而引起脑水肿。

2. $CO_2$分压与低氧的影响　在整体情况下，$CO_2$分压↑和低氧引起的化学感受性反射可使血管收缩。化学感受性反射对脑血管的缩血管效应很小，故$CO_2$分压↑和低氧对脑血管的直接舒血管效应较为明显。目前认为，$CO_2$分压↑引起脑血管舒张可能需要通过 NO 作为中介，而低氧的舒血管效应则依赖于 NO、腺苷的生成和 ATP 依赖的钾通道激活。当过度通气使$CO_2$呼出过多时，由于脑血管收缩，脑血流量↓，可引起头晕等症状。

3. 神经调节　脑血管受交感缩血管纤维和副交感舒血管纤维的支配，但刺激或切断这些神经后脑血流量均无明显改变。在多种心血管反射中，脑血流量也无明显变化。

### （三）血-脑脊液屏障和血-脑屏障

1. 血-脑脊液屏障

（1）脑脊液主要是由脉络丛分泌的，但其成分和血浆不同。脑脊液中蛋白质的含量极微，葡萄糖含量也较血浆为少，但$Na^+$和$Mg^{2+}$的浓度较血浆中的高，$K^+$、$HCO_3^-$和$Ca^{2+}$的浓度则较血浆中的低。

（2）一些大分子物质较难从血液进入脑脊液，仿佛在血液和脑脊液之间存在着某种特殊的屏障，故称为血-脑脊液屏障。

（3）$O_2$、$CO_2$等脂溶性物质可很容易地通过屏障，但许多离子的通透性则较低。

（4）血-脑脊液屏障的基础是无孔的毛细血管壁和脉络丛细胞中运输各种物质的特殊载体系统。

2. 血-脑屏障

（1）血液和脑组织之间也存在着类似的屏障，可限制物质在血液和脑组织之间的自由交换，称为血-脑屏障。

（2）脂溶性物质如$O_2$、$CO_2$、某些麻醉药以及乙醇等，很容易通过血-脑屏障。

（3）脑内毛细血管处的物质交换和身体其他部分的毛细血管是不同的，是一种主动的转运过程。

（4）血-脑屏障的形态学基础是毛细血管内皮、基膜和星状胶质细胞的血管周足等结构。

3. 生理意义　血-脑脊液屏障和血-脑屏障的存在，对于保持神经元周围稳定的化学环境和防止血液中有害物质侵入脑内具有重要的生理意义。

## 历年真题

1. 在一个心动周期中，二尖瓣开放始于
   A. 等容收缩期初
   B. 等容收缩期末
   C. 心室射血期初
   D. 等容舒张期初
   E. 等容舒张期末
2. 迷走神经兴奋使心率减慢，窦房结细胞发生的改变是
   A. 钾离子通透性降低
   B. 钾离子通透性增高
   C. 钙离子通透性增高
   D. 钠离子通透性增高
   E. 氯离子通透性增高
3. 心肌不会产生完全强直收缩的原因是
   A. 它是功能上的合胞体
   B. 有效不应期特别长
   C. 具有自动节律性
   D. 呈“全或无”收缩
   E. 有效不应期短

参考答案：1. E　2. B　3. B

# 第五章 呼 吸

## 核心问题

1. 肺表面活性物质的概念、作用及生理意义。
2. 血液中 $O_2$、$CO_2$和 $H^+$的变化对呼吸的影响。

## 内容精要

呼吸的全过程包括：①外呼吸，包括肺通气（肺与外界环境的气体交换过程）和肺换气（肺泡与肺毛细血管血液之间的气体交换过程）。②气体运输，是指 $O_2$和 $CO_2$在血液中的运输，这是衔接外呼吸和内呼吸的中间环节。③内呼吸，即组织换气（组织毛细血管血液与组织细胞之间的气体交换过程），有时也将细胞内的氧化过程包括在内。

### 第一节 肺 通 气

肺通气是气体在外界大气和肺泡之间的交换过程。实现肺通气的器官包括呼吸道、肺泡、胸膜腔、膈和胸廓等。呼吸道是气体进出肺的通道，由鼻、咽、喉气管、支气管组成。随着呼吸道的不断分支，气道数目增加，口径减小，总横断面积增大，管壁变薄，整个呼吸道好像一颗倒置的树，称为气管-支气管树。从气管到肺泡囊共分支23级（图5-1-1）。呼吸系统器官主要功能是：①呼吸道是气体流通之道，具有对吸入气体进行加温、加湿、过滤和清洁作用，以及引起防御性呼吸反射（咳嗽反射和喷嚏反射）等保护功能。②肺泡是肺换气的主要场所，邻近的肺泡通过小孔相连，当其中一个肺泡趋于塌陷时，周围肺泡壁的张力增加，以限制肺泡的进一步塌陷，通过肺泡的相互依存关系增加肺泡的稳定性。③胸膜腔是连接肺和胸廓的重要结构，胸膜腔内负压使肺在呼吸过程中能随胸廓的张缩而张缩。④膈和胸廓中的胸壁肌则是产生呼吸运动的动力组织。

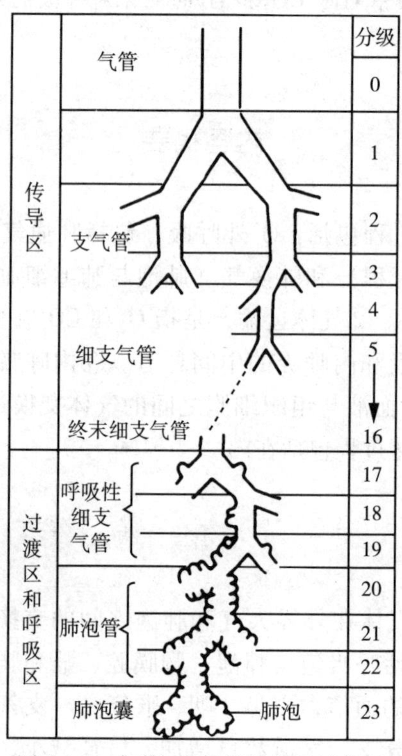


图5-1-1　气管-支气管树分级示意图

## 一、肺通气的原理

### （一）肺通气的动力

胸廓的节律性呼吸运动是实现肺通气的动力。

1. 呼吸运动　呼吸肌收缩、舒张引起的胸廓节律性扩大和缩小称为呼吸运动，包括吸气运动和呼气运动。前者引起胸廓扩大，后者则使胸廓缩小。主要吸气肌是膈肌和肋间外肌，主要呼气肌为肋间内肌和腹肌。此外还有一些辅助吸气肌，如斜角肌、胸锁乳突肌等，这些肌肉只在用力呼吸时参与呼吸运动。

2. 肺内压　指肺泡内气体的压力，在呼吸运动过程中由于肺内压的周期性交替升降，造成肺内压和大气压之间的压力差，这一压力差成为推动气体进出肺的直接动力。

（1）吸气时：肺容积↑，肺内压↓<大气压，外界气体→肺。

（2）呼气时：肺容积↓，肺内压↑>大气压，肺内气体→外界。

3. 胸膜腔内压　在肺和胸廓之间存在一密闭的潜在的胸膜腔和肺本身具有可扩张性，所以肺能随胸廓的运动而运动。胸膜腔的密闭性和两层胸膜间浆液分子的内聚力对于维持肺的扩张状态和肺通气具有重要的生理意义。

胸膜腔内的压力称为胸膜腔内压。胸膜腔负压的形成与作用于胸膜腔的两种力有关，一是肺内压，使肺泡扩张；二是肺回缩压，使肺缩小。胸膜腔内压就是这两种方向相反的力的代数和，即

$$胸膜腔内压=肺内压+(-肺回缩压)$$

在吸气末或呼气末，呼吸道内气流停止，并且呼吸道与外

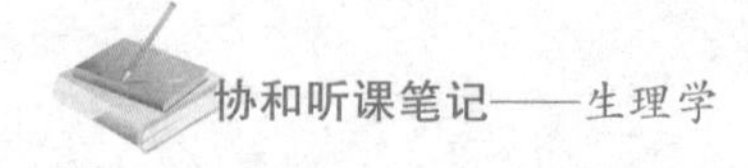


界环境相通，因此肺内压等于大气压，此时

胸膜腔内压=大气压+(-肺回缩压)

若以大气压为0计，则

胸膜腔内压=-肺回缩压

胸膜腔负压实际上是由肺回缩压造成的。吸气时，肺扩张，肺回缩压增大，胸膜腔负压也更负。呼气时，肺缩小，肺回缩压减小，胸膜腔负压也减小。肺总是表现出回缩倾向，因此胸膜腔内压为负值。

胸膜腔内压的意义：①能扩张肺，使肺能随胸廓的张缩而张缩。②作用于胸腔内的腔静脉和胸导管，使之扩张，有利于静脉血和淋巴液的回流。

临床上，一旦密闭的胸膜腔与大气相通，空气便进入胸膜腔而形成气胸。此时胸膜腔负压减小或消失，肺依其自身的弹性而回缩，造成肺不张，不仅影响肺通气，也阻碍静脉血和淋巴液回流。气胸严重时，不但患侧呼吸和循环功能发生障碍，由于纵隔向健侧移位甚至出现纵隔随呼吸左右摆动，也将累及健侧的呼吸和循环功能，此时若不紧急处理，将危及生命。

主治语录：呼吸肌舒缩引起的呼吸运动是肺通气的原动力。肺泡与外界大气压之间的压力差是肺通气的直接动力。

### （二）肺通气的阻力

肺通气的阻力可分为弹性阻力、非弹性阻力。

1. 弹性阻力　包括肺弹性阻力和胸廓弹性阻力，是平静呼吸时的主要阻力，约占总阻力的70%。

肺扩张变形产生的弹性回缩力构成了肺扩张的弹性阻力，肺的弹性阻力用肺顺应性表示，肺顺应性是用单位压力的变化能引起多少容积的改变来表示，用公式表示：

$$\text{肺顺应性}(C_L)=\frac{\text{肺容积的变化}(\Delta V)}{\text{跨肺压的变化}(\Delta P)}(L/cmH_2O)$$

式中跨肺压是指肺内压与胸膜腔内压之差。

（1）肺顺应性指弹性组织在外力作用下发生变形的难易程度。肺静态顺应性曲线的斜率反映不同肺容量下弹性阻力或顺应性的大小。曲线斜率小，表示顺应性小，弹性阻力大；曲线斜率大，则意义相反。健康成人在平静呼吸时，肺顺应性约为 $0.2L/cmH_2O$，肺顺应性位于斜率最大的曲线中段，表明平静呼吸时肺弹性阻力小，呼吸省力。

（2）肺顺应性还受肺总量的影响。肺总量大，其顺应性较大；反之，肺总量较小，则顺应性也较小。所以在比较不同个体的肺顺应性时应排除肺总量的影响，这就需要测定单位肺容量下的顺应性，即比顺应性。

$$\text{比顺应性}=\frac{\text{平静呼吸时的肺顺应性}(L/cmH_2O)}{\text{功能余气量}(L)}$$

（3）肺弹性阻力来源包括肺组织本身的弹性回缩力和肺泡表面张力（有助于肺的回缩）。肺组织弹性阻力主要来自弹力纤维和胶原纤维。肺表面的活性物质的作用是降低肺泡表面张力，减小肺泡的回缩力。重要的生理功能如下：①防止肺水肿。②维持大小肺泡的稳定性。③降低吸气阻力，减少吸气做功。

（4）胸廓的弹性阻力来源于胸廓的弹性成分。胸廓处于自然位置时的肺容量，相当于肺总量的67%左右，此时胸廓无变形，不表现有弹性阻力。肺容量小于肺总量的67%时，胸廓被牵引向内而缩小，其弹性阻力向外，是呼气的阻力，吸气的动力；肺容量大于肺总量的67%时，胸廓被牵引向外而扩大，其弹性阻力向内，成为呼气的动力，吸气的阻力。

（5）当肺充血、肺组织纤维化或肺表面活性物质减少时，肺的弹性阻力增加，顺应性降低，患者表现为吸气困难；而在肺气肿时，肺弹性成分大量破坏，肺回缩力减小，弹性阻力减小，顺应性增大，患者则表现为呼气困难。成年人患肺炎、肺血栓等疾病时，可因表面活性物质减少而发生肺不张，新生儿也可因缺乏表面活性物质，造成呼吸窘迫综合征。

2. 非弹性阻力　包括气道阻力、惯性阻力和组织的黏滞阻力，约占总阻力的30%，其中以气道阻力为主。

（1）惯性阻力是气流在发动、变速、换向时因气流和组织的惯性所产生的阻止肺通气的力。

（2）黏滞阻力来自呼吸时组织相对位移所发生的摩擦。平静呼吸时，呼吸频率较低、气流速度较慢，惯性阻力和黏滞阻力都很小。

（3）气道阻力是气体流经呼吸道时气体分子之间和气体分子与气道壁之间摩擦产生的阻力，占非弹性阻力的80%~90%。气道阻力受气流流量管径大小和气流形式的影响。气道管径又受四方面因素的影响。

1）跨壁压：指呼吸道内外的压力差。吸道内压力高，则跨壁压大，管径被动扩大，阻力变小，反之则增大。

2）肺实质对气道壁的牵引作用：保持没有软骨支持的细支气管的通畅。

3）自主神经系统对气道管壁平滑肌舒缩活动的调节：副交感神经使气道平滑肌收缩，管径变小，阻力增加；交感神经使之舒张，管径变大，阻力降低。

4）化学因素的影响：例如儿茶酚胺可使气道平滑肌舒张；前列腺素中，$PGF_{2\alpha}$可使气道平滑肌收缩，而$PGF_{2\alpha}$却使之舒张；过敏反应时，由肥大细胞释放的组胺和白三烯等物质使支气管收缩；气道上皮还可合成、释放内皮素，使气道平滑肌收缩。吸入气$CO_2$含量的增加可以刺激支气管和肺的C类纤维，反射性地使支气管收缩。

上述因素中，前3种均随呼吸过程而发生周期性变化，使气道阻力也出现周期性改变。吸气时，因胸膜腔负压增大而跨壁压增大，因肺的扩展而使弹性成分对小气道的牵引作用增强，以及交感神经紧张性活动增强等都使气道口径增大，气道阻力减小；呼气时则相反，气道口径变小，气道阻力增大。这也是哮喘患者呼气比吸气更为困难的主要原因。

## 二、肺通气功能的评价

### （一）肺容积和肺容量

1. 肺容积

（1）潮气量（TV）：每次呼吸时吸入或呼出的气体量。正常成人平静呼吸时，潮气量为400~600ml。运动时，潮气量增大，最大可达肺活量大小。潮气量的大小取决于呼吸肌收缩的强度、胸和肺的机械特性以及机体的代谢水平。

（2）补吸气量（IRV）：平静吸气末，再尽力吸气所能吸入的气体量。正常成人为1500~2000ml。反映吸气的储备量。

（3）补呼气量（ERV）：平静呼气末，再尽力呼气所能呼出的气体量。正常成人为900~1200ml。反映呼气的储备量。

（4）余气量（RV）：最大呼气末尚存留于肺内不能再呼出的气体量。正常成人为1000~1500ml。余气量的存在可避免肺泡在低肺容积条件下发生塌陷。若肺泡塌陷，则需要极大的跨

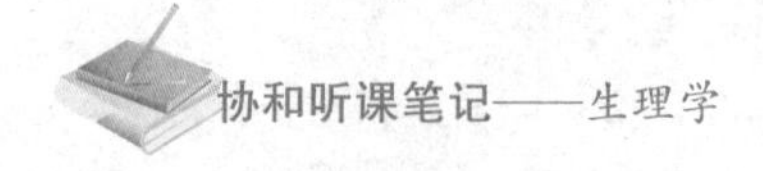


肺压才能实现肺泡的再扩张。支气管哮喘和肺气肿患者因呼气困难而使余气量增加。

2. 肺容量　肺容积中两项或两项以上的联合气体量。

(1) 深吸气量 (IC): 从平静呼气末作最大吸气时所能吸入的气体量。是潮气量和补吸气量之和，是衡量最大通气能力的一个重要指标。

(2) 功能余气量 (FRC): 平静呼气末尚存留于肺内的气体量。功能残气量等于残气量与补呼气量之和，功能余气量的生理意义是缓冲呼吸过程中肺泡气中的 $O_2$ 和 $CO_2$ 分压 ($PaO_2$ 和 $PaCO_2$) 的过度变化。

(3) 肺活量 (VC): 最大力吸气后，从肺内所能呼出的最大气体量。肺活量等于潮气量、补吸气量和补呼气量之和。

1) 用力肺活量 (FVC): 尽力最大吸气后，尽力尽快呼气所能呼出的最大气量。

2) 用力呼气量 (FEV): 尽力最大吸气后再尽力尽快呼气时，在一定时间内所能呼出的气量，通常以第 1、2、3 秒末的 FEV 所占 FVC 的百分数来表示。正常人的 $FEV_1/FVC$、$FEV_2/FVC$、$FEV_3/FVC$ 分别为 83%、96% 和 99%，其中以 $FEV_1/FVC$ 的应用价值最大，是临床上鉴别阻塞性肺疾病和限制性肺疾病最常用的指标。

(4) 肺总量 (TLC): 肺所能容纳的最大气体量，是肺活量与余气量之和，其大小因性别、年龄、身材、运动量和体位改变而异，成年男性平均约为 5000ml，女性约为 3500ml。在限制性通气不足时肺总量降低。

### (二) 肺通气量和肺泡通气量

1. 肺通气量　每分通气量是指每分钟吸进或排出肺的气体总量。肺通气量 = 潮气量 × 呼吸频率。正常成年人平静呼吸时，潮气量约为500ml，呼吸频率为12～18次/分，则肺气量为6～9L/min。

尽力深、快呼吸时，每分钟所能吸入或呼出的最大气体量为最大随意通气体量。其反映单位时间内充分发挥全部通气能力所能达到的通气量，是估计机体能进行最大运动量的生理指标之一。测定时，一般只测量10秒或15秒的最深最快的呼出或吸入气量，再换算成每分钟的最大通气量。正常成年人最大通气量一般可达150L，为平静呼吸时肺通气量（6L/min）的25倍。对平静呼吸时的每分通气量与最大通气量进行比较，可以了解通气功能的储备能力，通常用通气储量百分比（%）表示：

$$\text{通气储量百分比}=\frac{\text{最大通气量}-\text{每分平静通气量}}{\text{最大通气量}}\times 100\%$$

通气储量百分比的正常值等于或大于93%。

2. 肺泡通气量　指每分钟吸入肺泡的新鲜空气量。肺泡通气量=（潮气量-无效腔气量）×呼吸频率。

在潮气量加倍而呼吸频率减半时，或潮气量减半和呼吸频率加倍，肺通气量保持不变，但肺泡通气量却因无效腔的存在发生很大变化。对肺换气而言，浅而快的呼吸是不利的。

### （三）最大呼气流速-容积曲线

让受试者尽力吸气后，尽力尽快呼气至余气量，同步记录呼出的气量和流速，即可绘制成最大呼气流速随肺容积变化而变化的关系曲线，即最大呼气流速-容积曲线。

### （四）气道反应性测定

又称支气管激发试验，是用以测定支气管对吸入刺激性物质产生收缩反应程度的一种试验。气道高反应性测定是一种非常有价值的测定方法，不仅用于哮喘的诊断，而且通过动态检测可作为哮喘治疗过程中的一项指标，还可作为判断预后的一项指标。但是需注意，患者检查前不能停药，其次检查前$FEV_1$很低时不能进行检查。

#### （五）呼吸功

呼吸肌在呼吸运动中克服通气阻力而实现肺通气所做的功，称为呼吸功。通常以跨壁压（单位是 $cmH_2O$）变化乘以肺容积（潮气量或每分肺通气量，单位是 L）变化来计算。单位是 J，按 $1J=10.2L \cdot cmH_2O$。

## 第二节 肺换气和组织换气

肺换气和组织换气是以自由扩散方式进行的。

### 一、气体交换的基本原理

#### （一）气体的扩散

气体分子不停地进行无定向的运动，当不同区域存在气压差时，气体分子将从气压高处向气压低处发生净转移，这一过程称为气体的扩散。混合气体中各种气体都按其各自的分压差由分压高处向分压低处扩散，直到取得动态平衡。肺换气和组织换气均以扩散方式进行。单位时间内气体扩散的容积称为气体扩散速率（D）。根据 Fick 弥散定律，气体在通过薄层组织时，扩散速率与组织两侧的气体分压差（△P）、温度（T）、扩散面积（A）和气体分子溶解度（S）成正比，而与扩散距离（d）和气体分子量（MW）的平方根成反比。气体扩散速率与各影响因素的关系如下式所示：

$$D \propto \frac{\Delta P \cdot T \cdot A \cdot S}{d \cdot \sqrt{MW}}$$

1. 气体的分压差（ΔP）　气体的分压指混合气体中各气体组分所产生的压力。在温度恒定时，某种气体的分压=混合气体的总压力×该气体在混合气体中所占容积百分比。气体的分压差（ΔP）是指两个区域之间某气体分压的差值，是气体扩散的动力和决定气体扩散方向的关键因素。

主治语录：交换部位两侧气体的分压差是气体交换的动力。

2. 气体的分子量（MW）和溶解度（S）　根据 Graham 定律，在相同条件下，气体分子的相对扩散速率与气体分子量（MW）的平方根成反比，因此分子量小的气体扩散速率较快。如果扩散发生于气相和液相之间，扩散速率还与气体在溶液中的溶解度成正比。

溶解度（S）是单位分压下溶解于单位容积溶液中的气体量。一般以 1 个大气压下、38℃时、100ml 液体中溶解的气体毫升数来表示。气体分子的溶解度与分子量的平方根之比（$S/\sqrt{MW}$）称为扩散系数，取决于气体分子本身的特性。$CO_2$的扩散系数约为 $O_2$的 20 倍，主要是因为 $CO_2$在血浆中的溶解度约为 $O_2$的 24 倍，虽然 $CO_2$的分子量（44）略大于 $O_2$的分子量（32）。

3. 扩散面积（A）和距离（d）　扩散面积越大，所扩散的分子总数也越大；分子扩散的距离越大，扩散需要的时间越长。

4. 温度（T）　在正常人体体温相对恒定，温度因素可忽略不计。

### （二）血液气体和组织气体的分压

见表5-2-1。

表5-2-1　人体血液和组织气体的分压（mmHg）

| 分压 | 动脉血 | 混合静脉血 | 组织 |
|---|---|---|---|
| $PaO_2$ | 97～100 | 40 | 30 |
| $PaCO_2$ | 40 | 46 | 50 |

## 二、肺换气

### （一）肺换气过程

$O_2$和$CO_2$的扩散都极为迅速，仅需约0.3秒即可完成。通常情况下，血液流经肺毛细血管的时间约0.7秒，所以当血液流经肺毛细血管全长约1/3时，已经基本上完成肺换气过程。

1. 呼吸膜的厚度　肺泡与血液进行气体交换须通过呼吸膜，即肺泡-毛细血管膜。又称气-血屏障，由六层结构组成。①含肺表面活性物质的液体层。②肺泡上皮细胞层。③上皮基底膜层。④上皮基底膜和毛细血管基膜之间的间隙（间质层）。⑤毛细血管基膜层。⑥毛细血管内皮细胞层。

呼吸膜的总厚度<1μm，最薄处只有0.2μm，气体易于扩散通过。气体扩散速率与呼吸膜厚度（扩散距离）成反比，呼吸膜越厚，扩散需要的时间就越长，单位时间内交换的气体量就越少。

2. 呼吸膜的面积　气体扩散速率与扩散面积成正比。正常成年人两肺的总扩散面积约70m²。在安静状态下，用于气体扩

散的呼吸膜面积约 $40m^2$，因此有相当大的储备面积。劳动或运动时，因肺毛细血管开放数量和开放程度的增加，有效扩散面积也大大增加。肺不张、肺实变、肺气肿、肺叶切除或肺毛细血管关闭和阻塞等，均可使呼吸膜扩散面积减小而影响肺换气。

3. 通气/血流比值　每分肺泡通气量（$\dot{V}_A$）和每分肺血流量（$\dot{Q}$）之间的比值（$\dot{V}_A/\dot{Q}$）。$\dot{V}_A/\dot{Q}$ 正常值为 0.84，如果 $\dot{V}_A/\dot{Q}$ 比值大于 0.84，就意味着肺通气过高，也可能是血流减少，部分肺泡气未能与血液气充分交换，相当于肺泡无效腔增大。反之，$\dot{V}_A/\dot{Q}$ 小于 0.84，则意味着通气不足或血流过剩，部分静脉血液流经通气不良的肺泡未能发生气体交换，犹如发生了功能性动-静脉短路。无论 $\dot{V}_A/\dot{Q}$ 增大或减小，都妨碍了有效的气体交换，可导致血液缺 $O_2$ 和 $CO_2$ 潴留，但缺 $O_2$ 为主。主要表现为缺 $O_2$ 的原因如下。

（1）动、静脉血液之间 $O_2$ 分压差远大于 $CO_2$ 分压差，所以动-静脉短路时，动脉血 $PaO_2$ 下降的程度远大于 $PaCO_2$ 升高的程度。

（2）$CO_2$ 的扩散系数是 $O_2$ 的 20 倍，所以 $CO_2$ 扩散较 $O_2$ 快，不易潴留。

（3）动脉血 $PaO_2$ 下降和 $PaCO_2$ 升高时，可以刺激呼吸加强，使肺泡通气量增加，有助于 $CO_2$ 的排出，却几乎无助于 $O_2$ 的摄取。

正常成人安静时肺总的 $\dot{V}_A/\dot{Q}$ 是 0.84。但是肺内肺泡通气量和肺毛细血管流量的分布不是很均匀，导致各局部 $\dot{V}_A/\dot{Q}$ 不相同。如人在直立位时，肺尖部的 $\dot{V}_A/\dot{Q}$ 较大，可高达 3.3，而肺底部的 $\dot{V}_A/\dot{Q}$ 较小，可低至 0.63。

### （二）肺扩散容量

气体在0.133kPa（1mmHg）分压差作用下，每分钟通过呼吸膜扩散的气体的毫升数为肺扩散容量。

## 三、组织换气

组织换气的机制和影响因素与肺换气相似，不同的是气体的交换发生于液相介质（血液、组织液、细胞内液）之间，而且扩散膜两侧 $O_2$ 和 $CO_2$ 的分压差随细胞内氧化代谢的强度和组织血流量而异。

1. 如果血流量不变，代谢增强，则组织液中的 $PaO_2$ 降低，$PaCO_2$ 升高。

2. 如果代谢率不变，血流量增大，则组织液中的 $PaO_2$ 升高，$PaCO_2$ 降低。

# 第三节　气体在血液中的运输

$O_2$ 和 $CO_2$ 在血液中的运输形式有两种，即物理溶解和化学结合。物理溶解的 $O_2$ 和 $CO_2$ 量很少，但很重要，因为必须先有物理溶解才能发生化学结合。

## 一、氧的运输

血液中的 $O_2$ 物理溶解量极少，主要以 $HbO_2$ 形式运输。

### （一）Hb 的分子结构

1. 每一血红蛋白（Hb）分子由1个珠蛋白和4个血红素（又称亚铁原卟啉）组成。

2. 每个血红素又由4个吡咯基组成1个环，中心为1

个 $Fe^{2+}$。

3. 每个珠蛋白有 4 条多肽链，每条多肽链与 1 个血红素相连接，构成 Hb 的单体或亚单位。

4. Hb 是由 4 个单体构成的四聚体。

5. 血红素的 $Fe^{2+}$ 连接在多肽链的组氨酸残基上，这个组氨酸残基若被其他氨基酸取代，或其邻近的氨基酸有所改变，都会影响 Hb 的功能。

6. Hb 的 4 个亚单位之间和亚单位内部由盐键连接。

### （二）$O_2$ 与 Hb 结合的重要特征

1. 结合反应快、可逆　不需酶的催化、受 $PaO_2$ 的影响。当血液流经 $PaO_2$ 高的肺部时，Hb 与 $O_2$ 结合，形成 $HbO_2$；当血液流经 $PaO_2$ 低的组织时，$HbO_2$ 迅速解离，释放 $O_2$ 成为去氧 Hb。

2. 结合反应是氧合非氧化　$Fe^{2+}$ 与 $O_2$ 结合后仍是二价跌，所以该反应是氧合，不是氧化。

3. Hb 与 $O_2$ 结合的量　1 分子 Hb 可以结合 4 分子 $O_2$。

（1）100ml 血液中，Hb 所能结合的最大 $O_2$ 量称为 Hb 氧容量，而 Hb 实际结合的 $O_2$ 量称为 Hb 氧含量。

（2）Hb 氧含量和氧容量的百分比为 Hb 氧饱和度。

当体表浅毛细血管床血液中去氧 Hb 含量达 5g/100ml 血液以上时，皮肤、黏膜呈浅蓝色，称为发绀。

4. 氧解离曲线呈 S 形　Hb 与 $O_2$ 的结合或解离曲线呈 S 形，这与 Hb 的变构效应有关，氧解离曲线是表示 $PaO_2$ 与 Hb 氧结合量或 Hb 氧饱和度关系的曲线。

### （三）氧解离曲线

见图 5-3-1。

1. 曲线的上段相当于血液 $PaO_2$ 在 60～100mmHg 时的 Hb 氧

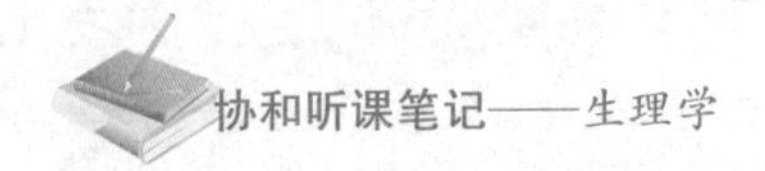


饱和度，较平坦，可以认为 $PaO_2$ 的变化对 Hb 氧饱和度影响不大。

2. 中段相当于 $PaO_2$ 40~60mmHg 时的 Hb 氧饱和度，该段曲线较陡，是 $HbO_2$ 释放 $O_2$ 的部分。

3. 下段是曲线坡度最陡的，即 $PaO_2$ 稍有降低，$HbO_2$ 就可大大下降。该段曲线内是 Hb 与 $O_2$ 分离的部分，代表 $O_2$ 的储备。

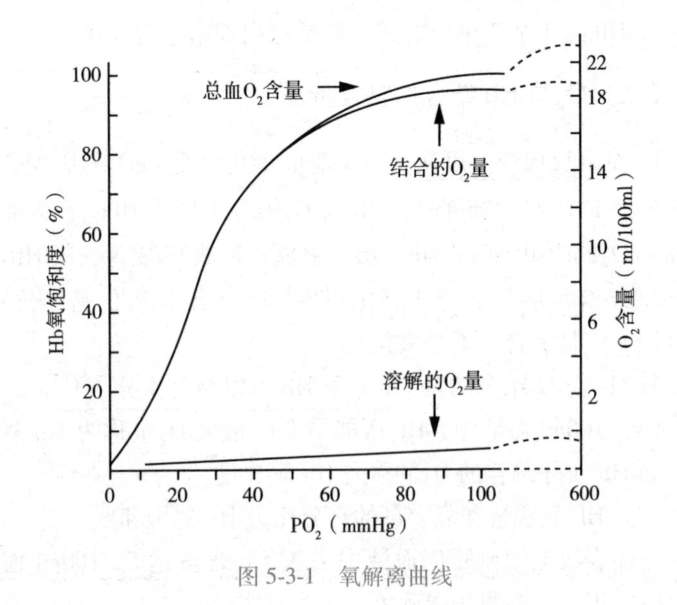


图 5-3-1 氧解离曲线

## （四）影响氧解离曲线的因素

Hb 与 $O_2$ 的结合和解离可受多种因素影响，通常用 $P_{50}$ 表示 Hb 对 $O_2$ 的亲和力。$P_{50}$ 是使 Hb 氧饱和度达 50% 时的 $PaO_2$，$P_{50}$ 增大，表明 Hb 对 $O_2$ 的亲和力降低，曲线右移；$P_{50}$ 降低，表示 Hb 对 $O_2$ 的亲和力增加，曲线左移。

1. 血液 pH 和 $PaCO_2$ 的影响　pH 降低或 $PaCO_2$ 升高，Hb 对 $O_2$ 的亲和力降低，$P_{50}$ 增大，曲线右移；酸度对 Hb 氧亲和力的这种影响称为波尔效应。其机制与 pH 改变时，Hb 构型变化有关。波尔效应具有重要的生理意义，有利于活动组织（酸性代谢产物与 $CO_2$ 增加）从血液中获得更多的 $O_2$，也有利于肺泡毛细血管中的 Hb 与 $O_2$ 结合。

2. 温度的影响　温度升高，氧解离曲线右移，促进 $O_2$ 的释放；温度降低，曲线左移，不利于 $O_2$ 的释放。

3. 红细胞内 2,3-二磷酸甘油酸　2,3-二磷酸甘油酸（2,3-DPG）浓度升高，Hb 对 $O_2$ 的亲和力降低，氧解离曲线右移；2,3-DPG 浓度降低，Hb 对 $O_2$ 亲和力升高，曲线左移。

用枸橼酸-葡萄糖液保存 3 周后的血液，由于糖酵解停止，红细胞 2,3-DPG 含量下降，Hb 不易与 $O_2$ 解离。所以，用大量贮存血液给患者输血，其运 $O_2$ 功能较差。

4. CO 的影响　CO 中毒既妨碍 Hb 与 $O_2$ 的结合，又妨碍对 $O_2$ 的解离。

主治语录：氧解离曲线右移，可增加氧的利用。

## 二、二氧化碳的运输

### （一）$CO_2$ 的运输形式

血液中物理溶解的 $CO_2$ 约占 $CO_2$ 总运输量的 5%，化学结合的占 95%。化学结合的形式主要是碳酸氢盐和氨基甲酸血红蛋白，其中碳酸氢盐形式占的 88%，氨基甲酸血红蛋白形式占 7%。在血浆中溶解的 $CO_2$ 绝大部分扩散进入红细胞，在红细胞内溶解的量极少，大多数以碳酸氢盐和氨基甲酸血红蛋白形式运输。

1. 碳酸氢盐

（1）溶解的$CO_2$与水结合生成碳酸（$H_2CO_3$），$H_2CO_3$解离为$HCO_3^-$和$H^+$。

（2）该反应为可逆的，并且都需要碳酸酐酶。

（3）$HCO_3^-$主要与血浆中的$Na^+$结合，以$NaHCO_3$的形式运输$CO_2$，而$H^+$则被血浆缓冲系统所缓冲，血液pH无明显变化。

（4）在使用碳酸酐酶抑制剂（如乙酰唑胺）时，应注意可能会影响$CO_2$的运输。

2. 氨基甲酸血红蛋白（$HbCO_2$）

（1）进入红细胞的一部分$CO_2$可与Hb的氨基结合，生成$HbCO_2$，这一反应无需酶的催化，而且迅速、可逆。

$$HbNHO_2+H^++CO_2 \underset{肺部}{\overset{组织}{\rightleftharpoons}} HbCO_2+O_2$$

（2）调节这一反应的主要因素是氧合作用。

（3）氧合作用的调节具有重要意义。虽然以氨基甲酸血红蛋白形式运输的$CO_2$仅约占$CO_2$总运输量的7%，但在肺部排出的$CO_2$中却有17.5%是从氨基甲酸血红蛋白释放出来的。

### （二）$CO_2$解离曲线

1. $CO_2$解离曲线是表示血液中$CO_2$含量与$PaCO_2$关系的曲线。

2. 血液中$CO_2$的含量随$PaCO_2$的升高而增加。

3. 与氧解离曲线不同，$CO_2$解离曲线接近线性而不是呈S形，而且没有饱和点。

4. $CO_2$解离曲线的纵坐标不用饱和度而用浓度表示。

5. 血液流经肺部时，每100ml血液释出4ml $CO_2$。$CO_2$运输障碍可导致机体$CO_2$潴留。

### （三）影响 $CO_2$ 运输的因素

$O_2$ 与 Hb 结合可促使 $CO_2$ 释放，这一现象称为何尔登效应。在组织中，由于 $HbO_2$ 释出 $O_2$ 而成为去氧 Hb，何尔登效应可促使血液摄取并结合 $CO_2$；在肺中，则因 Hb 与 $O_2$ 结合，促使 $CO_2$ 释放。可见 $CO_2$ 通过波尔效应影响 $O_2$ 的结合和释放，$O_2$ 又通过何尔登效应影响 $CO_2$ 的结合和释放。

## 第四节　呼吸运动的调节

呼吸运动是整个呼吸过程的基础，呼吸肌的节律性舒缩活动受到中枢神经系统的自主性和随意性双重控制。

### 一、呼吸中枢与呼吸节律的形成

#### （一）呼吸中枢

指在中枢神经系统内产生呼吸节律和调节呼吸运动的神经元细胞群。

1. 脊髓

（1）脊髓中有支配呼吸肌的运动神经元，位于第 3~5 颈段（支配膈肌）和胸段（支配肋间肌和腹肌等）脊髓的前角。

（2）在延髓和脊髓之间切断后，呼吸运动就停止，脊髓本身以及呼吸肌不能产生节律性呼吸。

（3）脊髓只是联系高位脑和呼吸肌的中继站和整合某些呼吸反射的初级中枢。

2. 低位脑干　指脑桥和延髓。延髓中枢是自主呼吸的最基本中枢。在延髓，呼吸神经元分为延髓背侧呼吸组（DRG）、延髓腹侧呼吸组（VRG）、脑桥头端背侧的脑桥呼吸组（PRG）。

（1）DRG 位于延髓背侧中部，实际上是弧束核的腹外侧核，这一呼吸组神经元大多数是吸气神经元，其作用是兴奋脊髓膈运动神经元，引起膈肌收缩而吸气。

（2）VRG 从尾端到头端相当于后疑核、疑核和面神经后核以及它们的邻近区域，含有多种类型的呼吸神经元，平静呼吸时没有明显作用，机体代谢增强（如运动）时，它们的活动使脊髓呼吸运动神经元兴奋，进而加强吸气并引起主动呼气，因此增加肺通气量；此外，它们还可调节咽喉部辅助呼吸肌的活动，进而调节气道阻力。

（3）PRG 相当于臂旁内侧核及与其相邻的 Kölliker-Fuse（KF）核，两者合称为 PBKF 核，为呼吸调整中枢所在部位，主要含呼气神经元，其作用是限制吸气，促使吸气向呼气转换。

比奥呼吸是一种病理性的周期性呼吸，表现为一次或多次强呼吸后，出现长时间呼吸停止，之后再次出现数次强呼吸，其周期变动较大，短则仅 10 秒，长则可达 1 分钟。在脑损伤、脑脊液压力升高、脑膜炎等病理情况下，可出现比奥呼吸。比奥呼吸常是死亡前出现的危急症状，其原因可能是病变已侵及延髓呼吸中枢。

3. 高位脑　呼吸运动还受脑桥以上中枢的影响，如下丘脑、边缘系统、大脑皮层等。大脑皮质可分别通过皮质脊髓束和皮质脑干束随意控制脊髓和低位脑干呼吸神经元的活动，以保证其他与呼吸相关的活动，如说话、唱歌、哭笑、咳嗽、吞咽和排便等活动的完成。

大脑皮质对呼吸的调节系统是随意的呼吸调节系统，低位脑干的呼吸调节系统是不随意的自主呼吸节律调节系统。这两个系统的下行通路是分开的。临床上有时可观察到自主呼吸和随意呼吸分离的现象。

（1）在脊髓前外侧索下行的自主呼吸通路受损时，自主节律性呼吸运动出现异常甚至停止，而患者仍可进行随意呼吸。但患者一旦入睡，呼吸运动就会停止。所以这种患者常需依靠人工呼吸机来维持肺通气。

（2）如果大脑皮质运动区或皮质脊髓束受损时，患者可以进行自主呼吸，但不能完成对呼吸运动的随意调控。

### （二）呼吸节律的产生机制

正常呼吸节律的形成不外乎有两种可能机制：一是起搏细胞学说；二是神经元网络学说。起搏细胞学说的实验依据多来自于新生动物实验，而神经元网络学说的依据主要来自于成年动物实验。因此，哪一种学说是正确的或者哪一种起主导作用，至今尚无定论，但是其共同之处是两者都需要来自于化学感受器的紧张性传入。

## 二、呼吸的反射性调节

### （一）化学感受性呼吸反射

1. 化学感受器

（1）外周化学感受器：是位于颈动脉体和主动脉体的外周化学感受器。这些感受器在动脉血 $PaO_2$降低、$PaCO_2$或 $H^+$浓度升高时受到刺激，冲动经窦神经（舌咽神经的分支，分布于颈动脉体）和迷走神经（分支分布于主动脉体）传入延髓孤束核，反射性地引起呼吸加深加快和血液循环的变化。

颈动脉体主要调节呼吸，而主动脉体在调节循环方面较为重要。外周化学感受器感受的刺激是 $PaO_2$、$PaCO_2$或 $H^+$，而不是动脉血 $O_2$含量，而且是感受器所处环境的 $PaO_2$。因此，临床上贫血或 CO 中毒时，血 $O_2$含量虽然下降，但其 $PaO_2$仍正常，只要血流量不减少，则化学感受器传入神经放电频率并不增加。

$CO_2$较容易扩散进入外周化学感受器细胞，使细胞内 $H^+$浓度增加；而血液中 $H^+$则不易进入细胞。因此，相对而言，$CO_2$对外周化学感受器的刺激作用较 $H^+$强。

（2）中枢化学感受器：位于延髓腹外侧浅表部位，左右对称，可以分为头、中、尾 3 个区。延髓的头端区和尾端区都有化学感受性；中区不具有化学感受性，但局部阻滞或损伤中区动物的通气量降低，并使头、尾区受刺激时的通气反应消失，提示中区可能是头区和尾区传入冲动向脑干呼吸中枢投射的中继站。

中枢化学感受器的生理刺激是脑脊液和局部细胞外液中的 $H^+$。其作用可能是调节脑脊液的 $H^+$浓度，使中枢神经系统有一稳定 pH 环境。与外周化学感受器不同，其不感受缺 $O_2$的刺激，但对 $H^+$的敏感性比外周的高，反应潜伏期较长。

2. $CO_2$、$H^+$和 $O_2$对呼吸运动的调节

（1）$CO_2$水平：$PaCO_2$↑1%时→呼吸开始加深；↑4%时→呼吸加深加快，肺通气量↑1 倍以上；↑6%时→肺通气量可增大 6~7 倍；↑7%以上→呼吸减弱=$CO_2$麻醉。$PaCO_2$↓→呼吸减慢（过度通气后可发生呼吸暂停）。

$CO_2$既可通过刺激中枢感受器，又可通过刺激外周化学感受器发挥作用。动脉血 $CO_2$在一定范围内升高，可以加强对呼吸的刺激作用，但超过一定限度则有抑制和麻醉效应。中枢化学感受器在 $CO_2$通气反应中起主要作用。然而，因为中枢化学感受器的反应较慢，所以当动脉血 $PaO_2$突然增高时，外周化学感受器在引起快速呼吸反应中可起重要作用；另外，当中枢化学感受器受到抑制，对 $CO_2$的敏感性降低时，外周化学感受器也起重要作用。动脉血 $PaO_2$对正常呼吸的调节作用不大。

（2）$H^+$浓度：$H^+$浓度↑→呼吸加强；$H^+$浓度↓→呼吸抑制；$H^+$浓度↑↑→呼吸抑制。

1）机制：类似 $CO_2$。

2）特点：主要通过刺激外周化学感受器而引起的 $H^+$ 浓度↑对呼吸的调节作用<$PaCO_2$↑；因为 $H^+$ 浓度↑→呼吸↑→$CO_2$ 排出过多→$PaCO_2$↓→限制了对呼吸的加强作用→呼吸抑制甚至停止。

主治语录：对于脑脊液，中枢感受器对 $H^+$ 的敏感性较外周感受器高；在动脉血中，中枢感受器对 $H^+$ 的敏感性不及外周感受器。

（3）$O_2$ 水平

1）吸入气的 $PaO_2$ 降低时，肺泡气和动脉血的 $PaO_2$ 都随之降低，呼吸运动加深、加快，肺通气量增加。

2）通常在动脉血 $PaO_2$ 下降到 80mmHg 以下时，肺通气量才出现可觉察到的增加。

3）低 $O_2$ 对呼吸的刺激作用完全是通过外周化学感受器实现的，其对中枢的直接作用是抑制作用。

4）低氧通过外周化学感受器对呼吸中枢的兴奋作用，可以对抗其对中枢的直接抑制作用。

5）在严重低氧时，如果外周化学感受器的反射效应不足以克服低氧对中枢的直接抑制作用，将导致呼吸障碍。

3. $CO_2$、$H^+$ 和 $O_2$ 在呼吸调节中的相互作用

（1）$CO_2$ 对呼吸的刺激作用最强，而且比其单因素作用时更明显；$H^+$ 的作用次之；低氧的作用最弱。

（2）$PaCO_2$ 升高时，$H^+$ 浓度也随之升高，两者的作用发生总和，使肺通气反应比单纯 $PaCO_2$ 升高时更强。

（3）$H^+$ 浓度增加时，因肺通气增大使 $CO_2$ 排出增加，导致 $PaCO_2$ 下降，$H^+$ 浓度也有所降低，因此可部分抵消 $H^+$ 的刺激作用，使肺通气量的增加比单因素 $H^+$ 浓度升高时小。

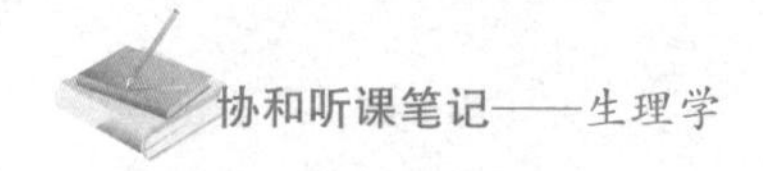


（4）$PaO_2$降低时，也因肺通气量增加，呼出较多的 $CO_2$，使 $PaCO_2$和 $H^+$浓度降低，从而减弱低氧的刺激作用。

**（二）肺牵张反射（黑-伯反射）**

是指肺充气时或扩张时抑制吸气，肺萎缩时促进吸气的反射。包括肺扩张反射和肺萎陷反射两种反射。

1. 肺扩张反射　肺扩张反射的感受器位于气管到细支气管的平滑肌中，是牵张感受器。冲动经迷走神经粗纤维传入延髓。所以切断迷走神经后，吸气延长、加深，呼吸变得深而慢。在成年人，潮气量要超过 1500ml 时才能引起肺扩张反射，因此平静呼吸时，肺扩张反射不参与人的呼吸调节。

2. 肺萎陷反射　是肺萎陷时增强吸气活动或促进呼气转换为吸气的反射。肺萎陷反射在较强的缩肺时才出现。

**（三）防御性呼吸反射**

1. 咳嗽反射

（1）咳嗽反射是常见的重要的防御性反射。

（2）其感受器位于喉、气管和支气管的黏膜。

（3）受到机械性或化学性刺激时，位于这些部位的呼吸道黏膜下的感受器兴奋，冲动经迷走神经传入延髓，触发咳嗽反射，将呼吸道内的异物或分泌物排出。

2. 喷嚏反射　是类似于咳嗽的反射，不同的是刺激作用于鼻黏膜的感受器，传入神经是三叉神经，反射效应是腭垂下降，舌压向软腭，而不是声门关闭，呼出气主要从鼻腔喷出，以清除鼻腔中的刺激物。

**（四）呼吸肌本体感受性反射**

肌梭和腱器官是骨骼肌的本体感受器。当呼吸肌内的肌梭受到牵张刺激时，可反射性引起呼吸运动加强，这种反射属于本体感受性反射。

## 三、特殊条件下的呼吸运动及其调节

### （一）运动时呼吸的变化及调节

运动开始后，通气量先突然升高，继而缓慢升高，随后达到一个平稳的高水平。运动停止时，也是通气先骤降，继而缓慢下降，恢复到运动前的水平。运动开始时通气骤升与条件反射有关，肢体被动运动也可引起快速通气反应；运动时动脉血pH、$PaCO_2$、$PaO_2$的波动在运动引起的通气反应的发生中也具有重要作用。运动停止后，通气并不立即恢复到安静水平。这是因为运动时$O_2$供小于$O_2$耗，欠下了“氧债”。

### （二）低气压（高海拔）条件下的呼吸调节

低氧（低压性低氧）：海拔增高引起的大气中氧分压降低，此时对人体的生理影响主要是低氧因素的作用，并与低氧程度和持续时间有关，而其低压作用则不明显。

1. 急性低氧反应（2~3分钟） 吸入气中$PaO_2$降低，最初刺激外周化学感受器，进而兴奋呼吸中枢，使呼吸活动加深加快，肺通气量增加。

2. 持续低氧下的通气衰竭 随后数十分钟，因低氧的持续而通气反应下降，严重时可引起如下疾病。

（1）急性高原疾病（出现疲劳、头晕、呼吸困难、头痛、恶心、呕吐、失眠、思维和判断能力下降以及全身乏力等症状）。

（2）高原性脑水肿（出现剧烈的头痛、呕吐、出现幻觉和短时的记忆丧失、视盘水肿、视野缺失、尿失禁甚至丧失意识、

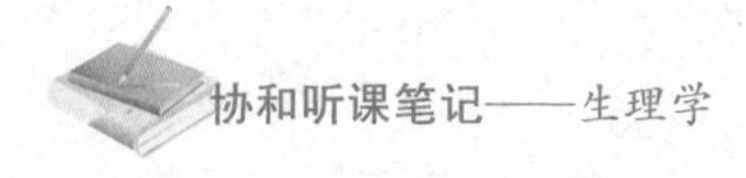


昏迷）。

（3）高原性肺水肿（呼吸困难、胸痛、憋气，心率>120次/分，呼吸频率>30次/分，发绀，发热）等。

更久地（几小时至几天）置身于低氧环境，通气将再度增强，其幅度可超过急性低氧反应的峰值，称为习服。因此高海拔低氧时的通气反应包含兴奋性和抑制性反应，很大程度上受到低氧程度和低氧持续时间的影响。

### （三）高气压（潜水）条件下的呼吸调节

潜水进入高压环境需注意高气压的直接影响和吸入高压气体产生的毒性，而在上升减压过程中因肺泡气随着环境压力的减小而膨胀，所以要防止出现肺部压力性损伤。

## 四、临床监控呼吸状态的生理参数及意义

1. 血氧饱和度（指套式） 如果在不吸氧的条件下，患者的血氧饱和度（指套式）低于92%时，则需要及时对患者进行动脉血气分析。

2. 动脉血气分析

（1）血气分析在临床用于判断机体是否酸碱平衡失调以及缺氧和缺氧程度等。

（2）采血部位为肱动脉、股动脉、前臂桡动脉等动脉血。

（3）主要参数

1）正常pH为7.35～7.45，正常成年人$PaO_2$正常值为80～100mmHg，$PaCO_2$正常值为35～45mmHg。

2）pH<7.35为失代偿性酸中毒症，pH>7.45为失代偿性碱中毒。$PaO_2$低于60mmHg即表示有呼吸衰竭，$PaO_2$<30mmHg则提示有生命危险。$PaCO_2$ < 35mmHg为通气过度，$PaCO_2$ > 45mmHg为通气不足，是判断各型酸、碱中毒主要指标。

3. 机械通气　如果患者有通气障碍或出现呼吸衰竭，可以通过吸氧或通过呼吸机给予机械通气。在机械通气时需密切关注呼吸机参数，包括呼吸频率、潮气量、吸呼比、通气模式、气道峰压、平均气道压、平台压、呼气末正压、流速、压力、呼气末 $CO_2$、气道阻力、肺顺应性等。

## 历年真题

1. 肺表面活性物质减少可导致
   A. 肺弹性阻力减小
   B. 肺顺应性增大
   C. 肺泡表面张力降低
   D. 肺不易扩张
   E. 肺易扩张
2. 下列因素中，能引起氧解离曲线右移的是
   A. $PaCO_2$降低
   B. pH 降低
   C. 2, 3-DPG 浓度降低
   D. 温度降低
   E. 1, 3-DPG 降低
3. 下列选项中，能使肺的静态顺应性降低的因素是
   A. 气胸
   B. 肺表面活性物质缺乏
   C. 气道阻力增加
   D. 惯性阻力增加
   E. 脓胸

参考答案：1. D　2. B　3. B

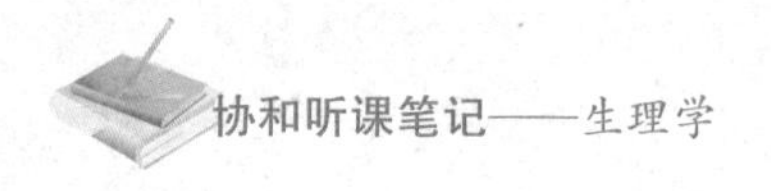


# 第六章　消化与吸收

## 核心问题

1. 消化期胃液分泌三个时期的特点。
2. 胃液、胰液和胆汁的成分作用及其分泌的调节。
3. 胃排空的特点以及机制。

## 内容精要

消化系统的基本功能是消化食物和吸收营养物质，还能排泄某些代谢产物。消化和吸收是两个相辅相成、紧密联系的过程。

消化的方式有机械消化和化学消化，前者依赖消化道平滑肌的收缩运动，后者依赖消化液中所含消化酶的作用。消化液由各种消化腺分泌，主要成分是水、各种电解质和有机物。有机物中最重要的是消化酶，其次是黏液。

## 第一节　消化生理概述

消化系统由消化道和消化腺组成，受神经和体液因素的影响。消化腺的分泌包括内分泌和外分泌，前者分泌的激素通过局部或者血液循环到全身，调节消化系统的活动，后者分泌消

化液到胃肠腔内，参与食物的化学性消化。消化道的活动受神经和体液调节，消化道除接受交感和副交感神经支配外，自身有一套肠神经系统（ENS），精细地调节消化道的功能。

## 一、消化道平滑肌的特性

### （一）消化道平滑肌的一般生理特性

消化道平滑肌具有肌组织的一般特性，如兴奋性、自律性、传导性和收缩性，和骨骼肌相比，消化道平滑肌的兴奋性较低，收缩较缓慢，节律性较差但伸展性大。消化道平滑肌对电刺激不敏感，而对机械牵张，温度变化和化学刺激敏感。

### （二）消化道平滑肌的电生理特性

消化道平滑肌的电位变化主要有静息电位、慢波电位和动作电位等三种形式。消化道平滑肌细胞可在静息电位基础上产生节律性的自发性去极化和复极化。其频率较慢，故称为慢波电位，又称基本电节律。慢波本身不引起肌肉收缩，但动作电位只能在慢波的基础上产生，因此慢波是平滑肌的起步电位，控制平滑肌收缩的节律，并决定蠕动的方向、节律和速度。

主治语录：慢波是平滑肌收缩节律的控制波。

## 二、消化腺的分泌功能

人每天由各种消化腺分泌的消化液总量达 6~8L。消化液的主要功能如下。

1. 水解食物中的各种成分使之便于吸收。
2. 为各种消化酶酶解作用提供适宜的 pH 环境。
3. 稀释食物，使其渗透压与血浆的渗透压接近，以利于吸收。

4. 分泌黏液等物质保护消化道黏膜免受理化性损伤。

## 三、消化道的神经支配及其作用

胃肠的神经支配包括内在神经系统和外来神经系统两大部分。

### （一）外来神经

外来神经包括交感神经和副交感神经，前者从脊髓胸腰段侧角发出，通常对胃肠运动和分泌起抑制性使用；后者通过迷走神经和盆神经支配胃、肠，通常对胃肠运动和分泌起兴奋作用。两神经丛之间有中间神经元相互联系；同时都有感觉神经元传入感觉信号，并接受外来神经纤维支配。

### （二）内在神经

内在神经包括两大神经丛，即黏膜下神经丛和肌间神经丛。黏膜下神经丛的神经元分布在消化道黏膜下，主要调节腺细胞和上皮细胞功能，也有些支配黏膜下血管。肌间神经丛的神经元分布在纵行肌和环行肌之间。

## 四、消化系统的内分泌功能

### （一）APUD 细胞和胃肠激素

胃肠道从胃到大肠的黏膜层内存在 40 多种内分泌细胞，这些细胞都具有摄取胺的前体，进行脱羧而产生肽类或活性胺的能力，这类细胞称为 APUD 细胞（表 6-1-1）。

在胃肠道黏膜下不仅存在多种外分泌腺体，还含有数十种内分泌细胞，合成和释放多种有生物活性的化学物质统称为胃肠激素。胃肠激素（表 6-1-2）对消化器官的作用主要有以下三个方面。

1. 调节消化腺器官分泌运动和吸收。
2. 调节其他激素释放，如促胃液素促进胃黏膜蛋白质的合成。
3. 一些胃肠激素具有促进消化道组织的代谢和生长的作用。

表 6-1-1 消化道主要内分泌细胞的种类、分布和分泌物

| 细胞名称 | 分泌物质 | 细胞所在部位 |
|---|---|---|
| α 细胞 | 胰高血糖素 | 胰岛 |
| β 细胞 | 胰岛素 | 胰岛 |
| δ 细胞 | 生长抑素 | 胰岛、胃、小肠、大肠 |
| G 细胞 | 促胃液素 | 胃窦、十二指肠 |
| I 细胞 | 缩胆囊素 | 小肠上部 |
| K 细胞 | 抑胃肽 | 小肠上部 |
| Mo 细胞 | 胃动素 | 小肠 |
| N 细胞 | 神经降压素 | 回肠 |
| PP 细胞 | 胰多肽 | 胰岛、胰腺外分泌部、胃、小肠、大肠 |
| S 细胞 | 促胰液素 | 小肠上部 |

表 6-1-2 五种主要胃肠激素的主要生理作用及引起释放的刺激物

| 激素名称 | 主要生理作用 | 引起释放的刺激物 |
|---|---|---|
| 促胃液素 | 促进胃酸和胃蛋白酶分泌，使胃窦和幽门括约肌收缩，延缓胃排空，存进胃肠运动和胃肠上皮生长 | 蛋白质消化产物、迷走神经递质、扩张胃 |
| 缩胆囊素 | 刺激胰液分泌和胆囊收缩，增强小肠和大肠运动，抑制胃排空，增强幽门括约肌收缩，松弛壶腹括约肌，促进胰腺外分泌部的生长 | 蛋白质消化产物、脂肪酸 |
| 促胰液素 | 刺激胰液及胆汁中的 $HCO_3^-$ 分泌，抑制胃酸分泌和胃肠运动，收缩幽门括约肌，抑制胃排空，促进胰腺外分泌部生长 | 盐酸、脂肪酸 |

续 表

| 激素名称 | 主要生理作用 | 引起释放的刺激物 |
|---|---|---|
| 抑胃肽 | 刺激胰岛素分泌，抑制胃酸和胃蛋白酶原分泌，抑制胃排空 | 葡萄糖、脂肪酸和氨基酸 |
| 胃动素 | 在消化间期刺激胃和小肠的运动 | 迷走神经、盐酸和脂肪 |

### （二）脑-肠肽

中枢神经系统和胃肠道内双重分布的多肽统称为脑-肠肽，有促胃液素、缩胆囊素、胃动素、生长抑素、神经降压素等20余种。

## 第二节　口腔内消化和吞咽

### 一、唾液的分泌

### （一）唾液的性质和成分

唾液是近于中性（pH 6.6~7.1）的低渗液体，其中水分约占99%；有机物主要为黏蛋白，还有球蛋白、氨基酸、尿素、尿酸、唾液淀粉酶、溶菌酶等。无机物有 $Na^+$、$K^+$、$Ca^{2+}$、$Cl^-$和 $SCN^-$等。还有一些气体分子，如 $O_2$、$N_2$、$NH_3$和 $CO_2$。唾液通常为低渗液，分泌速率较低时，唾液中 $Na^+$和 $Cl^-$的浓度降低，而 $K^+$升高；而分泌速率升高时则出现相反的现象。唾液中 $K^+$的浓度总是高于血浆，表明 $K^+$是由唾液腺细胞主动分泌的。

### （二）唾液的作用

1. 湿润和溶解食物，使之便于吞咽，并有助于引起味觉。

2. 唾液淀粉酶可水解淀粉为麦芽糖；该酶的最适 pH 为中性，pH 低于 4.5 时将完全失活，因此随食物入胃后不久便失去作用。

3. 清除口腔内食物残渣，稀释与中和有毒物质，其中溶菌酶和免疫球蛋白具有杀菌和杀病毒作用，因此具有保护和清洁口腔的作用。

4. 某些进入体内的重金属（如铅、汞）、氰化物和狂犬病毒可通过唾液分泌而被排泄。

### （三）唾液分泌的调节

唾液分泌的调节完全是神经反射性调节，包括非条件反射和条件反射。进食时，食物对舌、口腔和咽部黏膜的机械性、化学性和温度性刺激，通过中枢神经引起唾液分泌为非条件反射。该反射的基本中枢在延髓的上涎核和下涎核。

支配唾液腺的传出神经以副交感神经为主，递质为乙酰胆碱，作用于腺细胞膜 M 受体上，使腺细胞分泌功能加强。刺激副交感神经可引起量多而固体少的黏膜分泌。交感神经纤维也支配唾液腺，其节后纤维释放去甲肾上腺素，作用于腺细胞膜上的 β 受体，使某些唾液腺分泌增加。

## 二、咀嚼

### （一）咀嚼

1. 咀嚼是由咀嚼肌按一定顺序收缩所组成的复杂的节律性动作。

2. 咀嚼肌（包括咬肌、颞肌、翼内肌、翼外肌等）属于骨骼肌，可做随意运动。

### （二）咀嚼的主要作用

1. 磨碎、混合和润滑食物，使之易于吞咽；也可减少大块、粗糙食物对胃肠黏膜的机械性损伤。

2. 使食物与唾液淀粉酶接触，开始淀粉的化学性消化。

3. 反射性地引起胃、胰、肝和胆囊的活动，为食物的下一步消化过程做好准备。

## 三、吞咽

吞咽是一种复杂的反射，由一连串按一定顺序发生的反射动作实现的，统称为吞咽反射。

1. 口腔期　吞咽经历由口腔到咽。

2. 咽期　由咽到食管上端。

3. 食管期　食团随食管产生的蠕动下行至胃。

蠕动是消化道的基本运动形式，扩张消化道壁是诱发蠕动反射最有力的刺激，其感受器位于黏膜层内。引起食团近端食管收缩的神经递质主要为乙酰胆碱。可被阿托品阻断，而食团远端食管舒张的递质则可能是VIP或NO。

# 第三节　胃内消化

## 一、胃液的分泌

### （一）胃液的性质、成分和作用

纯净的胃液是一种pH为0.9~1.5的无色液体。正常人每天分泌量1.5~2.5L。胃液的成分包括无机物如$H_2O$、$Na^+$、$K^+$等，以及有机物黏蛋白、消化酶等。

1. 盐酸　胃液中的盐酸又称胃酸，由壁细胞分泌。胃酸有

游离酸和结合酸两种形式，两者在胃液中的总浓度称为胃液总酸度。空腹6小时后，在无任何食物刺激的情况下，胃酸也有少量分泌，称为基础胃酸分泌。基础胃酸分泌平均0~5mmol/h，早晨5~11时分泌率最低，下午6时至次晨1时分泌率最高。基础胃酸分泌量受迷走神经的紧张性和少量促胃液素自发释放的影响。在食物或药物的刺激下胃酸分泌量大大增加。正常人的最大胃酸分泌量可达20~25mmol/h。HCl的分泌量与壁细胞的数目和功能状态直接相关。

（1）盐酸分泌的机制：胃液中的无机成分随分泌速率的变化而有变化，分泌速率增加时，$H^+$浓度升高，$Na^+$浓度下降，但$Cl^-$和$K^+$的浓度几乎保持恒定。HCl排出量反映胃的分泌能力，主要取决于壁细胞数量。壁细胞分泌$H^+$是逆着巨大浓度梯度进行的主动转运过程，是靠细胞顶膜上的质子泵实现的。质子泵兼有转运和催化ATP水解的功能。$H^+$的分泌必须在分泌腔内存在足够浓度的$K^+$的条件下进行。质子泵每降解1分子ATP所释放的能量，可驱动一个$H^+$从胞质进入分泌小管腔，同时驱动一个$K^+$从分泌小管腔进入胞质。

（2）盐酸的作用

1）盐酸可杀灭随食物入胃内的细菌。

2）盐酸能激活胃蛋白酶原，使其转变为有活性的胃蛋白酶，并为其作用提供必要的酸性环境。

3）盐酸进入小肠内可引起促胰液素和缩胆囊素的分泌，从而有促进胰液、胆汁和小肠液分泌的作用。

4）盐酸所造成的酸性环境还有利于铁和钙在小肠内吸收。

5）使食物中的蛋白质变性，有利于蛋白质的水解。

2. 胃蛋白酶原　胃蛋白酶原主要由主细胞合成，此外，泌酸腺的颈黏液细胞、贲门腺和幽门腺的黏液细胞，以及十二指肠近端的腺体中也能产生胃蛋白酶原。无活性的胃蛋白酶原在盐酸作用下分子裂解下一个小分子的肽，变为有活性的胃蛋白酶。可酶解大部分蛋白质分解为胨和胨、少量多肽及氨基酸。

3. 内因子　壁细胞还可分泌一种称为内因子的糖蛋白，可与随食物中的维生素 $B_{12}$结合，形成复合物而促进 $B_{12}$的吸收。

4. 黏液和碳酸氢盐　胃的黏液是由表面上皮细胞、泌酸腺、贲门腺和幽门腺的黏液细胞共同分泌的，在正常人胃黏膜表面形成一个厚约 500μm 的保护层，起润滑作用，可减少粗糙食物对胃黏膜的机械性损伤。胃内 $HCO_3^-$主要是由胃黏膜的非泌酸细胞分泌的。其与黏液联合作用则可形成一个屏障，称为“黏液-碳酸氢盐屏障”，可有效地保护胃黏膜，防止酸性极强的胃酸和胃蛋白酶对胃壁的损伤。

### （二）胃和十二指肠黏膜的细胞保护作用

胃和十二指肠能合成和释放某些具有防止或减轻各种有害刺激对细胞损伤和致死的物质。胃和十二指肠黏膜和肌层中含有高浓度的前列腺素（如 $PGE_2$ 和 $PGI_2$）和表皮生长因子（EGF），它们能抑制胃酸和胃蛋白酶原的分泌，刺激黏液和碳酸氢盐的分泌，使胃黏膜的微血管扩张，增加黏膜的血流量，有助于胃黏膜的修复和维持其完整性，因此能够有效地抵抗强酸、强碱、酒精和胃蛋白酶等对消化道黏膜的损伤。

### （三）消化期的胃液分泌

1. 头期胃液分泌（30%）　这一期胃液分泌由进食动作引起，其传入冲动均来自头部感受器，包括条件反射和非条件反射。迷走神经是这些反射共同的传出神经。迷走神经除了释放乙酰胆碱直接作用于壁细胞刺激其分泌外，还可作用于胃窦部的 G 细胞。条件反射由食物的形象、气味、声音等刺激相应感

受器引起，非条件反射是咀嚼吞咽食物时，刺激口腔和咽喉等处的化学和机械感受器引起的。

头期胃液：分泌量多，约占消化期分泌总量的30%，酸度和胃蛋白酶原含量均很高。

2. 胃期胃液分泌（60%）　主要途径如下。

（1）食物扩张刺激胃底、胃体部的感受器，通过迷走-迷走神经长反射和壁内神经丛的短反射，直接或间接通过促胃液素引起胃液分泌。

（2）扩张刺激胃幽门部，通过壁内神经丛，作用于G细胞引起促胃液素的释放。

（3）食物的化学成分直接作用于G细胞，引起促胃液素的释放。

胃期胃液：分泌量多，约占进食后总分泌量的60%，酸度和胃蛋白酶含量也很高。

3. 肠期胃液分泌（10%）　主要是通过体液调节机制实现的。十二指肠释放的促胃液素是肠期胃液分泌的体液因素之一。小肠黏膜还可能释放一种称为肠泌酸素的激素刺激胃液分泌。

肠期胃液：分泌量小，约占总分泌量的10%，酸度不高，消化力也不是很强。

### （四）调节胃液分泌的因素

1. 促进胃酸分泌的主要因素

（1）乙酰胆碱：可直接作用于壁细胞上的胆碱能（$M_3$型）受体而刺激胃酸分泌。此作用可被胆碱能受体阻断药阻断。

（2）促胃液素：是胃窦、十二指肠和空肠上段黏膜内的G细胞释放的一种肽类激素，促胃液素释放后主要通过血液循环作用于壁细胞引起胃酸分泌增加。

（3）组胺：是由胃泌酸区黏膜中的肠嗜铬样细胞分泌的，

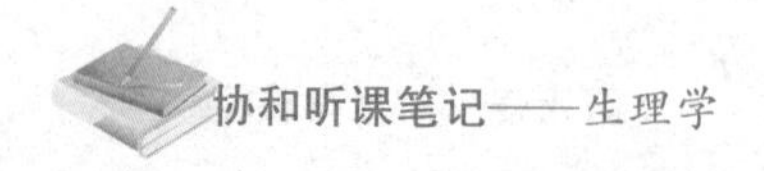


以旁分泌的方式作用于邻旁壁细胞的 $H_2$ 型受体，引起壁细胞分泌胃酸，具有极强的促胃酸分泌作用。

2. 抑制胃液分泌的主要因素　抑制胃酸分泌的因素除精神、情绪因素外，主要有盐酸、脂肪和高张溶液三种。

（1）盐酸：胃窦 pH 降到 1.2~1.5，抑制胃窦黏膜 G 细胞分泌促胃液素，抑制促胃液素释放；刺激 δ 细胞分泌生长抑素，间接抑制促胃液素和胃酸的分泌。十二指肠 pH≤2.5，也能抑制胃酸分泌，其机制可能是胃酸刺激小肠黏膜分泌促胰液素和球抑胃素。HCl 分泌过多抑制胃腺分泌是胃酸分泌的一种负反馈调节机制。

（2）脂肪：脂肪及其消化产物抑制胃分泌的作用发生在脂肪进入小肠后，而不是在胃内。

（3）高张溶液：小肠内的高张溶液刺激小肠壁内的渗透压感受器，通过肠胃反射抑制胃分泌，也可通过刺激小肠黏膜释放抑制性激素而抑制胃分泌。

3. 影响胃液分泌的其他因素　缩胆囊素、血管活性肠肽、铃蟾素、Valosin、生长抑素、表皮生长因子和抑胃肽。

## 二、胃的运动

### （一）胃的运动形式

1. 紧张性收缩　胃壁平滑肌经常处于一定程度的缓慢持续收缩状态，称为紧张性收缩。这种运动能保持胃的形状和位置，防止胃下垂。

2. 容受性舒张　食物对咽、食管等处感受器的刺激可引起胃底和胃体肌肉的舒张，并使胃腔容量由空腹时的约 50ml 增加到进食后的 1.5L。胃壁肌肉的这种活动称为容受性舒张。胃的容受性舒张是通过迷走神经的传入和传出的反射过程（迷走-迷

走反射）实现的，在这个反射中，迷走传出通路是抑制性的。

3. 蠕动　胃蠕动约每分钟3次，每个蠕动波约需1分钟到达幽门，胃蠕动起源于胃大弯上部。蠕动使食物与胃液充分混合，利于胃液消化食物，也可搅拌、粉碎食物，推进胃内容物向十二指肠移动。

主治语录：容受性舒张是胃特有的运动形式。

### （二）胃排空及其控制

1. 胃排空　胃内食糜由胃排入十二指肠的过程称为胃排空。在三种主要食物中，糖类排空最快，蛋白质次之，脂肪类排空最慢。混合食物由胃完全排空通常需4~6小时。

2. 胃排空的控制

（1）胃的内容物作为扩张胃的机械刺激，通过壁内神经反射或迷走-迷走反射，加强胃的运动。

（2）在十二指肠壁上存在多种感受器，酸、脂肪、渗透压及机械扩张都可刺激这些感受器，反射性地抑制胃运动，使胃排空减慢。这种反射称为肠-胃反射，肠-胃反射对胃酸的刺激特别敏感。

小肠黏膜释放多种激素，抑制胃的运动和胃排空。胰泌素、抑胃肽等都具有这种作用，统称为肠抑胃素。十二指肠内抑制胃排空的各项因素可以随着HCl在肠内被中和及食物消化产物被吸收而渐渐消失，胃运动又逐渐增强，推送另一部分乳糜进入十二指肠。如此反复使胃排空较好的适应十二指肠内消化和吸收的速度。

### （三）消化期间胃的运动

1. 移行性复合运动　胃在空腹状态下除存在紧张性收缩外，

也出现以间歇性强力收缩伴有较长时间的静息期为特点的周期性运动。

2. 运动方式　始于胃体上部，向肠道方向传播。

#### （四）呕吐

1. 定义　呕吐是机体将胃内容物，有时有肠内容物从口腔强力驱出的动作。

2. 机制

（1）胃和小肠被扩张，肠、胆总管、泌尿生殖道的机械和化学刺激，咽部的触觉刺激等，可通过交感和副交感传入纤维引起呕吐。

（2）前庭器官受刺激引起的呕吐，其传入冲动经前庭神经传入，而颅内压增高则可直接作用于呕吐中枢。

（3）到达呕吐中枢的冲动还可来自间脑和大脑皮质，例如有些视觉、嗅觉刺激也能引起呕吐。

## 第四节　小肠内消化

### 一、胰液的分泌

#### （一）胰液的性质、成分和作用

胰液是pH为7.8~8.4的无色碱性液体，胰液中的主要正离子为$Na^+$和$K^+$，阴离子主要为$HCO_3^-$和$Cl^-$。胰液分泌速率越高，$HCO_3^-$浓度也越高，而$Cl^-$浓度则降低。胰液中的有机物主要是蛋白质，由多种消化酶组成，主要有以下几种。

1. 胰淀粉酶　酶解淀粉的产物为糊精、麦芽糖。

2. 胰脂肪酶　可酶解三酰甘油为脂肪酸、一酰甘油和甘油。胰脂肪酶只有在胰腺分泌的辅酯酶存在的条件下才能发挥作用。

3. 胰蛋白酶和糜蛋白酶　肠液中的肠激酶可以激活胰蛋白酶原，使之变为具有活性的胰蛋白酶。糜蛋白酶原是在胰蛋白酶作用下转为有活性的糜蛋白酶。胰蛋白酶和糜蛋白酶都能分解蛋白质为胨和胨。当两者共同作用于蛋白质时，则可消化蛋白质为小分子的多肽和氨基酸；糜蛋白酶还有较强的凝乳作用。

正常胰液中还含有羧基肽酶、核糖核酸酶、脱氧核糖核酸酶等水解酶。

主治语录：胃酸可使胃蛋白酶原转变为胃蛋白酶；肠激酶可使胰蛋白酶原转变为胰蛋白酶。

**（二）胰液分泌的调节**

进食可引起胰液大量分泌。进食时胰液的分泌受神经和体液双重控制。

1. 神经调节　神经调节的传出神经主要是迷走神经。迷走神经兴奋引起的胰液分泌的特点是：水分和碳酸氢盐含量很少，而酶的含量很丰富。

2. 体液调节

（1）促胰液素：主要作用于胰腺小导管的上皮细胞，使其分泌水分和 $HCO_3^-$，因此使胰液量大为增加，而酶的含量不高。促胰液素是酸性食糜进入小肠刺激小肠黏膜释放的，产生促胰液素的细胞为 S 细胞。HCl 是引起其释放的最强刺激因素。

（2）缩胆囊素（CCK）：引起 CCK 释放的因素由强至弱为蛋白质分解产物、脂酸钠、盐酸、脂肪；糖类没有作用。促进胰腺腺泡细胞分泌消化酶及促进胆囊平滑肌收缩，排出胆汁是 CCK 的两个重要作用。

影响胰液分泌的体液因素还有胃窦分泌的促胃液素、小肠分泌的血管活性肠肽等，它们在作用上分别与缩胆囊素和促胰液素相似。胰液分泌可反馈性地抑制 CCK 和胰酶的分泌，防止胰酶的过度分泌。

## 二、胆汁的分泌与排出

### （一）胆汁的性质、成分和作用

1. 胆汁的性质、成分　胆汁是一种有色、味苦、较稠的液体。肝胆汁呈金黄色，透明清亮，呈弱碱性（pH7.4）。胆囊胆汁因被浓缩而颜色加深，为深棕色，因 $HCO_3^-$在胆囊中被吸收而呈弱酸性（pH6.8）。成年人每天分泌胆汁 0.8～1.0L。胆汁的成分很复杂，除水分和钠、钾、钙、碳酸氢盐等无机成分外，其有机成分有胆汁酸、胆色素、脂肪酸、胆固醇、卵磷脂和黏蛋白等。胆汁是唯一不含消化酶的消化液。胆汁酸与甘氨酸或牛磺酸结合形成的钠盐或钾盐称为胆盐，是胆汁参与消化和吸收的主要成分；胆色素是血红素的分解产物，是决定胆汁颜色的主要成分；胆固醇是肝脏脂肪代谢的产物。

2. 胆汁的作用　主要作用是促进脂肪的消化和吸收。

（1）促进脂肪的消化：胆汁中的胆盐、胆固醇和卵磷脂等都可作为乳化剂，减小脂肪的表面张力，增加胰脂肪酶作用面积，使其分中脂肪的作用加速。

（2）促进脂肪和脂溶性维生素的吸收：在小肠绒毛表面覆盖有一层不流动水层，即静水层，脂肪分解产物不易穿过静水层到达肠黏膜表面而被上皮细胞吸收。肠腔中的脂肪分解产物，如脂肪酸、一酰甘油等均可掺入由胆盐聚合成的微胶粒中，形成水溶性的混合微胶粒。混合微胶粒则很容易穿过静水层而到达肠黏膜表面，从而促进脂肪分解产物的吸收。胆汁对脂溶性维生素（维生素 A、维生素 D、维生素 E、维生素 K）的吸收也

有促进作用。

（3）中和胃酸及促进胆汁自身分泌：胆汁排入十二指肠后，可中和一部分胃酸；进入小肠的胆盐绝大部分由回肠黏膜吸收入血，通过门静脉回到肝脏再形成胆汁，这一过程称为胆盐的肠-肝循环。返回到肝脏的胆盐有刺激肝胆汁分泌的作用，称为胆盐的利胆作用。

### （二）胆汁分泌和排出的调节

食物在消化道内是引起胆汁分泌和排出的自然刺激物。高蛋白食物引起胆汁流出最多，高脂肪或混合食物次之，糖类食物的作用最小。胆汁的分泌和排出受神经和体液因素的调节，以体液调节为主。

1. 神经调节　以条件以及非条件反射的方式引起胰液分泌。反射的传出神经主要是迷走神经。迷走神经释放 ACh，直接作用于胰腺，也可通过促胃液素的释放，间接引起胰液分泌。

2. 影响胆汁分泌的体液因素

（1）促胃液素：①通过血液循环作用于肝细胞引起胆汁分泌。②先引起盐酸分泌→作用于十二指肠黏膜→释放促胰液素→胆汁分泌。

（2）促胰液素：主要作用于胆管系统而非作用于肝细胞，因此，引起胆汁的分泌量、水和 $HCO_3^-$ 含量增加，而胆盐的分泌并不增加。

（3）缩胆囊素：可通过血液循环兴奋胆囊平滑肌，引起胆囊强烈收缩。对胆管上皮细胞也有一定的刺激作用，使胆汁流量和 $HCO_3^-$ 的分泌轻度增加。

（4）胆盐：进入小肠后，90% 以上被回肠末端黏膜吸收，通过门静脉又回到肝脏，再组成胆汁分泌入肠，这一过程称为胆盐的肠-肝循环。返回肝的胆盐有刺激肝胆汁分泌的作用。

### （三）胆囊的功能

1. 储存和浓缩胆汁　在非消化期，壶腹括约肌收缩而胆囊舒张，因此肝胆汁经胆囊管流入胆囊内储存；在储存期，胆囊黏膜能吸收其中的水和无机盐类，使胆汁浓缩 4~10 倍。

2. 调节胆管内压和排出胆汁　胆囊的收缩和舒张可调节胆管内压力。当壶腹括约肌收缩时，胆囊舒张，肝胆汁流入胆囊，胆管内压无明显升高；当胆囊收缩时，胆管内压力升高，壶腹括约肌舒张，胆囊内胆汁排入十二指肠。胆囊被摘除后，小肠内消化和吸收并无明显影响。这是因为肝胆汁可直接流入小肠的缘故。

## 三、小肠液的分泌

小肠内有两种腺体，即位于十二指肠黏膜下层的十二指肠腺（勃氏腺）和分布于整个小肠黏膜层的小肠腺（李氏腺），前者分泌含黏蛋白的碱性液体，黏稠度很高，其主要作用是保护十二指肠黏膜上皮，使之免受胃酸侵蚀；后者分布于全部小肠的黏膜层内，其分泌液为小肠液的主要部分。

### （一）小肠液的性质、成分和作用

小肠液是一种弱碱性液体。成年人每天分泌 1~3L。消化酶主要是肠激酶，能激活胰液中的胰蛋白酶原。

### （二）小肠液分泌的调节

食糜对肠黏膜的局部机械刺激和化学刺激都可引起小肠分泌，其中以对扩张刺激最为敏感。促胃液素、促胰液素和血管活性肠肽等胃肠激素都有刺激小肠液分泌的作用。小肠液分泌后很快被小肠绒毛重吸收，此过程为小肠内营养物质的吸收提供了媒介。

## 四、小肠的运动

### （一）小肠的运动形式

小肠的运动形式有紧张性收缩、分节运动、蠕动3种。

1. 紧张性收缩　消化期小肠的紧张性收缩是其他运动形式有效进行的基础。

2. 分节运动　分节运动是一种以环形肌为主的节律性收缩和舒张运动。十二指肠分节运动的频率约为11次/分，回肠末端为8次/分。分节运动的意义在于：①使食物与消化液充分混合，便于进行化学性消化。②还使食糜与肠壁紧密接触，为吸收创造了良好的条件。③还能挤压肠壁，有助于血液和淋巴的回流。④这种上部频率高、下部频率低的活动梯度有助于食糜由小肠上段向下推进。

3. 蠕动　小肠的蠕动可发生在小肠的任何部位，且上段蠕动快于下段，其生理功能在于经过分节运动，使肠段内的食糜向前推进一步。在小肠还常可见到一种行进速度很快、传播较远的蠕动，称为蠕动冲，可将食糜推送入大肠。蠕动冲可能是由于进食时吞咽动作或食糜刺激十二指肠引起的。

### （二）小肠运动的调节

当机械和化学刺激作用于肠壁感受器时，通过局部反射可引起小肠蠕动。一般来说，副交感神经兴奋能加强肠运动，而交感神经兴奋则产生抑制作用。

### （三）回盲括约肌的功能

回盲括约肌防止回肠内容物过快进入大肠，有利于小肠内容物的完全消化和吸收。还具有活瓣样作用，可阻止大肠内容物向回肠倒流。

## 第五节　肝脏的消化功能和其他生理作用

肝脏是人体内最大的消化腺，也是体内新陈代谢的中心站。

### 一、肝脏的功能特点

#### （一）肝脏的血液供应

其血液有门静脉和肝动脉两个来源，两种血液在窦状隙内混合。门静脉收集腹腔内脏的血液，内含从消化道吸收入血的丰富的营养物质，它们在肝内被加工、储存或转运。

#### （二）肝脏的代谢特点

1. 肝脏的主要功能　糖的分解和糖原合成、蛋白质及脂肪的分解与合成、维生素及激素的代谢等。

2. 肝细胞内的酶类

（1）肝内和肝外组织中均有的酶类，如磷酸化酶、碱性磷酸酶、组织蛋白酶、转氨酶、核酸酶和胆碱酯酶。

（2）仅存在于肝内的酶，如组氨酸酶、山梨醇脱氢酶、精氨酸酶、鸟氨酸氨基甲酰转移酶。

### 二、肝脏的主要生理功能

#### （一）肝脏分泌胆汁的功能

肝脏合成的胆汁酸是一个具有反馈控制的连续过程，合成的量取决于胆汁酸在肠-肝循环中返回肝脏的量。肝脏具有不断生成胆汁酸和分泌胆汁的功能，胆汁在消化过程中可促进脂肪在小肠内的消化和吸收。

### （二）肝脏在物质代谢中的功能

1. 肝与糖的代谢　单糖经小肠黏膜吸收后，由门静脉到达肝脏，在肝内转变为肝糖原而储存。

2. 肝与蛋白质代谢　由消化道吸收的氨基酸在肝脏内进行蛋白质合成、脱氨、转氨等作用，合成的蛋白质进入循环血液供全身器官组织之需要。

3. 肝与脂肪代谢　肝脏是脂肪运输的枢纽。消化吸收后的一部分脂肪进入肝脏，以后再转变为体脂而储存。

4. 维生素代谢　肝脏可储存脂溶性维生素。

5. 激素代谢　正常情况下血液中各种激素都保持一定含量，多余的则经肝脏处理而被灭活。

### （三）肝脏的解毒功能

1. 化学作用　如氧化、还原、分解、结合和脱氧作用。

2. 分泌作用　一些重金属如汞及来自肠道的细菌，可随胆汁分泌排出。

3. 蓄积作用　某些生物碱如士的宁、吗啡等可蓄积于肝脏，然后肝脏逐渐少量释放这些物质，以减少中毒过程。

4. 吞噬作用　如果肝脏受损，人体易中毒或感染，肝细胞中含有大量的库普弗细胞，有很强的吞噬能力，能起吞噬病菌而保护肝脏的作用。

### （四）肝脏的防御和免疫功能

肝脏是最大的网状内皮细胞吞噬系统。肝静脉窦内皮层含有库普弗细胞能吞噬血液中的异物、细菌、染料及其他颗粒物质。

### （五）肝脏的其他功能

肝脏具有调节循环血量、合成多重凝血因子、产生热量等功能。

主治语录：肝脏有分泌胆汁、吞噬和防御功能、制造凝血因子、调节血容量及电解质平衡、产生热量等功能。

## 三、肝脏功能的储备及肝脏的再生

肝脏具有巨大的功能储备。肝脏在部分被切除后能迅速再生，并在达到原有大小时便停止再生，其机制尚不明确。

# 第六节　大肠的功能

人类的大肠没有重要的消化活动。大肠的主要功能在于吸收水分和无机盐，还为消化后的残余物质提供暂时贮存的场所，并将食物残渣转变为粪便。

## 一、大肠液的分泌

大肠液是由在肠黏膜表面的柱状上皮细胞及杯状细胞分泌的。大肠的分泌物富含黏液和 $HCO_3^-$，其 pH 为 8.3~8.4。大肠液的主要作用在于其中的黏膜蛋白，能保护肠黏膜和润滑粪便。

## 二、大肠的运动和排便

### （一）大肠运动的形式

1. 袋状往返运动

（1）由环形肌无规律地收缩引起，使结肠出现一串结肠袋，

结肠内压力升高，结肠袋内容物向前、后两个方向作短距离的位移，但并不向前推进。

（2）这种形式的运动有利于大肠对水和无机盐的吸收。

2. 分节推进或多袋推进运动

（1）分节推动运动：是指环形肌有规律的收缩，将一个结肠袋内容物推进到邻近肠段，收缩结束后，肠内容物不返回原处。

（2）多袋推进运动：如果一段结肠上同时发生多个结肠袋的收缩，并且其内容物被推移到下一段，称为多袋推进运动。

3. 蠕动　由一些稳定向前的收缩波所组成。

大肠有时会出现一种进行很快且推进很远的蠕动，称为集团蠕动。集团蠕动常见于进食后，通常开始于横结肠，可能是胃内食物进入十二指肠，由十二指肠-结肠反射所引起。

### （二）排便

食物残渣在大肠内停留时，一部分水被吸收，同时经过大肠内细菌的发酵与腐败作用以及大肠黏液的黏结作用，形成粪便。正常人的直肠内通常是没有粪便的。直肠壁内的感受器对粪便的压力刺激具有一定的阈值，当达到此阈值时即可引起排便反射。排便受大脑皮质的影响，意识可加强或抑制排便。

### （三）大肠内细菌的活动

大肠内有大量细菌，主要来自空气和食物。这些细菌通常不致病。

1. 细菌体内含有能分解食物残渣的酶，对糖及脂肪的分解称为发酵，其产物有乳酸、乙酸、$CO_2$、甲烷、脂肪酸、甘油、胆碱等。

2. 对蛋白质的分解称为腐败，其产物有胨、氨基酸、$NH_3$、$H_2S$、组胺、吲哚等，其中有的成分由肠壁吸收后到肝脏进行解毒。

3. 大肠内的细菌可合成维生素 B 复合物和维生素 K，这些维生素可被人体吸收利用。

主治语录：大肠内的细菌大多是大肠埃希菌、葡萄球菌等。

### （四）食物中纤维素对肠功能的影响

1. 多糖纤维能与水结合而形成凝胶，可限制水的吸收，增加粪便的体积，有利于粪便的排出。

2. 纤维素能刺激肠运动，缩短粪便在大肠内停留的时间，以减少有害物质对胃肠和整个机体的毒害作用。

3. 纤维素可降低食物中热量的比例，减少含高能量物质的摄取，有助于纠正不正常的肥胖。

# 第七节 吸 收

## 一、吸收的部位和途径

### （一）吸收的部位

在口腔和食管内，食物基本上是不被吸收的。胃可吸收酒精和少量水分。糖类、蛋白质和脂肪的消化产物大部分是在十二指肠和空肠吸收的，回肠主动吸收胆盐和维生素 $B_{12}$。大肠主要吸收水分和盐类。小肠是各种营养物质吸收的主要部位的原因：①绒毛及微绒毛加大吸收面积。②食物停留时间长。③食物已被分解为可吸收的小分子。④淋巴、血流丰富。

主治语录：小肠是吸收的主要部位。

### （二）吸收的途径

1. 跨细胞途径　通过绒毛柱状上皮细胞的顶端膜进入细胞，再通过细胞基底侧膜进入血液或淋巴。

2. 细胞旁途径　通过相邻上皮细胞之间的紧密连接进入细胞间隙，然后转入血液或淋巴。

## 二、小肠内主要营养物质的吸收

### （一）水的吸收

1. 水的吸收都是跟随溶质分子的吸收而被动吸收的，各种溶质，特别是 NaCl 的主动吸收所产生的渗透压梯度是水吸收的主要动力。

2. 在十二指肠和空肠上部，水从肠腔进入血液和水从血液进入肠腔的量都很大，因此肠腔内液体的减少并不明显。在回肠，离开肠腔的液体比进入的多，因此肠内容量大为减少。

### （二）无机盐的吸收

1. 钠吸收　小肠上皮细胞吸收钠是易化扩散的过程，但进入血液时是主动转运过程，动力来自上皮细胞基底侧膜中钠泵的活动。

2. 铁吸收

（1）成年人每天吸收铁约 1mg。吸收量与机体需要量有关。食物中的铁多为 $Fe^{3+}$，铁吸收障碍引起缺铁性贫血。

（2）维生素 C 能将 $Fe^{3+}$ 还原为 $Fe^{2+}$，可促进铁的吸收。

（3）铁在酸性环境中易溶解而便于吸收，胃液中的 HCl 促进铁的吸收。

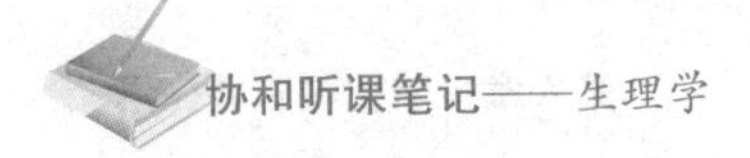


（4）铁主要在十二指肠和空肠被吸收。

3. 钙吸收

（1）影响钙吸收的主要因素是维生素 D 和机体对钙的需要（儿童和哺乳期妇女对钙需要量增大而吸收增多）。

（2）肠内容物的酸度对钙的吸收有重要影响，在 pH 约为 3 时，钙呈离子化状态，吸收最好。

（3）食物中钙与磷的适当比例，以及脂肪、乳酸和某些氨基酸也可促进钙的吸收。

（4）膳食中的草酸、植酸等与钙结合成不溶性化合物，妨碍其吸收。

（5）小肠黏膜对 $Ca^{2+}$ 的吸收通过跨上皮细胞和细胞旁途径两种形式进行。十二指肠是跨上皮细胞主动吸收 $Ca^{2+}$ 的主要部位，小肠各段都可通过细胞旁途径被动吸收 $Ca^{2+}$。

4. 负离子吸收　在小肠内吸收的负离子主要是 $Cl^-$ 和 $HCO_3^-$。

### （三）糖的吸收

糖类只有分解为单糖时才能被小肠上皮细胞所吸收。己糖的吸收很快，而戊糖则很慢。在己糖中，又以半乳糖和葡萄糖的吸收为最快，果糖次之，甘露糖最慢。单糖的吸收是消耗能量的主动过程，可逆着浓度差进行，能量来自钠泵，是继发性主动转运。

### （四）蛋白质的吸收

氨基酸自肠腔进入黏膜上皮细胞的过程也属于继发性主动转运。中性氨基酸较容易通过极性的细胞膜，因此吸收比酸性或碱性氨基酸快。在小肠上皮细胞存在不同种类的氨基酸转运系统，也存在二肽和三肽转运系统，而且二肽、三肽的吸收效率比氨基酸的还高。

### （五）脂肪的吸收

脂肪酸、一酰甘油、胆固醇等与胆汁中的胆盐形成混合微胶粒，其通过微绒毛的脂蛋白膜而进入黏膜细胞。长链脂肪酸及一酰甘油被吸收后，在肠上皮细胞的内质网中大部分被重新合成为三酰甘油，并与细胞中生成的载脂蛋白合成乳糜微粒，出胞、扩散入淋巴。中、短链脂肪酸则直接吸收进入血液。

### （六）胆固醇的吸收

游离的胆固醇通过形成混合微胶粒，在小肠上部被吸收，吸收后的胆固醇大部分在小肠黏膜细胞中又重新酯化，生成胆固醇酯，最后与载脂蛋白一起组成乳糜微粒经由淋巴系统进入血液循环。

### （七）维生素的吸收

大多数维生素在小肠上段吸收，但维生素 $B_{12}$需先与内因子结合成复合物后再回到回肠被吸收。大多数水溶性维生素，是通过依赖于 $Na^+$的同向转运体被吸收的。

## 三、大肠的吸收功能

1. 每天有 1000~1500ml 小肠内容物进入大肠，其中的水和电解质大部分被吸收，仅约 150ml 的水和少量 $Na^+$与 $Cl^-$随粪便排出。

2. 大肠能吸收肠内细菌合成的 B 族维生素复合物和维生素 K，吸收细菌分解食物残渣产生的短链脂肪酸。

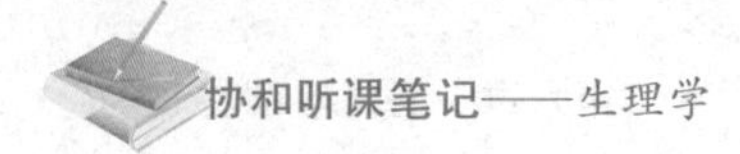

## 历年真题

1. 胆汁可以促进脂肪的消化和吸收，主要是由于它含有
   A. 脂肪酶
   B. 胆红素
   C. 胆绿素
   D. 胆盐
   E. 胆固醇
2. 关于胃排空的叙述，正确的是
   A. 食物入胃后30分钟开始
   B. 大块食物排空快于小颗粒
   C. 糖类最快，蛋白质最慢
   D. 高渗溶液快于等渗溶液
   E. 混合食物完全排空需4～6小时

参考答案：1. D　2. E

# 第七章　能量代谢与体温

## 核心问题

1. 三种主要营养物质在体内的能量转化过程。
2. 基础代谢率的临床意义。
3. 人体的散热器官和散热方式。

## 内容精要

体内糖、脂肪和蛋白质进行化学反应的同时伴有能量的转换的过程，其产生的大部分能量最终均转化为热能。机体保持体温恒定的调节能力，为生理功能活动提供相对稳定的内环境。

## 第一节　能 量 代 谢

生物体内物质代谢过程中所伴随着的能量的贮存、释放、转移和利用等称为能量代谢。

### 一、机体能量的来源与利用

#### （一）能量的来源

1. 可利用的能量形式　腺苷三磷酸（ATP）是体内能量转

化和利用的关键物质。磷酸肌酸只是储能形式，而不能直接供能。

2. 三大营养物质代谢过程中的能量转换

（1）糖的主要功能是供给机体生命活动所需要的能量。

（2）脂肪在体内的主要功能是贮存和供给能量。

（3）组成蛋白质的基本单位是氨基酸。主要用于重新合成细胞成分以实现组织的自我更新，或用于合成酶、激素等生物活性物质。

### （二）能量的利用

各种营养物质在体内氧化过程中释放能量，其中50%以上直接转化为热能，其他部分则以化学能的形式储存于ATP等高等化合物的高能磷酸键中，供机体完成各种生理功能活动时使用。

### （三）能量平衡

人体的能量平衡是指摄入的能量与消耗的能量之间的平衡。

## 二、能量代谢的测定

### （一）能量代谢的测定原理

能量代谢率是指机体在单位时间内的能量代谢量，是评价机体能量代谢水平的常用指标。

### （二）能量代谢的测定方法

1. 直接测热法　将被测者置于一特殊的隔热小室中并保持安静状态，收集被测者在一定时间内发散的总热量，然后换算成单位时间的代谢量，即能量代谢率。直接测热的装置较为复

杂，主要用于研究肥胖和内分泌系统障碍等。

2. 间接测热法　根据的原理是化学反应中反应物的量与产物之间呈一定的比例关系，即定比定律。利用间接测热法测算单位时间内机体的产热量，需要应用以下几个概念。

（1）食物的热价：1g 某种食物氧化（或在体外燃烧）时所释放的热量称为该种食物的热价。

（2）食物的氧热价：通常把某种食物氧化时消耗 1L 氧所产生的热量，称为该种食物的氧热价。

（3）呼吸商（RQ）：一定时间内机体呼出的 $CO_2$ 的量与吸入的 $O_2$ 量的比值（$CO_2/O_2$）称为呼吸商。其大小可随摄入食物的化学组成不同而不同。扣除营养物质中蛋白质的耗氧量和产生的 $CO_2$ 量，所求得的呼吸商为非蛋白呼吸商。

## 三、影响能量代谢的因素

### （一）整体水平影响能量代谢的主要因素

影响能量代谢的主要因素有肌肉活动、精神活动、食物的特殊动力效应以及环境温度等。

1. 肌肉活动　肌肉活动对于能量代谢的影响最为显著。机体耗氧量的增加同肌肉活动的强度呈正比关系。

2. 精神活动　在安静状态下，每 100g 脑组织的耗氧量为 3~3. 5ml/min（氧化的葡萄糖量为 4. 5mg/min），此值将近安静肌肉组织耗氧量的 20 倍。

3. 食物的特殊动力效应　在进食后 1 小时左右开始，延续到 7~8 小时，这段时间内虽然处于安静状态，但所产生的热量却要比进食前有所增加。可见这种额外的能量消耗是由进食所引起的。食物的这种刺激机体产生额外热量消耗的作用，称为食物的特殊动力效应。蛋白质的食物特殊动力效应最为显著。

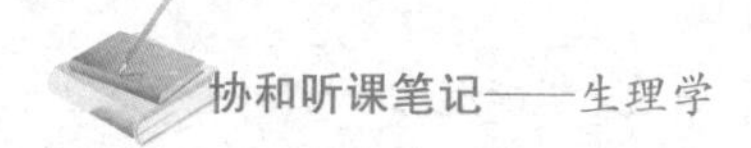


4. 环境温度　人（裸体或只穿薄衣）安静时的能量代谢，在20~30℃的环境温度中最为稳定。低于20℃，高于30℃，人体能量代谢都升高。

### （二）调控能量代谢的神经和体液因素

1. 下丘脑对摄食行为的调控　能量平衡的维持与下丘脑摄食中枢和饱中枢对摄食行为的调控有关，可根据体内血糖水平、胃的牵张刺激程度等调节机体摄食行为。

2. 激素对能量代谢过程的调控　食物在体内的消化、吸收及代谢过程受多种激素的调节，例如，糖代谢受胰岛素、胰高血糖素、生长激素、糖皮质激素和肾上腺素的调节。脂肪和蛋白质代谢受糖皮质激素、胰岛素、生长激素、甲状腺激素和性激素的调节。

## 四、基础代谢

基础代谢是指人体在基础状态下的能量代谢。所谓基础状态，是指满足以下条件的一种状态：清晨、清醒、静卧，未作肌肉活动；前夜睡眠良好，测定时无精神紧张；测定前禁食12~14小时；室温保持在20~25℃。在这种状态下单位时间内的能量代谢称为基础代谢率（BMR）。BMR以每小时，每平方米体表面积的产热量为单位通常以kJ/(m$^2$·h）来表示。人的体表面积可用Stevenson公式计算，即

$$体表面积(m^2)=0.0061\times身高(cm)+0.0128\times体重(kg)-0.1529$$

临床上在评价基础代谢水平时，通常将实测值和表7-1-1中对应的正常平均值进行比较，采用相对值来表示，即

$$基础代谢率(相对值)=\frac{实测值-正常平均值}{正常平均值}\times100\%$$

表 7-1-1　国人正常的基础代谢率平均值 [kJ/($m^2$·h)]

| 年龄（岁） | 11~15 | 16~17 | 18~19 | 20~30 | 31~40 | 41~50 | 51 以上 |
|---|---|---|---|---|---|---|---|
| 男性 | 195.5 | 193.4 | 166.2 | 157.8 | 158.6 | 154.0 | 149.0 |
| 女性 | 172.5 | 181.7 | 154.0 | 146.5 | 146.9 | 142.4 | 138.6 |

一般认为正常范围是相对值在±15%之内，超过20%时，说明可能有病理性变化。

除BMR外，肺活量、心输出量、主动脉和气管的横截面、肾小球滤过率等也都与体表面积呈一定的比例关系。注意：BMR并不是最低的，熟睡时代谢率更低。

主治语录：基础代谢率升高见于红细胞增多症、白血病、甲亢、伴有呼吸困难的心脏病、糖尿病、体温升高；降低见于甲减、肾上腺皮质功能低下、垂体功能低下、肾病综合征、病理性饥饿。

## 第二节　体温及其调节

### 一、体温

生理学所说的体温，是指机体深部的平均温度，即体核温度。

#### （一）体表温度

1. 体表温度　机体表层最外层即皮肤的温度称为皮肤温度。环境温度为23℃时，足部皮肤温度约27℃，手部约30℃，躯干部约32℃，额部为33~34℃。

2. 体核温度　临床上多以测定腋下、口腔、直肠的温度来表示体核温度。

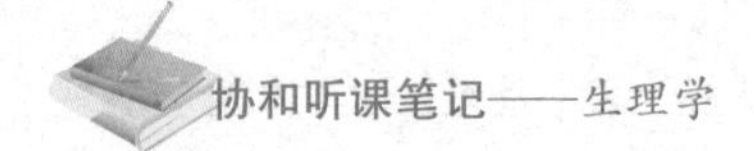


(1) 腋下温度：36.0~37.4℃，温度计需持续5~10分钟。

(2) 口腔温度：36.7~37.7℃，温度计含于舌下。

(3) 直肠温度：36.9~37.9℃，温度计应插入直肠6cm以上。

### (二) 体温的生理性波动

在生理情况下，体温可随昼夜、年龄、性别、肌肉活动等因素而有所变化，但这种变化的幅度一般不超过1℃。

1. 体温的日节律　体温在一昼夜之间常作周期性波动：清晨2~6时体温最低，午后1~6时最高。这种昼夜周期性波动称为昼夜节律。

2. 性别的影响　成年女性的体温平均高于男性0.3℃。在月经期和月经后的前半期较低，排卵日最低，排卵后升高0.3~0.6℃。

3. 年龄的影响　新生儿体温不稳定；幼儿>成年人>老年人。

4. 运动的影响　运动时肌肉活动能使代谢增强，产热量增加，体温升高。

## 二、机体的产热反应与散热反应

### (一) 产热反应

1. 主要产热器官　人体主要的产热器官是内脏器官、骨骼肌和脑。安静时主要由内脏器官产热，其中肝脏居首；运动时主要的产热器官为肌肉。

2. 产热的形式　寒冷环境中，机体通过战栗产热和非战栗产热两种形式来增加产热量以维持体温。

(1) 战栗产热：在寒冷环境中骨骼肌发生不随意的节律性

收缩，其节律为9~11次/分。战栗的特点是屈肌和伸肌同时收缩，所以不做外功，但产热量很高。发生战栗时，机体的代谢率可增加4~5倍。以后由于寒冷刺激的继续，机体便在寒冷性肌紧张的基础上出现战栗，产热量大大增加。这样就有利于维持机体在寒冷环境中的体热平衡。

（2）非战栗产热：又称代谢性产热。褐色脂肪组织的产热量大，在新生儿体内含量较多。

主治语录：寒冷环境中人体最主要的产热方式是战栗产热。

3. 产热活动的调节

（1）体液调节：甲状腺激素是调节产热活动的最重要的体液因素。如果机体暴露于寒冷环境中数周，甲状腺的活动明显增强，并分泌大量的甲状腺激素，通过调节线粒体功能，而使代谢率增加20%~30%。

（2）神经调节：寒冷刺激可兴奋机体的交感神经系统，交感神经兴奋又进一步引起肾上腺髓质活动增强，导致肾上腺素和去甲肾上腺素等激素释放增多，使产热增加等。

## （二）散热反应

1. 散热部位 人体的主要散热部位是皮肤。

2. 散热方式

（1）辐射散热：人体以热射线的形式将体热传给外界温度较低物质的一种散热形式。辐射散热量的多少主要取决于皮肤与周围环境的温度差，当皮肤温度高于环境温度时，温度差值越大，散热量就越多。辐射散热还取决于机体的有效散热面积。

（2）传导散热：机体的热量直接传给与机体接触的温度较低的物体的一种散热方式。机体深部的热量以传导方式传到体

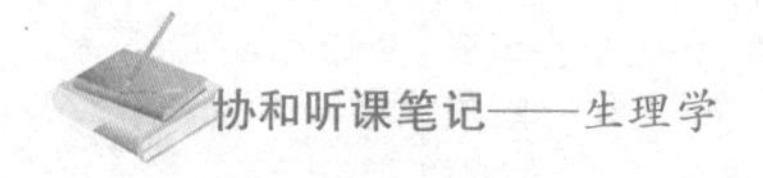


表，再由皮肤直接传给同其接触的物体，如临床治疗常用冰袋、冰帽等给高热患者实施降温。

（3）对流散热：通过气体进行热量交换的一种散热方式。

（4）蒸发散热：水分从体表汽化时吸收热量而散发体热的一种方式。蒸发散热包括不感蒸发和发汗两种形式。

1）不感蒸发：体内的水分从皮肤和黏膜（主要是呼吸道黏膜）表面不断渗出而被汽化的过程。在低于30℃的环境中，人体通过不感蒸发所丢失的水分是相当恒定的，为12～15g/(h·$m^2$)。人体24小时的不感蒸发量一般为1000ml左右，其中通过皮肤表面蒸发的为600～800ml，通过呼吸道黏膜蒸发200～400ml。

2）出汗：汗腺主动分泌汗液的过程。又称可感蒸发。由温热性刺激引起的机体出汗称为温热性出汗；精神紧张或情绪激动时也会容易出汗，称为精神性出汗。

3. 散热反应的调节

（1）皮肤血流量在散热反应中的作用及调节：皮肤血流量增多时，有较多的体热可从机体深部被带到表层，使皮肤温度升高，以加强散热。另外，汗腺活动增强时，皮肤血流量增多也给汗腺分泌带来必要的水源。

（2）影响蒸发散热的因素：机体发汗量和发汗速度受环境温度、湿度及机体活动程度等因素的影响。

## 三、体温调节

### （一）体温调节的基本方式

体温调节有行为性和自主性体温调节两种基本方式。

### （二）自主性体温调节

1. 温度感受器

（1）外周温度感受器：存在于皮肤、黏膜和内脏中的对温度变化敏感的游离神经末梢。

（2）中枢温度感受器：存在于中枢神经系统内对温度变化敏感的神经元，包括热敏神经元和冷敏神经元。

1）热敏神经元：温度升高，其放电频率增加。

2）冷敏神经元：温度下降，其放电频率增加。

温度感受器又分为冷感受器和热感受器两种。

2. 体温调节中枢　调节体温的重要中枢位于下丘脑。体温的调节类似于恒温器的调节，在视前区-下丘脑前部（PO/AH）设定了一个调定点。发热时体温调节功能并无障碍，而只是由于调定点上移，体温才升高到发热的水平的。当机体中暑时，体温升高则是由于体温调节功能失调引起的。

### （三）行为性体温调节

机体（包括恒温动物和变温动物）在不同环境中采取的姿势和发生的行为，特别是人为了保温或降温所采取的措施，如增减衣着等，则称为行为性体温调节。

## 历年真题

1. 具有调定点作用的温度敏感神经元位于
   A. 脊髓
   B. 延髓下部
   C. 中脑上部
   D. 视前区-下丘脑前部
   E. 大脑皮质
2. 能直接作用于体温调节中枢的物质是
   A. 白细胞致热原
   B. 细菌毒素
   C. 抗原抗体复合物
   D. 坏死物质
   E. 病毒

参考答案：1. D　2. A

# 第八章 尿的生成和排出

## 核心问题

1. 肾小球的滤过功能的相关定义以及数值。
2. 肾小管和集合管的转运功能。
3. 尿生成的调节方式。
4. 清除率和排尿反射的过程。

## 内容精要

尿生成包括三个基本过程：①血液经肾小球毛细血管滤过形成超滤液。②超滤液被肾小管和集合管选择性重吸收到血液。③肾小管和集合管的分泌，最后形成终尿。肾脏形成尿液受神经、体液及肾脏自身的调节。

## 第一节 肾的功能解剖和肾血流量

### 一、肾的功能解剖

肾脏是实质性器官，位于腹腔后上部，脊椎两旁。肾实质分为皮质和髓质两部分。①皮质：位于髓质表层，富有血管，主要由肾小体和肾小管构成。②髓质：位于皮质深部，血管较少，由15~25个肾锥体构成。

## （一）肾脏的功能单位

1. 肾单位 肾的基本功能单位，其与集合管共同完成泌尿功能。肾单位由以下各部分构成（图8-1-1）。

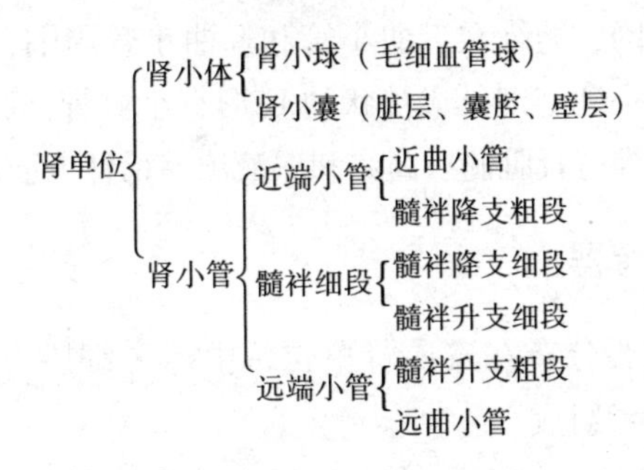


图8-1-1 肾单位的组成

主治语录：肾单位不包括集合管。

2. 集合管 在胚胎发生中起源于尿道嵴，故不属于肾单位。集合管与远曲小管相连，每一条集合管接受多条远曲小管运来的液体。集合管在尿生成过程中，特别是在尿液浓缩过程中起着重要作用。

3. 皮质肾单位和近髓肾单位 肾单位按其分布位置，可分为皮质肾单位和近髓肾单位（即肾旁肾单位）两类。

（1）皮质肾单位（占85%~90%）特点

1）肾小球体积较小，髓袢较短，不到髓质，或有的只到达外髓部。

2）其入球小动脉的口径比出球小动脉的大，两者的比例约为2∶1。

3）出球小动脉分支形成小管周围毛细血管网，包绕在肾小管的周围，有利于肾小管的重吸收。

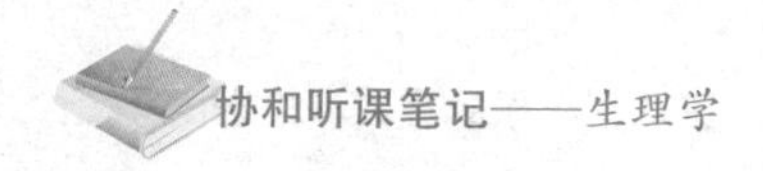


（2）近髓肾单位特点

1）肾小球体积较大，髓袢较长，可深入到内髓部，有的可到达肾乳头部。

2）入球小动脉和出球小动脉口径无明显差异。

3）出球小动脉进一步分支形成两种小血管，一种为肾小管周围毛细血管网，缠绕在近曲小管和远曲小管周围，有利于肾小管重吸收；另一种是细长成袢状的U形直小血管，深入髓质，与髓袢伴行，在维持肾脏髓质高渗和尿液浓缩稀释方面起重要作用。

### （二）球旁器

球旁器主要分布在皮质肾单位，由球旁细胞、球外系膜细胞和致密斑三者组成。

1. 球旁细胞　位于入球小动脉血管壁内的肌上皮样细胞，是由血管平滑细胞衍变而来的，细胞内有分泌颗粒，又称颗粒细胞，分泌颗粒，合成、储存和释放含肾素。

2. 球外系膜细胞　是位于入球小动脉和出球小动脉之间的一群细胞，具有吞噬功能。它们与致密斑相互联系，细胞内有肌丝，故也有收缩能力。

3. 致密斑　位于远曲小管的起始部，在靠近肾小球的入球小动脉处的上皮细胞呈高柱状，染色较深，局部呈现斑纹隆起，故称为致密斑。致密班可感受小管液中NaCl含量的变化，并将信息传递至球旁细胞，调节肾素的释放。

### （三）滤过膜的构成

肾小球毛细血管内的血浆经滤过进入肾小囊，其间的结构称为滤过膜。滤过膜由3层结构组成。

1. 毛细血管内皮细胞　位于滤过膜的内层，细胞上有许多直径70~90nm的小孔，称为窗孔，小分子溶质以及小分子量的

蛋白质可自由通过，但内皮细胞表面有带负电荷的糖蛋白，可阻碍带负电荷的蛋白质通过。

2. 基膜　位于滤过膜的中层，由基质和一些带负电荷的蛋白质构成。膜上有直径为2~8nm的多角形网孔，网孔的大小决定分子大小不同的溶质是否可以通过，也是阻碍血浆蛋白滤过的一个重要屏障。

3. 肾小囊上皮细胞（足细胞）　位于滤过膜的外层，上皮细胞有很多足突，相互交错对插，在突起之间形成一层滤过裂隙膜，膜上有直径4~11nm的小孔，是滤过膜的最后一道屏障。

正常人两侧肾脏全部肾小球的总滤过面积达1.5$m^2$左右，保持相对稳定。滤过膜的通透性既取决于滤过膜孔的大小，又取决于滤过膜所带的电荷。在病理情况下，滤过膜的面积和通透性均可发生变化，从而影响肾小球的滤过。

不同物质通过滤过膜的能力取决于被滤过物质分子的大小及其所带的电荷。

（1）一般来说，分子有效半径小于2.0nm的中性物质可以被自由滤过（如葡萄糖）。

（2）有效半径大于4.2nm的物质则不能滤过。

（3）有效半径在2.0~4.2nm的各种物质，随有效半径增加，其滤过量逐渐降低。

在某些病理情况下，肾脏基底膜上负电荷减少或消失，结果带负电荷的血浆白蛋白可以被滤过，出现蛋白尿或白蛋白尿。

### （四）肾脏的神经支配

1. 肾交感神经节前神经元胞体位于脊髓的胸12至腰2脊髓节段的中间外侧柱，其纤维进入腹腔神经节和位于主动脉、肾动脉部的神经节。

2. 节后纤维与肾动脉伴行，支配肾动脉（尤其是入球小动脉和出球小动脉的平滑肌）、肾小管和球旁细胞。

3. 肾交感神经节后纤维末梢释放的递质是去甲肾上腺素，调节肾血流、肾小球滤过率、肾小管的重吸收和肾素的释放。

### （五）肾的血液供应

肾动脉是由腹主动脉垂直分出的，其分支为叶间动脉→弓形动脉→小叶间动脉→入球小动脉。每支入球小动脉进入肾小体后，分支形成肾小球毛细血管网，又汇集成出球小动脉而离开肾小体。出球小动脉再次分支形成毛细血管网，缠绕于肾小管和集合管的周围。所以，肾血液供应比较特殊要经过两次毛细血管网，然后才汇合成静脉，由小叶间静脉→弓形静脉→叶间静脉→肾静脉。

肾小球毛细血管网介于入球小动脉和出球小动脉之间，而且皮质肾单位入球小动脉的口径是出球小动脉的 2 倍。特点：①肾小球毛细血管内血压较高，有利于肾小球的滤过。②肾小管周围的毛细血管网的血压较低，可促进肾小管的重吸收。

## 二、肾血流量的特点及其调节

肾的血液供应很丰富。正常成人安静时每分钟约有 1200ml 血液流过两侧肾，相当于心输出量的 1/5～1/4，其中约 94% 的血液供应肾皮质层。通常所说的肾血流量主要指皮质血流量。

肾血流量的调节包括自身调节和神经体液调节。

### （一）肾血流量的自身调节

肾血流量的自身调节表现为动脉血压在一定范围内（70～180mmHg）变动时，肾血流量仍然保持相对恒定，称为肾血流量的自身调节。肾血流量经自身调节而保持相对稳定，使肾小球滤过率在此血压范围内保持相对稳定，机体对钠、水和其他物质的排泄不会因血压的波动而发生较大的变化，这对肾

脏的尿生成功能具有重要意义。当肾动脉的灌注压在这个自身调节范围外，即低于70～75mmHg或高于160～180mmHg，肾血流量会随肾灌注压的升高而增加或会随肾灌注压的降低而减少。关于自身调节的机制，有人提出肌源学说和管-球反馈来解释。

1. 肌源学说　当肾血管的灌注压升高时，肾入球小动脉血管平滑肌因压力升高而受到的牵张刺激加大，使平滑肌的紧张性加强，阻力加大。

2. 管-球反馈　认为小管液流量的变化影响肾血流量和肾小球滤过率。当肾血流量和肾小球滤过率增加时，到达远曲小管致密斑的小管液的流量增加，$Na^+$、$K^+$、$Cl^-$的转运速率也就增加，致密斑将信息反馈至肾小球，使入球小动脉和出球小动脉收缩，结果是肾血流量和肾小球滤过率恢复正常。

### （二）肾血流量的神经和体液调节

1. 神经调节　肾神经属交感神经系统，主要引起血管收缩、剧烈运动、环境温度升高、大出血、缺氧等情况都能兴奋交感神经能使肾皮质血管收缩。

2. 体液因素　肾上腺素、去甲肾上腺素、血管升压素、血管紧张素Ⅱ和内皮素都能使肾血管收缩，肾血流量减少；肾组织中生成的$PGI_2$、$PGE_2$、NO和缓激肽等，可引起肾血管舒张，肾血流量增加；腺苷则引起入球小动脉收缩，肾血流量减少。

# 第二节　肾小球的滤过功能

## 一、肾小球的滤过作用

### （一）肾小球过滤的成分

肾小球滤过率指血液流经肾小球毛细血管时，血液中的水

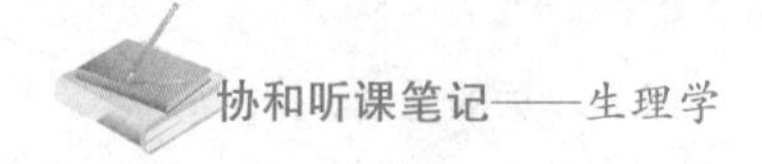


分和小分子溶质透过毛细血管到达肾小囊的囊腔的过程。滤过的液体除了大分子蛋白外，成分与血浆接近称为超滤液或原尿。

### （二）肾小球滤过率和滤过分数

1. 单位时间内（每分钟）两肾生成的超滤液量称为肾小球滤过率（GFR）。据测定，体表面积为 1.73m$^2$的个体，其肾小球滤过率为 125ml/min 左右，照此计算，两侧肾脏每一昼夜从肾小球滤过的血浆总量将高达 180L。

主治语录：GFR =滤过系数（$K_f$）×有效滤过压。

2. 肾小球滤过率和肾血浆流量的比值称为滤过分数（FF）。正常人肾血浆流量为 660ml/min，则滤过分数为：125/660×100%=19%。滤过分数的值表明，流经肾的血浆约有 1/5 由肾小球滤过到肾小囊囊腔中。肾小球滤过率和滤过分数均可作为衡量肾功能的重要指标。临床上发生急性肾小球肾炎时，肾血浆流量变化不大，而肾小球滤过率却明显降低，因此滤过分数减小；而发生心力衰竭时，肾血浆流量明显减少，而肾小球滤过率却变化不大，因此滤过分数增大。

### （三）有效滤过压

有效滤过压是指促进超滤的动力与对抗超滤的阻力之间的差值。肾小球滤过作用的动力是有效滤过压。有效滤过压由下列因素决定。

1. 肾小球毛细血管静水压　促使超滤液生成的力量。

2. 肾小囊内压　对抗超滤液生成的力量。

3. 肾小球毛细血管的血浆胶体渗透压　对抗超滤液生成的力量。

4. 肾小囊内液胶体渗透压　促使超滤液生成的力量。

肾小球有效滤过压=（肾小球毛细血管静水压+囊内液胶体渗透压）-（血浆胶体渗透压+肾小囊内压）

由于肾小囊内的滤过液中蛋白质浓度极低，其胶体渗透压可忽略不计，因此，

有效滤过压=肾小球毛细血管静水压-（血浆胶体渗透压+肾小囊内压）。

在血液流经肾小球毛细血管时，不断生成滤过液，血液中血浆蛋白浓度就会逐渐增加，血浆胶体渗透压也随之升高，因此，有效滤过压也就逐渐下降。当有效滤过压下降到零时，就达到滤过平衡，滤过便停止。即只有从入球小动脉端到开始出现滤过平衡这一段才有滤过。滤过平衡越靠近出球小动脉端，有效滤过压和滤过面积就越大，肾小球滤过率也越高。

## 二、影响肾小球滤过的因素

### （一）肾小球毛细血管滤过系数

滤过系数（$K_f$）是指在单位有效滤过压的驱动下，单位时间内通过滤过膜的滤液量。

$K_f$=滤过膜的有效通透系数(k)×滤过面积（s）

### （二）有效滤过压

1. 肾小球毛细血管血压　由于肾血流量的自身调节机制，动脉血压变动于70~180mmHg时，肾小球毛细血管血压可保持稳定，从而使肾小球滤过率基本保持不变。但当动脉血压超出这一范围时，肾小球毛细血管血压将相应变化，随之肾小球滤过率也随之变化。当动脉血压下降到40~50mmHg以下时，肾小

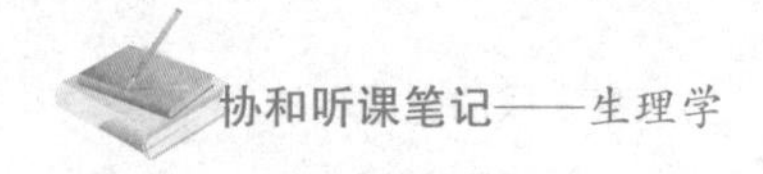


球滤过率将下降到零，尿生成停止。

2. 囊内压　在正常情况下，肾小囊内压不会有较大波动，约 10mmHg。当肾盂或输尿管结石、肿瘤压迫或其他原因引起尿路阻塞时，都可使肾盂内压显著升高，囊内压也随之升高，致使有效滤过压降低，肾小球滤过率减少。

3. 血浆胶体渗透压　血浆胶体渗透压在正常情况下是比较稳定的，因此对有效滤过压和滤过率影响不大。当全身血浆蛋白的浓度明显降低时，血浆胶体渗透压将降低。此时有效滤过压将升高，肾小球滤过率也随之增加。例如由静脉快速注入大量生理盐水使血液稀释时，肾小球滤过率将增加，其原因之一可能是血浆胶体渗透压降低。

### （三）肾血浆流量

肾血浆流量，主要影响滤过平衡的位置来影响肾小球滤过率。如果肾血浆流量加大，肾小球毛细血管内血浆胶体渗透压的上升速度减慢，滤过平衡就靠近出球小动脉端，肾小球滤过率将随之增加。如果肾血浆流量进一步增加，血浆胶体渗透压上升速度就进一步减慢，肾小球毛细胞血管的全长都达不到滤过平衡，肾小球滤过率就进一步增加。相反，肾血浆流量减少时，血浆胶体渗透压的上升速度加快。有效滤过压很快降为零，即滤过平衡就靠近入球小动脉端，肾小球滤过率将减少。在严重缺氧、中毒性休克等病理情况下，交感神经兴奋，肾血流量和肾血浆流量将显著减少，肾小球滤过率也因此显著减少。

## 第三节　肾小管和集合管的物质转运功能

### 一、肾小管和集合管中物质转运的方式

1. 肾小管和集合管重吸收量大并具有高度选择性　肾小球

滤过液进入肾小管后称为小管液。小管液经肾小管和集合管的重吸收和分泌形成终尿。

（1）重吸收：是指物质从肾小管液中转运至血液中。

（2）分泌：是指上皮细胞将一些物质经顶端膜分泌到小管液的过程。

（3）排泄：是指机体代谢产物、进入机体的异物以及过剩的物质排出体外的过程。

与小管液相比，终尿的质和量都发生了很大变化。正常人两肾生成的超滤液可达180L/d，而终尿量仅约1.5L/d，表明其中约99%的水被肾小管和集合管重吸收。小管液中的葡萄糖和氨基酸全部被重吸收，$Na^{+}$、$Ca^{2+}$和尿素等不同程度地被重吸收，而肌酐、$H^{+}$等则可被分泌到小管液中而排出体外。

2. 物质转运的方式　物质通过肾小管上皮的转运按是否耗能分为被动转运和主动转运。

（1）被动转运：是指溶质顺电化学梯度通过肾小管上皮细胞的过程。浓度差和电位差（电化学差）是溶质被动重吸收的动力。渗透压之差是水重吸收的动力之一，水从渗透压低的一侧通过细胞膜进入渗透压高的一侧。

（2）主动转运：是指溶质逆电化学梯度通过肾小管上皮细胞的过程。主动转运需要消耗能量，根据主动转运过程中能量来源的不同，分为原发性主动转运和继发性主动转运。

1）原发性主动转运：所需要消耗的能量由ATP水解直接提供。

2）继发性主动转运：所需的能量不是直接来自ATP水解，而是来自其他溶质顺电化学梯度转运时释放的。许多重要物质的转运都直接或间接与$Na^{+}$的转运相关联，因此$Na^{+}$的转运在肾小管上皮细胞的物质转运中起着关键的作用。

## 二、肾小管和集合管中各种物质的重吸收与分泌

### (一) $Na^+$、$Cl^-$和水的重吸收

肾小球滤过液经过近端小管后，滤过液中 65%～70% 的 $Na^+$、$Cl^-$、$K^+$和水被重吸收。

1. 近端小管中的物质转运　近端小管是 $Na^+$、$Cl^-$和水重吸收的主要部位，其中约 2/3 经跨细胞途径被重吸收，主要发生在近端小管的前半段；约 1/3 经细胞旁途径被重吸收，主要发生在近端小管的后半段。

(1) 在近端小管前半段，$Na^+$主要与 $HCO_3^-$和葡萄糖、氨基酸一起被重吸收；而在近端小管后半段，$Na^+$主要与 $Cl^-$一同被重吸收。水随 NaCl 等溶质吸收而被重吸收，因此，该段小管液与血浆渗透压相同，是等渗重吸收。在近端小管前半段，$Na^+$进入上皮细胞的过程与 $H^+$的分泌和葡萄糖、氨基酸的重吸收相偶联。

1) 由于 $Na^+$泵的作用，$Na^+$被泵出至细胞间隙，使细胞内 $Na^+$浓度低，细胞内电位较负。小管液中的 $Na^+$和细胞内的 $Na^+$由管腔膜上的 $Na^+$-$H^+$交换体进行逆向转运，小管液中的 $Na^+$顺电化学梯度通过管腔膜进入细胞，同时将细胞内的 $H^+$分泌到小管液中；进入细胞内的 $Na^+$又随即被基侧膜上的 $Na^+$泵泵至细胞间隙。分泌到小管液中的 $H^+$将有利于小管液中的 $HCO_3^-$的重吸收。

2) 小管液中的 $Na^+$和葡萄糖在与管腔膜上的 $Na^+$-葡萄糖同向转运体结合后，$Na^+$顺电化学梯度通过管腔膜的同时，释放的能量使葡萄糖同向转运入细胞内，细胞内的葡萄糖由易化扩散通过细胞基侧膜回到血液中。

3) $Na^+$-$H^+$交换和 $Na^+$-葡萄糖同向转运、进入细胞内的

$Na^+$随即被细胞基侧膜上的$Na^+$泵泵出至细胞间隙，使细胞间隙中的$Na^+$浓度升高，渗透压也随之升高，通过渗透作用，水便进入细胞间隙，由于细胞间隙在管腔膜侧的紧密连接相对是密闭的，$Na^+$和水进入后就使其中的静水压升高，这一压力可促使$Na^+$和水通过基膜进入相邻的毛细血管而被重吸收。由于水的重吸收多于$Cl^-$的重吸收，又由于$HCO_3^-$重吸收速率明显大于$Cl^-$重吸收，$Cl^-$留在小管液中，造成近端小管中的$Cl^-$浓度高于管周组织间液。

（2）在近端小管后半段，上皮细胞顶端膜中存在$Na^+$-$H^+$交换体和$Cl^-$-$HCO_3^-$交换体，其转运结果使$Na^+$和$Cl^-$进入细胞内，$H^+$和$HCO_3^-$进入小管液，$HCO_3^-$可以$CO_2$的形式重新进入细胞。进入细胞内的$Cl^-$由基底侧膜中的$K^+$-$Cl^-$同向转运体转运至细胞间液，再吸收入血。

进入近端小管后半段的小管液$Cl^-$的浓度比周围间质$Cl^-$的浓度高20%~40%，$Cl^-$顺浓度梯度即通过紧密连接进入细胞间隙（即细胞旁路）途径而被重吸收。由于$Cl^-$被动重吸收是生电性的，使小管液中正离子相对较多，造成管内外电位差，在电位差作用下，$Na^+$顺电位梯度通过细胞旁路而被动重吸收。

水的重吸收不消耗能量，是靠水孔蛋白-1（AQP-1）在渗透压作用下进行的。水重吸收的浓度差存在于小管液和细胞间隙之间。这是由于$Na^+$、$HCO_3^-$、葡萄糖、氨基酸和$Cl^-$等被重吸收进入细胞间隙后，降低了小管液的渗透性，同时提高了细胞间隙的渗透性。在渗透压差的作用下，经跨细胞（通过AQP-1）和细胞旁两条途径进入细胞间液，然后进入管周毛细血管而被重吸收。

2. 髓袢中的物质转运　小管液在流经髓袢，余下的$Na^+$、$Cl^-$和$K^+$等物质被进一步重吸收。

（1）髓袢降支细段对溶质的通透性很低。这段小管上皮细胞的顶端膜和基底外侧膜存在大量AQP1，促进水的重吸收，使水能迅速地进入组织液，小管液渗透浓度压不断地增加。

（2）髓袢升支细段对水不通透，对$Na^+$和$Cl^-$易通透，NaCl不断通过被动的易化扩散进入组织间液，小管液渗透浓度逐渐降低。

（3）髓袢升支粗段对$Na^+$、$K^+$和$Cl^-$具有主动重吸收作用。

1）升支粗段重吸收$Na^+$的机制：①髓袢升支粗段上皮细胞基侧膜上的钠-钾泵作用。②$Na^+$与管腔膜上同向转运体结合，形成$Na^+$-$K^+$-$2Cl^-$同向转运体复合物，$Na^+$顺电化学梯度将$2Cl^-$和$K^+$一起同向转运至细胞内。③进入细胞内的$Na^+$、$Cl^-$和$K^+$的去向。$Na^+$由$Na^+$泵泵至组织间液，$Cl^-$顺浓度梯度经基底侧膜上的$Cl^-$通道进入组织间液，而$K^+$则顺浓度梯度经顶端膜而返回管腔内，使小管液呈正电位。④$K^+$返回小管内造成小管液正电位，这一电位差又使小管液中的$Na^+$、$K^+$和$Ca^{2+}$等正离子经细胞旁途径被动重吸收。通过$Na^+$泵的活动，继发性主动重吸收了2个$Cl^-$，同时伴有2个$Na^+$的重吸收，其中1个$Na^+$是主动重吸收，另1个$Na^+$通过细胞旁路而被动重吸收，这样，$Na^+$重吸收节约了50%能量消耗。髓袢升支粗段对水的通透性很低，水不被重吸收而留在小管内。

2）髓袢升支粗段对水不通透：这种水盐重吸收分离的现象是尿液稀释和浓缩的重要基础。

3. 远端小管和集合管中的物质转运　在远端小管和集合管，对$Na^+$、$Cl^-$和水的重吸收可根据机体水和盐的平衡状况进行调节，$Na^+$的重吸收主要受醛固酮调节，水的重吸收则主要受血管升压素（抗利尿激素）的调节。

（1）远端小管：在远端小管上皮细胞顶端膜存在$Na^+$-$Cl^-$同向转运体，主动重吸收NaCl，小管液中的$Na^+$和$Cl^-$进入细胞内，细胞内的$Na^+$由钠泵泵出。$Na^+$-$Cl^-$同向转运体可被噻嗪类

利尿药所抑制。远端小管对水仍不通透，因此随着 NaCl 的重吸收，小管液渗透压继续降低。

（2）集合管：含有两类细胞，主细胞重吸收 $Na^+$ 和水，分泌 $K^+$，闰细胞主要分泌 $H^+$，也涉及 $K^+$ 的重吸收。主细胞基底侧膜中的钠泵活动可造成和维持细胞内低 $Na^+$，并成为小管液中 $Na^+$ 经顶端膜上皮钠通道进入细胞的动力来源。$Na^+$ 的重吸收又造成小管液呈负电位，可驱使小管液中的 $Cl^-$ 经细胞旁途径而被动重吸收，也成为 $K^+$ 从细胞内分泌入小管腔的动力。远端小管和集合管上皮细胞间隙的紧密连接对小离子如 $Na^+$、$K^+$、和 $Cl^-$ 等的通透性低，这些离子不易通过该部位回漏至小管腔内。集合管对水的重吸收量取决于主细胞对水的通透性。

## （二）$HCO_3^-$ 的重吸收与 $H^+$ 的分泌

1. 近端小管

（1）在正常情况下，从肾小球滤过的 $HCO_3^-$ 约 80% 由近端小管重吸收。

（2）血液中的 $HCO_3^-$ 以 $NaHCO_3$ 的形式存在，当滤入肾小囊后，解离为 $Na^+$ 和 $HCO_3^-$。近端小管上皮细胞通过 $Na^+$-$H^+$ 交换分泌 $H^+$。进入小管液的 $H^+$ 与 $HCO_3^-$ 结合为 $H_2CO_3$，又很快解离成 $CO_2$ 和水，这一反应由上皮细胞顶端膜上的碳酸酐酶催化。$CO_2$ 很快以单纯扩散的方式进入上皮细胞，在细胞内，$CO_2$ 和水又在碳酸酐酶的催化下形成 $H_2CO_3$，后者又很快解离成 $H^+$ 与 $HCO_3^-$。$H^+$ 通过顶端膜中的 $Na^+$-$H^+$ 逆向转运进入小管液，再次与 $HCO_3^-$ 结合形成 $H_2CO_3$。细胞内大部分 $HCO_3^-$ 与其他离子以同向转运的方式进入细胞间液；小部分则通过 $Cl^-$-$HCO_3^-$ 交换的方式进入细胞间液。

（3）两种转运方式均需由基底侧膜中的钠泵提供能量。可见，近端小管重吸收 $HCO_3^-$ 是以 $CO_2$ 的形式进行的，故 $HCO_3^-$ 的

重吸收优先于 $Cl^-$ 的重吸收。此外，有小部分 $H^+$ 可由近端小管顶端膜中的 $H^+$-ATP 酶主动分泌入管腔。近端小管是分泌 $H^+$ 的主要部位，并以 $Na^+$-$H^+$ 交换的方式为主。

2. 髓袢　髓袢对 $HCO_3^-$ 的重吸收主要发生在升支粗段，其机制与近端小管相同。

3. 远端小管　远端小管上皮细胞通过 $Na^+$-$H^+$ 交换，参与 $HCO_3^-$ 的重吸收。

4. 集合管　集合管的闰细胞分为 A 型、B 型和非 A 非 B 型三种。其中 A 型闰细胞可主动分泌 $H^+$。泵入小管液中的 $H^+$ 可与 $HCO_3^-$ 结合，形成 $H_2O$ 和 $CO_2$；也可与 $HPO_4^{2-}$ 反应生成 $H_2PO_4^-$；还可与 $NH_3$ 反应生成 $NH_4^+$，从而降低小管液中的 $H^+$ 浓度。肾小管和集合管分泌的 $H^+$ 量与小管液的酸碱度有关。小管液 pH 降低时，$H^+$ 的分泌减少。闰细胞的质子泵可逆 1000 倍左右的 $H^+$ 浓度差而主动转运，当小管液 pH 降至 4.5 时，$H^+$ 的分泌便停止。

乙酰唑胺可抑制碳酸酐酶的活性，应用后，$Na^+$-$H^+$ 交换就会减少，$Na^+$ 和 $HCO_3^-$ 重吸收也会减少，可引起利尿。近端小管液中的 $CO_2$ 透过管腔膜的速度明显高于 $Cl^-$ 的转运速度。因此，$HCO_3^-$ 的重吸收率明显大于 $Cl^-$ 的重吸收率。

重要物质的重吸收，见表 8-3-1。

表 8-3-1　重要物质的重吸收

| 名称 | 吸收部位 | 吸收机制 |
| --- | --- | --- |
| $Na^+$、$Cl^-$ | 近端小管（70%）、髓袢（20%）、远端小管和集合管 | 在近端小管主动重吸收占 2/3，被动重吸收占 1/3 |
| 水 | 近端小管（70%）、髓袢（15%）、远端小管和集合管 | 被动吸收 |

续　表

| 名称 | 吸收部位 | 吸收机制 |
| --- | --- | --- |
| $HCO_3^-$ | 近端小管（80%）、髓袢升支粗段、远端小管、集合管 | 以 $CO_2$的形式重吸收 |
| 葡萄糖、氨基酸 | 近端小管（100%） | 继发性主动转运，伴 $Na^+$同向转运 |

## （三）$NH_3$和 $NH_4^+$的分泌与 $H^+$、$HCO_3^-$的转运的关系

1. 近端小管、髓袢升支粗段和远端小管上皮细胞内的谷氨酰胺在谷氨酰胺酶的作用下脱氨，生成谷氨酸根和 $NH_4^+$；谷氨酸根又在谷氨酸脱氢酶作用下生成 α-酮戊二酸和 $NH_4^+$；α-酮戊二酸又生成 2 分子 $HCO_3^-$。这一反应过程中，谷氨酰胺酶是生成 $NH_3$的限速酶。

（1）在细胞内，$NH_4^+$与 $NH_3+H^+$两种形式处于一定的平衡状态。

（2）$NH_4^+$通过上皮细胞顶端膜逆向转运体（$Na^+$-$H^+$交换体）进入小管液（由 $NH_4^+$代替 $H^+$）。

（3）$NH_3$是脂溶性分子，可通过细胞膜单纯扩散进入小管腔，也可通过基底侧膜进入细胞间隙。

（4）$HCO_3^-$与 $Na^+$一同跨过基底侧膜进入组织间液。

（5）1 分子谷氨酰胺被代谢时，生成 2 个 $NH_4^+$进入小管液，机体获得 2 个 $HCO_3^-$（新生成的 $HCO_3^-$）。这一反应过程主要发生在近端小管。

2. 在集合管，细胞内生成的 $NH_3$扩散方式进入小管液，与小管液中的 $H^+$结合形成 $NH_4$，并随尿排出体外。尿中每排出 1 个 $NH_4^+$就有 1 个 $HCO_3^-$被重吸收回血液。

3. $NH_3$的分泌与$H^+$的分泌密切相关

（1）生理情况下，肾脏分泌的$H^+$约50%由$NH_3$缓冲。如果集合管分泌$H^+$被抑制，则尿中排出的$NH_4^+$也减少。

（2）慢性酸中毒时可刺激肾小管和集合管上皮细胞谷氨酰胺的代谢，增加$NH_4^+$和$NH_3$的排泄和生成$HCO_3^-$。故氨的分泌也是肾脏调节酸碱平衡的重要机制之一。

主治语录：$H^+$的分泌小结。①近端小管主要通过$Na^+$-$H^+$交换的方式分泌$H^+$。②远端小管和集合管的闰细胞可主动分泌$H^+$。③肾小管和集合管的$H^+$分泌量与小管液的酸碱度有关。

### （四）$K^+$的重吸收和分泌

1. $K^+$的重吸收　小管液中的$K^+$有65%~70%在近端小管被重吸收，25%~30%在髓袢被重吸收，$K^+$在这些部位的重吸收比例是比较固定的，而尿中的$K^+$主要是由远端小管和集合管分泌的。$K^+$通过管腔膜重吸收是逆电化学梯度进行的，其主动重吸收的机制尚不清楚，但管腔膜是$K^+$的主动重吸收的关键部位。

2. $K^+$的分泌

（1）一方面远端小管和集合管上皮细胞因其基底侧膜上钠泵活动而使细胞内$K^+$浓度较高；另一方面，小管液中的$Na^+$被重吸收而使小管液呈负电位，均有利于$K^+$的分泌。

（2）肾脏对$K^+$的排出量主要取决于远端小管和集合管上皮细胞$K^+$的分泌量。肾血流量增大、应用利尿药，小管液负电位值增大均有利于$K^+$的分泌。

（3）在近端小管，除$Na^+$-$H^+$交换外，还存在$Na^+$-$K^+$交换，这两种交换相互竞争抑制。所以酸中毒时$Na^+$-$H^+$交换增加、抑制$Na^+$-$K^+$交换，故常伴血$K^+$升高。碱中毒时，$Na^+$-$H^+$交换减弱，而$Na^+$-$K^+$交换加强，可使血$K^+$浓度降低。

### （五）葡萄糖和氨基酸的重吸收

1. 正常经肾小球滤过的葡萄糖全部被重吸收回血，均在近端小管，尤其是近端小管的前半段。

2. 近端小管对葡萄糖的重吸收有一定限度的。当血浆葡萄糖浓度达 180mg/100ml（10mmol/L）时，有一部分肾小管吸收葡萄糖的能力饱和，尿中开始出现葡萄糖，此时的血浆葡萄糖浓度称为肾糖阈，每一肾单位的肾糖阈并不完全相同。

3. 超过葡萄糖吸收极限量后，尿葡萄糖排出率则随血浆葡萄糖的浓度升高而平行增加。成年人肾的葡萄糖吸收极限量，男性为 375mg/min，女性为 300mg/min。

4. 由肾小球滤过的氨基酸也主要在近端小管被重吸收，其吸收方式也是继发性主动重吸收。

### （六）钙的重吸收和排泄

1. 经肾小球滤过的 $Ca^{2+}$，约 70%在近端小管被重吸收，与 $Na^{+}$的重吸收平行；20%在髓袢，9%在远端小管和集合管被重吸收，少于 1%的 $Ca^{2+}$随尿排出。

2. 近端小管钙的重吸收，约 80%由溶剂拖曳方式经细胞旁途径进入细胞间隙，约 20%经跨细胞途径重吸收。

3. 髓袢降支细段和升支细段对 $Ca^{2+}$不通透，仅髓袢升支粗段能重吸收 $Ca^{2+}$。

4. 在远端小管和集合管，小管液为负电位，故钙的重吸收是跨细胞途径的主动转运。

### （七）尿素的重吸收和排泄

1. 近端小管可以吸收 40%～50%肾小球滤过的尿素。

2. 肾单位的其他部分节段对尿素通透性很低，部分节段通过尿素通道蛋白增加该节段对尿素的通透性，存在肾内尿素再循环。

（1）肾小管尿素重吸收的步骤：①从髓袢升支细段至皮质和外髓部集合管对尿素不通透，集合管开始对水进行重吸收，导致尿素在集合管内浓度不断增高。②内髓部集合管末端依赖血管升压素（抗利尿激素）调控的尿素通道蛋白 UT-A1 和 UT-A3 对尿素高度通透，使浓缩的尿素扩散到内髓部组织。③髓袢降支细段 UT-A2 介导的尿素通透性增加，尿素重新进入髓袢。

（2）直小血管对尿素渗透梯度的影响：内髓部组织的高浓度尿素通过直小血管升支的窗孔进入血液，由直小血管升支从内髓部带走的尿素，在向外髓部走行过程中，再扩散到尿素浓度比较低的组织间液，然后通过直小血管降支表达的尿素通道蛋白 UT-B 进入血液回到内髓部，从而维持从肾外髓部到内髓部的尿素浓度梯度和渗透压梯度。

此过程在尿浓缩机制中具有非常重要的意义。除直小血管升支内皮细胞以微孔方式通透尿素外，髓袢降支细段、内髓部集合管和直小血管降支对尿素的通透均由尿素通道介导。这一循环过程称为肾内尿素再循环。NaCl 和尿素维持内髓部高渗的作用各约占 50%。根据机体的调节，经肾小球滤过的尿素有 20%~50%经尿液排出体外。

### （八）其他一些代谢产物和进入体内的异物的排泄

体内的代谢产物和进入体内的某些物质如青霉素、酚红和大多数利尿药等，由于与血浆蛋白结合而不能通过肾小球滤过，它们均在近端小管被主动分泌到小管液中而排出体外。

## 三、影响肾小管和集合管重吸收与分泌的因素

### （一）小管液中溶质的浓度

小管液中溶质所形成的渗透压，影响肾小管对水的重吸收。

如果小管液溶质浓度高，渗透压高，就会妨碍肾小管特别是近端小管对水的重吸收，小管液中的 $Na^+$被稀释而浓度降低，故小管液与细胞内之间的 $Na^+$浓度差变小，$Na^+$的重吸收也减少，结果尿量增多，NaCl 排出也增多。

例如糖尿病患者的多尿，是由于肾小管不能将葡萄糖完全重吸收回血，使小管液中的葡萄糖含量增多，小管液渗透压因此增高，妨碍了水和 NaCl 的重吸收而造成的。临床上有时给患者使用可被肾小球滤过而又不被肾小管重吸收的物质，如甘露醇等，来提高小管液中溶质的浓度，借以达到利尿和消除水肿的目的，这种方式称为渗透性利尿。

### （二）球-管平衡

近端小管对溶质和水的重吸收量不是固定不变的，而是随肾小球滤过率的变动而发生变化。肾小球滤过率增大，近端小管对 $Na^+$和水的重吸收率也提高；肾小球滤过率减少时，近端小管对 $Na^+$和水的重吸收率也减少。近端小管的重吸收率始终为肾小球滤过率的 65%~70%，这称为近端小管的定比重吸收，这种定比重吸收的现象称为球-管平衡。

定比重吸收的机制与管周毛细血管血压和胶体渗透压的改变有关。球管平衡的生理意义在于使尿中排出的溶质和水不致因肾小球滤过率的增减而出现大幅度的变动。

球-管平衡在某些情况下可能被打乱。例如，渗透性利尿时，近端小管重吸收率减少，而肾小球滤过率不受影响，这时重吸收百分率就会减少，尿量和尿 $Na^+$排出明显增多。

## 第四节 尿液的浓缩和稀释

当体内缺水时，机体排出的尿的离子渗透压明显高于血浆离子渗透压，称高渗尿，即尿被浓缩。而体内水过多时，将排出离子渗透压低于血浆离子渗透压的低渗尿，即尿稀释。正常人尿液的渗透浓度可在50~1200mmol/L波动。24小时尿量超过2.5L称为多尿；24小时尿量少于400ml称为少尿；如果24小时尿量不足100ml，则称为无尿。少尿和无尿是急性肾衰竭的重要表现。

## 一、尿液的浓缩机制

造成尿液浓缩的原因是小管液中的水被重吸收而溶质未被重吸收仍留在小管液中。机体产生浓缩尿液的两个必要因素：①肾髓质的渗透梯度的建立，即肾髓质的渗透浓度由外向内逐步升高，具有明显的渗透梯度。②在抗利尿激素存在时，远端小管和集合管对水通透性增加，小管液从外髓集合管向内髓集合管流动时，由于渗透作用，水便不断进入高渗的组织间液，使小管液不断被浓缩而变成高渗液，形成浓缩尿。可见，髓质的渗透梯度的建立就成为浓缩尿的必要条件。髓袢是形成髓质渗透梯度的重要结构，只有具有髓袢的肾才能形成浓缩尿。髓袢愈长，浓缩能力就愈强。

### （一）肾髓质间质渗透浓度梯度的形成

1. 逆流倍增机制　由于髓袢的U形结构、髓袢和集合管各段对水和溶质的通透性和重吸收不同，以及髓袢和集合管小管液的流动方向，肾脏可通过逆流倍增机制建立从外髓部至内髓部间液由低到高的渗透浓度梯度。

（1）髓袢和集合管的结构排列：小管液从近端小管经髓袢降支向下流动，折返后经髓袢升支向相反方向流动，再经集合管向下流动，最后进入肾小盏。髓袢和集合管的结构排列构成逆流系统。小管液在升支细段流动过程中，由于NaCl扩散到组

织间液，水又不易通透，造成管内 NaCl 浓度逐渐降低，渗透压也逐渐降低，这样，降支细段与升支细段就构成了一个逆流倍增系统，使内髓组织间液形成渗透梯度。

（2）髓袢和集合管各段对水和溶质的通透性和重吸收不同（表 8-4-1）：在近端小管，水和各种溶质都可以进行选择性的重吸收，故小管液中的渗透压接近血浆渗透压，为 300mmol/L。

主治语录：肾小管各段对水和溶质和通透性不同的逆流倍增现象是肾髓质渗透梯度的形成的原因。

1）髓袢降支细段：对尿素不易通透，而对水则易通透，所以在渗透压的作用下，从降支细段进入内髓部组织间液。同时，由于降支细段对 $Na^+$ 不易通透，小管液将被浓缩，于是其中的 NaCl 浓度愈来愈高，渗透压不断升高。

2）髓袢升支细段：当小管液绕过髓袢顶端折返流入升支细段时，其同组织间液之间的 NaCl 浓度梯度就明显地建立起来。升支细段对 $Na^+$ 易通透，$Na^+$ 将顺浓度梯度而被动扩散至内髓部组织间液，从而进一步提高内髓部组织间液的渗透层。所以，内髓部组织间液的渗透压，是由内髓部集合管扩散出来的尿素以及髓袢升支细段扩散出来的 NaCl 两个因素造成的。

表 8-4-1　各段肾小管和集合管对不同物质的通透性和作用

| 部位 | 水 | $Na^+$ | 尿素 | 作　用 |
|---|---|---|---|---|
| 髓袢降支细段 | 易通透 | 不易通透 | 中等通透 | 水进入内髓部组织间液使小管液中 NaCl 浓度和渗透压逐渐升高；部分尿素由内髓部组织间液进入小管液，加入尿素再循环 |
| 髓袢升支细段 | 不易通透 | 易通透 | 不易通透 | NaCl 由小管液进入内髓部组织间液，使之渗透压升高 |

续 表

| 部位 | 水 | $Na^+$ | 尿素 | 作　用 |
| --- | --- | --- | --- | --- |
| 髓袢升支粗段 | 不易通透 | $Na^+$主动重吸收，$Cl^-$继发性主动重吸收 | 不易通透 | NaCl进入外髓部组织液，使之渗透压升高 |
| 远端小管 | 不易通透 | $Na^+$主动重吸收，$Cl^-$继发性主动重吸收 | 不易通透 | NaCl进入皮质组织间液，使小管液渗透压进一步降低 |
| 集合管 | 在有抗利尿激素时，对水易通透 | 主动重吸收 | 在皮质和外髓部不易通透，内髓部易通透 | 水重吸收使小管液中尿素浓度升高；NaCl和尿素进入内髓部组织间液，使之渗透压升高 |

3）髓袢升支粗段：髓袢升支粗段能主动重吸收NaCl，但对水不通透，故升支粗段内小管液向皮质方向流动时，管内NaCl浓度逐渐降低，小管液离子渗透压逐渐下降；而升支粗段周围组织间液则变成高渗液。髓袢升支粗段位于外髓部，故外髓部的渗透梯度主要是由升支粗段NaCl的重吸收所形成。越靠近皮质部，渗透压越低；越靠近内髓部，渗透压越高。

4）远端小管：远端小管上皮细胞可通过$Na^+$-$Cl^-$同向转运体对NaCl进行重吸收，而对水不通透，小管液的渗透浓度降至最低。

5）集合管：皮质和外髓部对尿素不易通透，内髓部易通透。在内髓部，渗透梯度的形成与尿素的再循环和NaCl重吸收

有密切关系。①皮质部和外髓部集合管对尿素不易通透，当小管液流经远端小管及皮质部和外髓部的集合管时，在抗利尿激素作用下，对水通透性增加，由于外髓部高渗，水被重吸收，所以小管液中尿素的浓度逐渐升高。②当小管液进入内髓部集合管时，由于管壁对尿素的通透性增大，尿素就顺浓度梯度从小管液中向内髓部组织间液扩散，造成了内髓部组织间液中尿素浓度的增高，渗透压随之也升高。

主治语录：总之，肾髓质间液渗透浓度梯度形成的重要因素如下。①髓袢升支粗段主动重吸收NaCl，对水不通透，增加外髓部间液的渗透压，是建立髓质间液高渗透梯度的最重要的起始动力。②髓袢降支细段对水通透，对NaCl不通透，增加了小管液的渗透浓度。③髓袢升支细段对水不通透，对NaCl通透，小管液中高浓度的NaCl被动扩散到内髓部。④尿素再循环，增加内髓部组织间液的尿素浓度，和NaCl一起形成了内髓部组织间液的高渗。⑤不断滤过的小管液，推动小管液从髓质到集合管向肾乳头方向流动，促进了肾脏建立从外髓部至内髓部组织间由低到高的渗透浓度梯度，机体形成浓缩的尿液。

2. 直小血管的逆流交换机制

（1）通过直小血管的逆流交换作用就能保持髓质渗透梯度。伸入髓质的直小血管呈U形，降支和升支并行，这种结构形成逆流系统。

（2）直小血管壁对水和溶质都高度通透

1）在直小血管降支进入髓质血液中的$Na^+$和尿素逐渐升高，$Na^+$和尿素逐渐扩散入血管，而其中的水则渗透到组织间液中，并且越向内髓部深入，降支中的$Na^+$和尿素的浓度越高。

2）当直小血管升支从髓质深部返回外髓部时，由于血管内的溶质浓度比同一水平组织间液的高，溶质又逐渐扩散回组织间液，并且可以再进入降支，这是一个逆流交换过程。

3）$Na^+$和尿素不断地在降支和升支之间循环运行但直小血管升支离开外髓部时，只把多余的溶质带回循环中。

此外，通过渗透作用，组织间液中的水不断进入直小血管升支，又把组织间液中多余的水随血流返回循环。这样就维持了肾髓质的渗透梯度。

#### （二）血管升压素（抗利尿激素）促进集合管水的重吸收，浓缩尿液

1. 血管升压素是决定集合管上皮细胞对水通透性的关键激素。

2. 血管升压素分泌增加，集合管上皮细胞对水的通透性增加，水的重吸收量增加，小管液的渗透浓度就升高，即尿液被浓缩。

### 二、尿液的稀释机制

尿液的稀释主要发生在集合管。造成尿液稀释的原因是小管液中的溶质被重吸收而水不易被重吸收。这种情况主要发生在髓袢升支粗段。髓袢升支粗段能主动重吸收 NaCl，而对水不通透，对水不被重吸收，造成此段小管液低渗。体内水过多，抗利尿激素释放被抑制，远端小管和集合管对水的通透性非常低。因此，髓袢升支粗段的小管液流经远端小管和集合管时，NaCl 被继续重吸收，而水不被重吸收，故小管液渗透压进一步下降，形成低渗尿，完成尿液的稀释。饮大量清水后，血浆晶体渗透压降低，可引起抗利尿激素释放减少，导致尿量增加，尿液被稀释。

### 三、影响尿液浓缩和稀释的因素

#### （一）影响肾髓质高渗形成的因素

$Na^+$和 $Cl^-$是形成肾髓质高渗的重要因素；另一重要因素是

尿素。

### （二）影响集合管对水通透性的因素

影响尿浓缩的另一重要因素是集合管对水的通透性。当抗利尿激素完全缺乏时，如严重尿崩症患者，每天可排出高达 20L 的低渗尿，相当于肾小球滤过率的 10%。

### （三）直小血管血流量和速度对髓质高渗维持的影响

当直小血管的血流量增加和血流速度过快时，可从肾髓质组织间液中带走较多的溶质使肾髓质间液渗透浓度梯度下降；如果肾血流量明显减少，血流速度变慢，则可导致供氧不足，使肾小管转运功能发生障碍，特别是髓袢升支粗段主动重吸收 $Na^+$ 和 $Cl^-$ 的功能受损，从而影响髓质间液高渗的维持，上述两种情况均可降低肾的浓缩功能。

## 第五节 尿生成的调节

### 一、神经调节

1. 肾交感神经不仅支配肾脏血管，还支配肾小管上皮细胞（以近端小管，髓袢升支粗段和远端小管的末梢分布密度较高）和近球小体。

2. 肾交感神经兴奋时，释放去甲肾上腺素，可通过下列作用影响尿生成。

（1）与肾脏血管平滑肌 α 受体相结合，引起肾血管收缩而减少肾血流量。使入球小动脉和出球小动脉同时收缩，但前者收缩比后者更明显，因此，肾小球毛细血管的血浆流量减少，肾小球毛细血管血压下降，肾小球的有效滤过压下降，肾小球滤过率降低。

（2）通过激活 β 受体，刺激球旁器中的球旁细胞释放肾素，导致循环血中的血管紧张素Ⅱ和醛固酮含量增加，增加肾小管对 NaCl 和水的重吸收。

（3）与 $\alpha_1$ 肾上腺素能受体结合，刺激近端小管和髓袢上皮细胞对 $Na^+$、$Cl^-$ 和水的重吸收。肾交感神经兴奋时其末梢释放去甲肾上腺素，作用于近端小管和髓袢细胞膜上的肾上腺素能受体，可增加 $Na^+$、$Cl^-$ 和水的重吸收。

## 二、体液调节

### （一）血管升压素

血管升压素（VP），又称抗利尿激素（ADH），是下丘脑的视上核和室旁核的神经元合成的一种九肽激素。由位于下丘脑视上核和室旁核的神经内分泌细胞所合成。其作用主要是提高远端小管和集合管上皮细胞对水的通透性，从而增加水的重吸收，使尿液浓缩，尿量减少（抗利尿）。

此外，血管升压素也能增加髓袢升支粗段对 NaCl 的主动重吸收和内髓部集合管对尿素的通透性，并能使直小血管收缩，减少髓质血流量，提高髓质组织间液的渗透浓度，有利于尿液浓缩。

调节血管升压素分泌的主要因素是血浆晶体渗透压、循环血量和动脉血压。

1. 血浆晶体渗透压　升高时，可刺激位于下丘脑视上核及其周围区域的渗透压感受器，并引起血管升压素的分泌。

（1）大量出汗、严重呕吐或腹泻等情况引起机体脱水时，血浆晶体渗透压升高，可引起血管升压素分泌增多，使肾小管对水的重吸收明显增加，导致尿液浓缩和尿量减少。

（2）相反，大量饮清水后，血液被稀释，血浆晶体渗透压

降低，引起血管升压素分泌减少，水的重吸收减少，尿液稀释，尿量增加，从而排出体内多余的水。

例如，正常人一次饮用1000ml清水后，约过半小时，尿量就开始增加，到第1小时末，尿量可达最高值；随后尿量减少，2~3小时后尿量恢复到原来水平。如果饮用的是等渗盐水（0.9%NaCl溶液），则排尿量不出现饮清水后那样的变化。这种大量饮用清水后引起尿量增多的现象，称为水利尿，临床上可用其来检测肾的稀释能力。

主治语录：血浆晶体渗透压增高是刺激血管升压素释放的最主要因素。

2. 循环血量　改变时能刺激容量感受器，反射性地影响血管升压素的释放。

（1）血量过多时，左心房被扩张，刺激了容量感受器，兴奋沿迷走神经传入中枢，可抑制下丘脑-神经垂体系统释放血管升压素，从而引起利尿。由于排出了过多的水分，恢复了正常的血量。

（2）血量减少时，发生相反的变化。动脉血压升高时，刺激颈动脉窦压力感受器，也可反射性地抑制血管升压素的释放。此外，心房钠尿肽可抑制血管升压素的分泌，血管紧张素Ⅱ则可刺激其分泌。

3. 其他因素　恶心是引起血管升压素分泌的有效刺激；疼痛、窒息、应激刺激、低血糖和血管紧张素Ⅱ等均可刺激血管升压素分泌；某些药物，如烟碱和吗啡等，也能刺激血管升压素分泌；乙醇则可抑制血管升压素分泌，故饮酒后尿量可增加。

### （二）肾素-血管紧张素-醛固酮系统（RAAS）

肾素主要是由球旁器中的颗粒细胞分泌的，是一种蛋白水解酶，能水解血浆中的血管紧张素原使之生成血管紧张素Ⅰ（十肽）。在血液和组织中，特别是肺组织中的血管紧张素转换酶的作用下血管紧张素Ⅰ降解，生成血管紧张素Ⅱ（八肽）。血管紧张素Ⅱ可刺激肾上腺皮质球状带合成和分泌醛固酮。

1. 肾素的分泌受多方面因素的调节

（1）肾内机制：肾内与肾素分泌有关的感受器有两种，一是入球小动脉处的牵张感受器；另一是致密斑感受器。

1）当动脉血压下降，循环血量减少时，入球小动脉的压力下降，血流量减少，于是对小动脉壁的牵张刺激也随之减弱，引起肾素释放量增加。

2）同时由于入球小动脉的压力降低和血流量减少，肾小球滤过率减少，滤过的 $Na^+$量也减少，于是激活致密斑感受器，也可使肾素释放。

此外，球旁细胞受交感神经支配，肾交感神经兴奋（如循环血量减少）时可导致肾素释放增加。肾上腺素和去甲肾上腺素也可直接刺激球旁细胞，增加肾素释放。

（2）神经机制：肾交感神经兴奋时释放去甲肾上腺素，作用于近球细胞的β肾上腺素能受体，直接刺激肾素的释放。

（3）体液机制：①血液循环的肾上腺素和去甲肾上腺素，肾内生成的 $PGE_2$和 $PGI_2$，均可刺激近球细胞释放肾素。②AngⅡ、血管升压素、心房钠尿肽、内皮素和 NO 可抑制肾素的释放。

2. 血管紧张素Ⅱ对尿生成的调节作用

（1）刺激醛固酮的合成和分泌，从而调节远端小管和集合管上皮细胞对 $Na^+$和 $K^+$转运。

（2）直接刺激近端小管对 NaCl 的重吸收，使尿中排出的 NaCl 减少。

（3）使神经垂体释放血管升压素增加，从而增加远端小管和集合管对水的重吸收，使尿量减少。

3. 醛固酮的功能　对尿生成的调节是通过促进远端小管和集合管的主细胞重吸收 $Na^+$，同时促进 $K^+$ 的排出完成的，所以醛固酮有保 $Na^+$ 排 $K^+$ 的作用。醛固酮诱导合成的醛固酮诱导蛋白作用如下。

（1）生成管腔膜 $Na^+$ 通道蛋白，可增加 $Na^+$ 通道数目，有利于小管液中 $Na^+$ 向胞内扩散。

（2）增加 ATP 的生成量，为基底侧膜 $Na^+$-$K^+$-ATP 酶提供生物能。

（3）增强基底侧膜 $Na^+$ 泵的活性，加速将胞内的 $Na^+$ 泵出细胞和将 $K^+$ 泵入细胞的过程，增大细胞内与小管液之间的 $K^+$ 浓度差，有利于 $K^+$ 的分泌。由于 $Na^+$ 的重吸收，小管腔呈负电位，因此有利于 $K^+$ 的分泌，同时利于 $Cl^-$ 和水的重吸收。

## （三）心房钠尿肽

心房钠尿肽（ANP）是心房肌合成并释放的肽类激素。其有明显的促进 NaCl 和水排出的作用。其作用机制可能包括：①抑制集合管对 NaCl 的重吸收，水的重吸收也减少。②使入球小动脉舒张，增加肾血流量和肾小球滤过率。③抑制肾素的合成和分泌。④抑制醛固酮的合成和分泌。⑤抑制血管升压素的合成和分泌。

## （四）其他因素

肾脏自身可生成多种局部激素，影响肾血流动力学和肾小管的功能。

1. 缓激肽　可使肾小动脉舒张，抑制集合管对 $Na^+$ 和水的重吸收。

2. NO　可对抗 AngⅡ和去甲肾上腺素的缩血管作用。

3. $PGE_2$ 和 $PGI_2$　能舒张小动脉，增加肾血流量，抑制近端小管和髓袢升支粗段对 $Na^+$ 的重吸收，导致尿钠排出量增加，对抗血管升压素，使尿量增加和刺激球旁细胞释放肾素等。

## 三、尿生成调节的生理意义

### （一）在保持机体水平衡中的作用

为了维持细胞外液量的稳定，肾脏与细胞外液之间的液体转移，即尿生成过程中的肾小球滤过、肾小管和集合管的重吸收和排泌等活动，处于人体精密的调控之中；调控机制包括肾脏自身调节、神经调节和体液调节，这些调节的结果使得人体内液体容量处于动态平衡，因此人体内液体的容量调节主要是通过尿生成的调节实现的。

### （二）在保持机体电解质平衡中的作用

1. $Na^+$ 和 $K^+$ 的平衡　在尿生成调节中，醛固酮是肾调节 $Na^+$ 和 $K^+$ 排出量最重要的体液因素。醛固酮的分泌除了受血管紧张素调节外，血 $K^+$ 浓度升高和血 $Na^+$ 浓度降低也可直接刺激肾上腺皮质球状带增加醛固酮的分泌，导致保 $Na^+$ 排 $K^+$，从而维持血 $K^+$ 和血 $Na^+$ 浓度的平衡；反之，血 $K^+$ 浓度降低或血 $Na^+$ 浓度升高，则醛固酮分泌减少。醛固酮的分泌对血 $K^+$ 浓度升高十分敏感，血 $K^+$ 浓度仅增加 0.5～1.0mmol/L，就能引起醛固酮分泌，而血 $Na^+$ 浓度必须降低很多才能引起同样的反应。除醛固酮外，心房钠尿肽可抑制肾重吸收 NaCl，使尿中 NaCl 排出增多，拮抗醛固酮的作用。

2. $Ca^{2+}$ 的平衡　肾脏对 $Ca^{2+}$ 的排泄受多种因素影响，最主要是甲状旁腺激素。甲状旁腺激素能抑制 $Na^+$、$K^+$、$HCO_3^-$，氨基酸的磷酸盐的重吸收，还能促进 $Ca^{2+}$ 的重吸收。除甲状旁腺激素外，肾对 $Ca^{2+}$ 的重吸收和排泄还受降钙素和维生素 $D_3$ 的调控。

### （三）在维持机体酸碱平衡中的作用

体内缓冲酸碱最重要、作用最持久的是肾。其可将体内除$CO_2$外的所有酸性物质即固定酸排出体外，从而保持细胞外液中的 pH 于正常范围内。

## 第六节　清　除　率

### 一、清除率的概念及计算方法

血浆清除率（C）是指两肾在单位时间（一般为每分钟）内能将多少毫升血浆中所含的某一物质完全清除，这个被完全清除了某物质的血浆的毫升数就称为该物质的血浆清除率。具体计算清除率时需要测量三个数值：①尿中某物质的浓度（$U_x$，mg/100ml）。②每分钟尿量（V，ml/min）。③血浆中某物质的浓度（$P_x$，mg/100ml）。因为尿中该物质均来自血浆，所以，$U_x \times V = P_x \times C$，亦即

$$C_x = \frac{U_x \times V}{P_x}$$

各种物质的清除率不一样，正常情况下，葡萄糖的清除率为 0，因为尿中不含葡萄糖；而尿素则为 70ml/min，清除率能够反映肾对不同物质的清除能力。因此通过清除率也可了解肾对各种物质的排泄功能，所以它是一个较好的肾功能测定方法。

### 二、测定清除率的意义

### （一）测定肾小球滤过率

测定清除率不仅可以了解肾的功能，还可以测定肾小球滤

过率、肾血流量和推测肾小管转运功能。肾小球滤过率可通过测定菊粉清除率和内生肌酐清除率等方法来测定。

1. 菊粉清除率

$$C_{In}=GFR=\frac{U_{In}\times V}{P_{In}}$$

式中 $C_{In}$ 是菊粉的清除率，$U_{In}$ 和 $P_{In}$ 分别表示尿和血浆中菊粉的浓度。菊粉的清除率可用来代表肾小球滤过率。

2. 内生肌酐清除率

$$内生肌酐清除率=\frac{尿肌酐浓度(mg/L)\times 24小时尿量(L/24h)}{血浆肌酐浓度(mg/L)}$$

少量肌酐是由肾小管和集合管分泌的。此时肌酐清除率可大于菊粉清除率。

### （二）测定肾血流量、滤过分数和肾血流量

如果血浆中某一物质在经过肾循环一周后可被完全清除掉（通过滤过和分泌），即在肾静脉中其浓度接近于0，则该物质每分钟的尿中排出量（$U_x\times V$），应等于每分钟通过肾血浆流量（RPF）与血浆中该物质浓度的乘积。即

$$U_x\times V=RPF\times P_x$$

即该物质的清除率即为每分钟通过两肾的血浆量。

### （三）推测肾小管的功能

通过对肾小球滤过率和其他物质清除率的测定，可以推测哪些物质能被肾小管重吸收，哪些物质能被肾小管分泌。例如，葡萄糖可通过肾小球自由滤过，但其清除率几乎为0，表明葡萄

糖可全部被肾小管重吸收。

### （四）自由水清除率

自由水清除率（$C_{H_2O}$）是用清除率的方法定量测定肾排水情况的一项指标，即对肾产生无溶质水（又称自由水）能力进行定量分析的一项指标。

无溶质水指尿液在被浓缩的过程中肾小管每分钟从小管液中重吸收的纯水量，亦即从尿中除去的那部分纯水量；或指尿液在被稀释的过程中，体内有一定量的纯水被肾排出到尿液中去，亦即在尿中加入的那部分纯水量，否则尿液的渗透压将不可能成为高渗或低渗，而将与血浆相等。

$$C_{H_2O}=(1-\frac{U_{osm}}{P_{osm}})\times V$$

$P_{osm}$：血浆渗透压；$U_{osm}$：尿液渗透压；V：单位时间内的尿量

# 第七节 尿的排放

## 一、输尿管的运动

输尿管与肾盂连接处的平滑肌细胞有自律性，可产生规则的蠕动波（1~5次/分），其推进速度为2~3cm/s，将尿液送入膀胱。肾盂中尿量越多，内压越大，自动节律性频率越高，蠕动增强。反之亦然。

## 二、膀胱和尿道的神经支配

膀胱逼尿肌和内括约肌受副交感神经和交感神经的双重支配。

1. 副交感神经节前神经元的胞体位于第2~4骶段脊髓，节前纤维行走于盆神经中，在膀胱壁内换元后，节后纤维分布于逼尿肌和尿道内括约肌，其末梢释放乙酰胆碱，能激活逼尿肌的M受体，使逼尿肌收缩和尿道内括约肌舒张，故能促进排尿。

2. 盆神经中也含感觉纤维，能感受膀胱壁被牵拉，膀胱充胀感觉的程度。

3. 支配膀胱的交感神经起自腰段脊髓，经腹下神经到达膀胱。交感神经末梢释放去甲肾上腺素，后者通过作用于β受体使膀胱逼尿肌松弛，而通过作用于α受体引起内括约肌收缩和血管收缩。交感神经亦含感觉传入纤维，可将引起膀胱痛觉的信号传入中枢。

4. 此外，阴部神经支配膀胱外括约肌。阴部神经为躯体运动神经，膀胱外括约肌为骨骼肌，其活动可受意识控制。阴部神经兴奋时，外括约肌收缩；反之，外括约肌舒张。排尿反射时可反射性抑制阴部神经的活动。传导尿道感觉的传入纤维在阴部神经中。

## 三、排尿反射

排尿活动是一种脊髓反射活动。正常情况下，排尿反射受脑的高级中枢控制，可有意识地抑制或加强其反射过程。

当膀胱内尿量充盈到一定程度时（400～500ml）内压越过一定高度，膀胱壁的牵张感受器受到刺激而兴奋。冲动沿盆神经传入，到达脊髓的排尿反射初级中枢；同时，冲动也到达脑干和大脑皮质的排尿反射高位中枢，并产生尿意。

排尿反射（图8-7-1）进行时中枢发出冲动沿盆神经传出，引起逼尿肌收缩、尿道内括约肌松弛，于是尿液进入尿道。这时尿液还可以刺激后尿道的感受器，冲动沿盆神经再次传到脊髓排尿中枢，进一步加强其活动并反射性的抑制阴部神经的活动，使尿道外括约肌开放，于是尿液被强大的膀胱内压驱出。

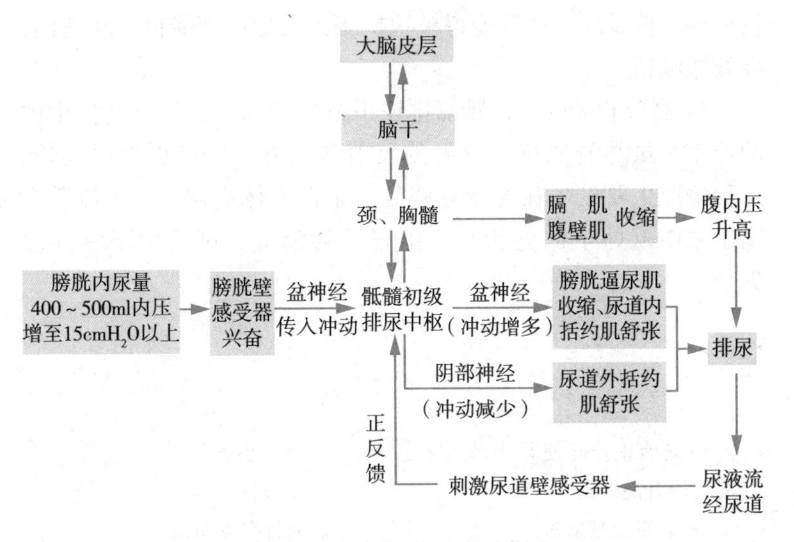


图 8-7-1　排尿反射过程示意图

尿液对尿道的刺激可进一步反射性地加强排尿中枢活动。这是一种正反馈，其使排尿反射一再加强，直至膀胱内的尿液排完为止。在排尿末期，由于尿道海绵体肌收缩（男性），可将残留于尿道内的尿液排出体外。此外，在排尿时，腹肌和膈肌的强力收缩也可产生较高的腹内压，协助克服排尿的阻力。

## 四、排尿异常

1. 膀胱的传入神经受损，膀胱充盈的传入信号不能传至骶段脊髓，则膀胱充盈时不能反射性引起张力增加，故膀胱充盈膨胀，膀胱壁张力下降，称无张力膀胱。

2. 膀胱过度充盈时，可发生溢流性滴流，即从尿道溢出数滴尿液，称为溢流性尿失禁。

3. 支配膀胱的传出神经（盆神经）或骶段脊髓受损，排尿反射也不能发生，膀胱变得松弛扩张，大量尿液滞留在膀胱内，导致尿潴留。

4. 高位脊髓受损，骶部排尿中枢的活动不能得到高位中枢的控制，虽然脊髓排尿反射的反射弧完好，仍可出现尿失禁。这种情况主要发生在脊休克恢复后。在脊休克期，由于骶段脊髓排尿中枢处于休克状态，排尿反射消失，可发生溢流性尿失禁。

## 历年真题

1. 下列选项中，能使肾小球有效滤过压升高的是
   A. 肾血浆流量增多
   B. 肾小球囊内压升高
   C. 血浆晶体渗透压降低
   D. 血浆胶体渗透压升高
   E. 血浆胶体渗透压降低
2. 肾小管液被显著稀释的部位是
   A. 近端小管
   B. 集合管
   C. 髓袢升支粗段
   D. 远曲小管
   E. 髓袢升支细段

参考答案：1. E 2. C

# 第九章　感觉器官的功能

## 核心问题

1. 躯体和内脏感觉的特点。
2. 感觉系统的神经通路。
3. 眼的折光系统。
4. 外耳和中耳的功能，内耳耳蜗的功能，前庭反应。

## 内容精要

感觉的产生是感受器或感觉器官、神经传导通路和感觉中枢三部分共同活动的结果。最简单的感受器就是游离的传入神经末梢，而有些在结构和功能上都高度分化的感受细胞连同它们的附属结构则一道构成了感觉器官，主要有眼、耳、鼻、舌及皮肤等。

## 第一节　感觉概述

### 一、感受器和感觉器官

1. 感受器　分布在体表或组织内部的专门感受机体内、外环境变化的结构或装置。它们能直接或间接地把各种形式的刺激能量转变为感觉神经的动作电位。从生理学角度，可把感受器看作换能器。

（1）根据感受器的分布部位分类：①外感受器，还可进一步分为距离感受器（如视觉、听觉和嗅觉）和接触感受器（如触觉、压觉、味觉及温度觉等）。②内感受器，又可再分为本体感受器和内脏感受器。

（2）根据感受器所接受刺激的性质分类：机械感受器、伤害性感受器、光感受器、化学感受器和温度感受器等。

2. 感觉器官　感受细胞连同它们的附属结构（如眼的屈光系统、耳的集音与传音装置），就构成了专门感受某一特定感觉类型的器官。人和高等动物最主要的感觉器有眼、耳（含耳蜗和前庭）、鼻、舌等，均位于头部，称为特殊感觉器官。

## 二、感受器的一般生理特性

### （一）感受器的适宜刺激

一种感受器通常只对某一种特定形式的刺激最敏感，这种形式的刺激就称为该感受器的适宜刺激。适宜刺激必须具有一定的刺激强度和持续一定的作用时间才能引起感觉，引起某种感觉所需要的最小刺激强度称为该感受器的强度阈值；所需的最短作用时间称为时间阈值。

对于某些感受器来说（如皮肤的触觉感受器），当刺激强度一定时，刺激作用还要达到一定的面积，这称为面积阈值。感觉阈与受刺激面积和时间相关。当刺激较弱时，面积阈值就较大；刺激较强时，面积阈值较小。对于一些非适宜刺激也可起反应，但所需的刺激强度常比适宜刺激大得多。

### （二）感受器的换能作用

感受器能把作用于它们的特定形式的刺激能量最后转换为传入神经的动作电位，这种能量转换称为感受器的换能作用。在换能过程中，一般不是直接把刺激能量转变为神经冲动，而是先在感受器细胞内或直接引起神经末梢产生相应的电位变化，这种电位变化称为感受器电位。

感觉换能和动作电位发生的部位通常是分开的。对于神经末梢感受器来说，发生器电位就是感受器电位；但对于特化的感受器来说，发生器电位（通过释放递质引起初级传入神经末梢膜电位变化）只是感受器电位传递至神经末梢的一部分。

感受器电位和发生器电位的性质同终板电位和突触后电位一样，属于局部性慢电位，电位幅度在一定范围内随刺激强度增强而增大，不具有“全或无”的性质，可以发生时间和空间总和，并以电紧张的形式沿所在的细胞膜做短距离传播。所以，感受器电位或发生器电位可通过改变其幅度、持续时间和波动方向，真实地反映外界刺激的某些特性，即外界刺激信号所携带的信息。

但是，感受器电位或发生器电位的产生并不意味着感受器功能的完成，只有当这些过渡性电位变化使该感受器的传入神经纤维发生去极化、并产生“全或无”式的动作电位时，才标志着这一感受器或感觉器官换能作用的完成。

### （三）感受器的编码功能

感受器把外界刺激转换成跨膜电位变化，不仅是发生了能量形式的转换，而且还能是把刺激所包含的环境变化的信息也转移到跨膜电位变化即动作电位的排列组合之中，这就是感受器的编码功能。

**（四）感受器的适应现象**

当某一个恒定强度的刺激作用于感受器时，其感觉传入神经纤维上的动作电位频率将随刺激作用时间的延长而逐渐减少或已开始逐渐下降，这一现象称为感受器的适应。适应是所有感受器的一个功能特点，但适应的程度可因感受器的类型不同而有很大的差别。快适应感受器以皮肤触觉感受器为代表。慢适应感受器以肌梭、颈动脉窦压力感受器和关节囊感受器为代表。前者有利于感受器及中枢接受新的刺激，而后者则有利于机体对刺激进行长期监测和及时调节。

### 三、感觉系统的神经通路

感觉的产生过程：①感受器（或感觉器官）对体内外环境刺激的感受。②感受器对感觉刺激信号的换能和编码。③感觉信号沿感觉传入神经通路到达大脑皮质的特定部位。④中枢神经系统对感觉信号分析处理，最终形成感觉。因此，感觉是感受器（或感觉器官）、神经传导通路和感觉中枢的共同活动产生的。

## 第二节　躯体和内脏感觉

躯体感觉来源于遍布身体的各种感受器提供的信息，主要感知触-压觉（识别物体的质地、形状、纹理等），位置觉和运动觉（本体感觉），以及温度觉（冷觉、热觉）和伤害性感觉（痛觉和痒觉）。用不同性质的点状刺激检查人的皮肤感觉时发现，不同感觉的感受区在皮肤表面呈相互独立的点状分布。分布在内脏器官上的各种感受器在感受到内脏刺激时所引起的传入冲动会产生内脏感觉。内脏感觉主要是痛觉，包括内脏痛和

牵涉痛两种形式。

## 一、躯体感觉

躯体感觉是指躯体共同皮肤及其附属的感受器接受不同的刺激，产生各种类型的感觉。躯体感觉包括：①浅感觉，有触-压觉、温度觉和痛觉。②深感觉，即本体感觉，其周围突与感受器相连。

### （一）触-压觉

给皮肤施以触、压等机械刺激所引起的感觉，分别称为触觉和压觉，由于两者在性质上类似，故统称为触-压觉。触-压觉感受器可以是游离神经末梢、毛囊感受器或带有附属结构的环层小体、麦斯纳小体、鲁菲尼小体和梅克尔盘等。

不同的附属结构可能决定它们对触、压刺激的敏感性或适应出现的快慢。无毛皮肤区的触-压觉感受器有四种，包括环层小体、麦斯纳小体、鲁菲尼小体和梅克尔盘。有毛皮肤区的感受器类似，除毛囊感受器代替麦斯纳小体发挥功能外，其他三种感受器与无毛皮肤区大致相同。

触-压觉感受器的适宜刺激是机械刺激。机械刺激引起感受器变形，导致机械门控离子通道开放，产生感受器电位。后者触发传入神经纤维产生动作电位，传至大脑皮质感觉区，产生触-压觉。

### （二）温度觉

温度觉有热觉和冷觉之分，且各自独立。热感受器位于C类传入纤维的末梢上，而冷感受器则位于Aδ和C类传入纤维的末梢上。温度感受器在皮肤也呈点状分布。在人的皮肤上冷点明显多于热点，前者为后者的5~11倍。热感受器和冷感受器的感受野都很小。

实验表明，当皮肤温度升至30~46℃时，热感受器被激活而放电，放电频率随皮肤温度的升高而增高，所产生的热觉也随之增强。当皮肤温度超过46℃时，热觉会突然消失，代之出现痛觉。这是因为皮肤温度超过这一临界值便成为伤害性热刺激。这时温度伤害性感受器被激活，从而产生热痛觉。这也说明，热觉是由温度感受器介导的，而热痛觉则由伤害性感受器所介导。

引起冷感受器放电的皮肤温度在10~40℃，当皮肤温度降到30℃以下时，冷感受器放电便增加冷觉随之增强。

### （三）本体感觉

本体感觉是指来自躯体深部的组织结构如肌肉、肌腱和关节等，对躯体的空间位置、姿势、运动状态和运动方向的感觉。感受器主要有肌梭、腱器官和关节感受器等。

1. 肌梭能感受骨骼肌的长度变化、运动方向、运动速度及其变化率，这些信息传入中枢后一方面产生相应的本体感觉；另一方面反射性引起腱反射和维持肌紧张，并参与对随意运动的精细调节。

2. 腱器官感受骨骼肌的张力变化，对过度的牵张反射有保护意义，信息传入中枢后也产生相应的本体感觉。

3. 在关节囊、韧带及骨膜等处，一些由皮肤感受器变形而来的感受器，如鲁菲尼小体能感受关节的屈曲和伸展，而环层小体则能感受关节的活动程度等。

对单纯的肌肉、肌腱和关节的本体感觉，人们平时并不能意识到。但在肢体运动时，本体感受器和皮肤感受器一起产生作用，可使人们产生有意识的运动感觉。此外，本体感觉的传入也参与躯体平衡感觉和空间位置觉的形成，并参与协调躯体

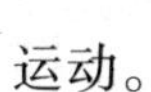

运动。

### （四）痛觉

痛觉是一种与组织损伤有关的感觉、情感、认知和社会维度的痛苦体验。是由体内、外伤害性刺激所引起的一种主观感觉，常伴有情绪变化、防卫反应和自主神经反应。

引起痛觉的组织损伤可为实际存在的或潜在的。痛觉感受器不存在适宜刺激，任何形式（机械温度、化学）的刺激只要达到对机体伤害的程度均可使痛觉感受器兴奋，因此痛觉感受器又称伤害性感受器。

痛觉感受器不易发生适应，属于慢适应感受器，因此痛觉可成为机体遭遇危险的警报信号，对机体具有保护意义。

## 二、内脏感觉

内脏感觉是指由内脏感受器受到刺激所引起的传入冲动，经内脏神经传至各级中枢神经系统所产生的主观感受。

### （一）内脏感受器

1. 按形态结构分　游离神经末梢、神经末梢形成的缠络和环层小体。

2. 按功能分　化学感受器（如颈动脉体、主动脉体）、机械感受器（如颈动脉窦、主动脉弓）、伤害感受器和温热感受器。

内脏黏膜、肌肉、浆膜的游离神经末梢被认为是伤害性感受器，可接受机械、化学和热刺激而出现反应。

### （二）内脏感受器的适宜刺激

内脏感受器的适宜刺激即体内的自然刺激，如肺的牵张、

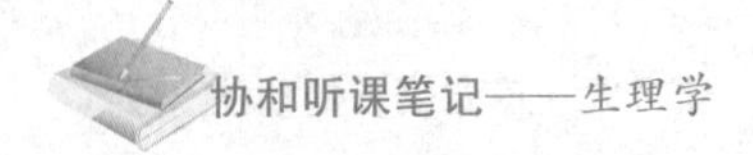


血压的升降、血液的酸度等。

### （三）内脏传入的中枢投射

各种性质的感受器广泛分布于内脏器官，它们在接受不同刺激后，在相应的传入神经纤维产生冲动，再传入脊髓或脑干产生反射，以控制和调节各种机体功能，特别是内脏器官活动。同时，这些冲动也可上行到达大脑皮质，产生内脏感觉。

内脏传入主要功能：①对内环境失衡的无意识反射性调节，以确保脏器的正常活动。②脏器受到的刺激经换能转变成传入信息，传至高级中枢形成内脏感觉。

内脏感觉在大脑皮质的代表区混杂在体表第一感觉区中，第二感觉区和辅助运动区也与内脏感觉有关。此外，边缘系统皮层也接受内脏感觉的投射。

### （四）内脏痛和牵涉痛

1. 内脏痛的特点

（1）定位不准确。

（2）发生缓慢，持续时间较长，常呈渐进性增强，但有时也迅速转为剧烈疼痛。

（3）中控内脏器官如胃、肠、胆囊和胆管等，这些器官上的感受器对扩张性刺激和牵拉性刺激十分敏感，而对针刺、切割、烧灼等通常易引起体表痛的刺激不敏感。

（4）常伴有情绪和自主神经活动的改变。

内脏痛可分为真脏器痛和体腔壁痛，前者是脏器本身的活动状态或病理变化所引起的疼痛，如痛经、分娩痛、肠绞痛、膀胱过胀痛等。后者是指内脏疾患引起的邻近体腔壁浆膜受刺激或骨骼肌痉挛而产生的疼痛。如胸膜或腹膜炎症时可发生体腔壁痛。这种疼痛与躯体痛相似，也由躯体神经，如膈神经、

肋间神经和腰上部脊神经传入。

2. 牵涉痛　牵涉痛是指由某些内脏疾病引起的特殊远隔体表部位发生疼痛或痛觉过敏的现象。发生牵涉痛的部位与疼痛原发内脏具有相同胚胎节段和皮节来源，它们都受同一脊髓节段的背根神经支配。

主治语录：定位不准确是内脏痛的最主要特点。

## 第三节　视　　觉

人眼的适宜刺激是波长为 380 ~ 760nm 的电磁波，即可见光。

### 一、眼的折光系统及其调节

#### （一）眼的折光系统

眼球并非一个薄透镜或单球面折光体，而是由一系列折光率和曲率半径都不相同的折光体所组成的折光系统，该系统最主要的折射发生在角膜。折光系统包括：角膜、房水、晶状体、玻璃体。把人眼设计为一个单球面折射系统，其折光效果却与实际眼的折光效果相同，称为简化眼。利用简化眼可以方便地计算出不同远近的物体在视网膜上成像的大小。

$$\frac{AB(\text{物体的大小})}{Bn(\text{物体至节点距离})}=\frac{ab(\text{物像的大小})}{nb(\text{节点至视网膜距离})}$$

式中 nb 固定不变，相当于 15mm，那么，根据物体的大小、其与眼睛的距离，就可算出物像的大小。此外，利用简化眼可以算出正常人眼能看清的物体的视网膜上成像大小的限度。这个限度只能用人所能看清的最小视网膜像的大小，而不能用所能看清的物体的大小来表明。人眼所能看清的最小视网膜像的大小，大致相当于视网膜中央凹处一个视锥细胞的平均直径。

## （二）眼的调节

1. 眼的近反射　眼在注视6m以内的近物或被视物由远移近时，眼发生一系列调节，主要靠晶状体形状的改变来实现，同时发生瞳孔缩小及视轴会聚，这一系列调节称为眼的近反射。

（1）晶状体变凸：晶状体是一个透明、双凸透镜形、有弹性的半固体物，其四周附着于悬韧带上，后者又系在睫状体上。当眼看远物时，睫状肌处于松弛状态，这时悬韧带保持一定的紧张度，晶状体受悬韧带的牵引，其形状相对扁平；当看近物时，可反射性地引起睫状肌收缩，导致连接于晶状体囊的悬韧带松弛，晶状体靠固有弹性而变凸（以前突较为明显），使晶状体前面的曲率半径增加，折光能力增大，从而使物像前移，清楚地成像在视网膜上。

晶状体的调节能力是有限度的，随着年龄的增加，晶状体自身的弹性下降，调节能力降低。晶状体的最大调节能力可用眼能看清物体的最近距离来表示，这个距离或限度称为近点。近点越近，说明晶状体的弹性越好。

老年人由于晶状体弹性减小，硬度增加，导致眼的调节能力降低，这种现象称为老视。老视眼看远物可以与正常眼无异，但看近物时需要用适当焦度的凸透镜矫正，替代正常时晶状体的变凸调节才能使近物在视网膜形成清晰的成像。这是老视眼与远视眼都用凸透镜矫正的不同之处。

（2）瞳孔缩小：正常人眼瞳孔的直径在1.5~8.0mm变动，瞳孔的大小可以调节进入眼内的光量。当视近物时，可反射性地引起双瞳孔缩小，称瞳孔调节反射。瞳孔缩小的生理意义是

减少入眼的光线量并减少折光系统的球面像差和色像差，使视网膜成像更为清晰。

（3）视轴会聚：当双眼注视近物或被视物由远移近时，发生两眼球内收及视轴向鼻侧集拢的现象，称为视轴会聚。眼球会聚是由于两眼球内直肌反射性收缩所致，又称辐辏反射。这种反射的生理意义是可使双眼看近物时物体成像于两眼视网膜的对称点上，避免复视而产生单一的清晰视觉。

2. 瞳孔对光反射　瞳孔的大小可随光线的强弱而改变，弱光下瞳孔散大，强光下瞳孔缩小，称为瞳孔对光反射。瞳孔对光反射是眼的一种重要适应功能。这一反射的意义在于能按光照强度进行一定程度的调节，使进入眼中的光量保持相对恒定并能快速适应急剧的光强变化。瞳孔对光反射的效应是双侧性的，光照一个眼时，两眼瞳孔同时缩小，因此称为互感性对光反射。瞳孔对光反射的中枢在中脑，因此临床上常把其作为判断中枢神经系统病变部位、麻醉的深度和病情危重程度的重要指标。

### （三）眼的折光能力和调节能力异常

正常眼的折光系统无需进行调节就可使平行光线聚焦于视网膜上，因此可以看清远物；经过调节的眼，只要物体离眼的距离不小于近点，也能在视网膜上形成清晰的像，称为正视眼。若眼的折光能力异常，或眼球的形状异常，使平行光线不能在安静未调节的眼的视网膜上成像，则称为非正视眼，包括近视、远视和散光眼。

1. 近视　指看远物不清楚，只有当物体距眼较近时才能被看清。近视的发生是眼球前后径过长（轴性近视）或折光系统的折光能力过强（屈光性近视），故远物发出的平行光线被聚焦在视网膜的前方，而在视网膜上形成模糊的图像。近视眼的近点小于正视眼。近视可用凹透镜矫正。

2. 远视　远视的发生是由于眼球的前后径过短（轴性远视）或折光系统的折光能力太弱（屈光性远视），使来自远物的平行光线聚焦在视网膜的后方。远视眼在看远物时，也需经过眼的调节才能使人眼光线聚焦在视网膜上。远视眼的近点距离比正视眼大。远视眼不论看近物还是远物都需要进行调节，故易发生疲劳。远视可用凸透镜矫正。

3. 散光　正常人眼的角膜表面呈正球面，球面各径线上的曲率都相等，因此到达角膜表面各个点上的平行光线经折射后均能聚焦于视网膜上。散光主要是由于角膜表面不同径线上的曲率不等所致。入射光线中，部分经曲率较大的角膜表面折射而聚焦于视网膜之前；部分经曲率正常的角膜表面折射而聚焦于视网膜上；还有部分经曲率较小的角膜表面折射而聚焦于视网膜之后。因此，平行光线经过角膜表面的不同径线人眼后不能聚焦于同一焦平面上，造成视物不清或物像变形。此外，散光也可因晶状体表面各径线的曲率不等，或在外力作用下晶状体被挤出其正常位置而产生。眼外伤造成的角膜表面畸形可产生不规则散光。规则散光通常可用柱面镜加以矫正。

### （四）房水和眼内压

充盈于眼的前、后房中的透明液体称为房水。房水来源于血浆，由睫状体脉络膜丛产生，生成后由后房经瞳孔进入前房，然后流过前房角的小梁网，经许氏管进入静脉。房水不断生成，又不断回流入静脉，保持动态平衡，称为房水循环。房水具有营养角膜、晶状体及玻璃体的功能，并维持一定的眼内压。房水循环障碍时可使眼内压增高，眼内压的病理性增高称为青光眼，这时除眼的折光系统出现异常外，还可以引起头痛、恶心等全身症状，严重时可导致角膜混浊、视力丧失。

## 二、眼的感光换能系统

### （一）视网膜的结构功能特点

视网膜通常是指具有感光功能的视部，是位于眼球壁最内层锯齿缘以后的部分，包括色素上皮层和神经层，其厚度仅0.1~0.5mm。视网膜在组织学上可分为十层结构：色素上皮、感光细胞、感光细胞外段、感光细胞内段、外核层、外网层、内核层、内网层、节细胞层、视神经纤维。

主治语录：人眼视网膜有四层主要功能细胞，从前至后依次为色素细胞层，感光细胞层，双极细胞层和节细胞层。

神经层内主要含有视杆细胞和视锥细胞两种感光细胞以及其他四种神经元，即双极细胞、神经节细胞、水平细胞和无长突细胞。

1. 色素上皮及其功能　色素上皮细胞内含有黑色素颗粒，后者能吸收光线，能防止光线自视网膜折返而干扰视像，也能消除来自巩膜侧的散射光线。许多视网膜疾病都与色素上皮功能失调有关。此外，色素上皮还能为视网膜外层输送来自脉络膜的营养，并吞噬感光细胞外段脱落的膜盘和代谢产物。

2. 感光细胞及其特征

（1）感光细胞属于神经组织，人和哺乳动物视网膜中有视杆细胞和视锥细胞两种感光细胞。在形态上分为外段、内段和突触部（即突触终末）三部分。外段是视色素集中的部位，在感光换能中起重要作用。视杆细胞的外段呈圆柱状，而视锥细胞的外段呈圆锥状。

（2）视色素：视杆细胞只有一种视色素，称视紫红质。视锥细胞有三种视色素，分别存在于三种不同的视锥细胞中，它

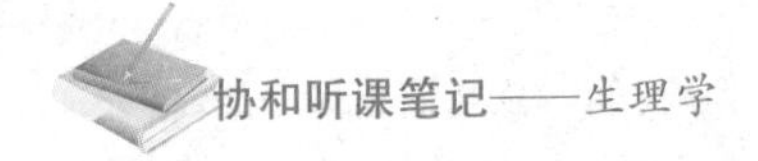


们不仅是产生光感，也是产生色觉的物质基础。

（3）分布：人视网膜中视杆细胞和视锥细胞在空间上的分布极不均匀。越近视网膜周边部，视杆细胞越多而视锥细胞越少；越近视网膜中心部，视杆细胞越少而视锥细胞越多；在黄斑中心的中央凹处，仅有视锥细胞而无视杆细胞。与上述细胞分布相对应，人眼视觉的特点正是中央凹在亮光处有最高的视敏度和色觉，在暗处则较差；相反，视网膜周边部则能感受弱光的刺激，但无色觉且清晰度较差。

视网膜由黄斑向鼻侧约3mm处有一直径约1.5mm的淡红色圆盘状结构，称为视盘，这是视网膜上视神经纤维汇集穿出眼球的部位，是视神经的始端。该处无感光细胞分布，成为视野中的盲点。正常时，用双眼视物，一侧眼视野中的盲点可被对侧眼的视野所补偿，因此人们并不会感觉到视野中有盲点存在。

3. 视网膜细胞的联系　两种感光细胞都通过其终足部与双极细胞建立化学性突触联系，双极细胞再和神经节细胞建立化学性突触联系。视网膜中这种细胞的纵向联系是视觉信息传递的重要结构基础。两种感光细胞和双极细胞以及神经节细胞形成信息传递通路时，其联系方式有所有同。在视杆系统普遍存在会聚现象，即多个视杆细胞与同一个双极细胞联系，而多个双极细胞再与同一个神经节细胞联系的会聚式排列；视锥系统细胞间联系的会聚却少得多。在中央凹处甚至可看到一个视锥细胞只同一个双极细胞联系，而该双极细胞也只同一个神经节细胞联系的情况。这种低程度会聚或无会聚的“单线联系”，使视锥系统具有较高的分辨能力。

### （二）视网膜的感光换能系统

在人和大多数脊椎动物的视网膜中存在着两种感光换能系统。一种称视杆系统或晚光觉系统，是由视杆细胞，双极细胞

和节细胞组成的感光换能系统，这是因为视杆细胞对光的敏感度高，能在夜晚昏暗条件下感受光刺激引起视觉。另一种由视锥细胞，双级细胞和节细胞组成，称视锥系统或昼光觉系统，这是由于视锥细胞对光敏感性较低，只能在白昼光的强光条件下才能引起视觉，但其能辨别颜色，能看清物体表面的细节与轮廓境界，空间分辨能力强。从动物种系的特点来看，某些只在白昼活动的动物如爬虫类和鸡等，视网膜仅有视锥细胞而无视杆细胞；而另一些只在夜间活动的动物如猫头鹰等，视网膜中不含视锥细胞而只有视杆细胞。

### （三）视杆细胞的感光换能机制

1. 视紫红质的光化学反应　视杆细胞主要与暗视觉有关，而在所有的视杆细胞中都发现了同样的视紫红质，其对蓝光有最大吸收能力，而这与人眼在弱光条件下对光谱上蓝绿光区域（相当于500nm 波长附近）感觉最明亮（不是感到了蓝绿色）的事实相一致。

视紫红质在光照时迅速分解为视蛋白和视黄醛，首先是由于视黄醛分子在光照时发生分子构象的改变，即其在视紫红质分子中本来呈11-顺型（一种较为弯曲的分子构象），而在光照时变为全反型（一种较为直的分子构象）。经过复杂的信号传递系统的活动，诱发视杆细胞出现感受器电位。

在亮处分解的视紫红质，在暗处又可重新合成，亦即这是一个可逆反应，其反应的平衡点决定于光照的强度。视紫红质的再合成是全反型的视黄醛变为11-顺型的视黄醛。全反型视黄醛必须从视杆细胞中释放出来，被色素上皮摄取，再异构化为11-顺型的视黄醛，并返回到视杆细胞与视蛋白重新结合。

全反型的视黄醛转变为11-顺型视黄醛还可通过另一条化学途径。全反型视黄醛首先转变为全反型的视黄醇，其是维生素

A的一种形式。然后，在异构酶的作用下转变为11-顺型视黄醇，最后转变为11-顺型视黄醛，并与视蛋白结合形成视紫红质。另一方面，贮存在色素上皮中的维生素A，即全反型视黄醇，同样可以转变为11-顺型视黄醛。摄入不足，会影响人在暗光时的视力，引起夜盲症。

2. 视杆细胞的感受器电位　在视网膜未经照射时，视杆细胞的静息电位只有-40～-30mV，比一般细胞小得多。当视网膜受光照时，可看到外段膜两侧电位短暂地向超极化的方向变化，因此视杆细胞的感受器电位（视锥细胞也一样）表现为一种超极化型的慢电位，而其他类型的感受器电位一般都表现为膜的暂时去极化。

视杆细胞产生超极化型感受器电位的机制：当视网膜受到光照时，视杆细胞外段盘上的视紫红质发生光化学反应，分解成视蛋白和全反型视黄醛，由此引起膜盘上的一种称为转导蛋白（Gt）的G蛋白活化，激活磷酸二酯酶，后者使外段胞质中cGMP分解为无活性的5′-GMP，导致cGMP浓度降低，外段膜上cGMP门控通道关闭，暗电流减小或消失；而内段膜中的非门控钾通道仍继续允许$K^+$外流，因而发生膜的超极化。

感光细胞的钠通道是化学门控式的，其通透性完全是由cGMP来调节的。胞质有大量cGMP能使通道开放，$Na^+$顺浓度梯度流向细胞内，产生内向离子流，这是视杆细胞静息电位形成的原因。

## （四）视锥系统的换能和颜色视觉

三种视锥色素也是由视蛋白和视黄醛结合而成，只有视蛋白的分子结构稍有不同，这种差异决定了与其结合在一起的视黄醛分子对某种波长的光线最为敏感。

1. 色觉　视锥细胞功能的重要特点是其具有辨别颜色的

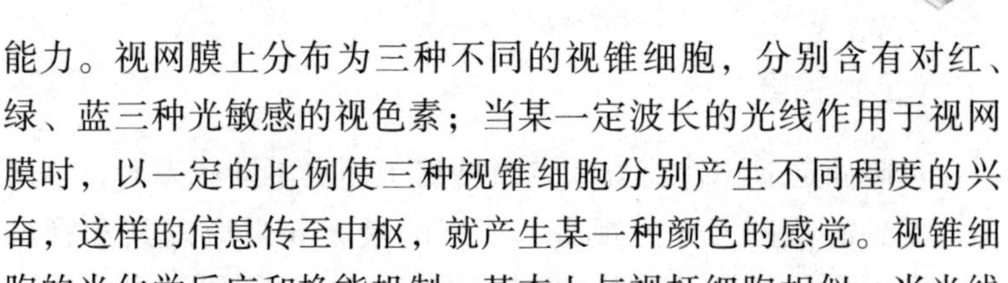

能力。视网膜上分布为三种不同的视锥细胞，分别含有对红、绿、蓝三种光敏感的视色素；当某一定波长的光线作用于视网膜时，以一定的比例使三种视锥细胞分别产生不同程度的兴奋，这样的信息传至中枢，就产生某一种颜色的感觉。视锥细胞的光化学反应和换能机制，基本上与视杆细胞相似。当光线作用于视锥细胞外段时，在细胞膜两侧产生超极化型感受器电位。

2. 色觉障碍

（1）色盲是一种对全部颜色或某些颜色缺乏分辨能力的色觉障碍，可分为全色盲（极少见）和部分色盲（以红、绿色盲最多见）。色盲属遗传缺陷疾病，男性>女性。

（2）色弱患者对某种颜色的识别能力较正常人稍差，即辨色能力不足。

## 三、与视觉有关的其他现象

### （一）视力

视力又称视敏度，指眼能分辨物体两点间最小距离的能力，也指眼对物体细小结构的分辨能力。视力通常用视角的倒数来表示。视角的大小与视网膜像的大小成正比。受试者能分辨的视角越小（视力>0.1），表明其视力越好。

### （二）暗适应和明适应

人从亮处进入暗室时，最初看不清楚任何东西，经过一定时间，视觉敏感度才逐渐增高，恢复了在暗处的视力，这种现象称为暗适应。相反，从暗处突然进入亮光处量，最初感到一片耀眼的光亮，不能看清物体，只有稍待片刻才能恢复视觉，这种现象称为明适应。

**（三）视野**

单眼固定地注视前方一点眼轴处于固定不动状态时，该眼所能看到的范围，称为视野。视野的最大界限应以其和视轴（单眼注视外界某一点时，此点的像正好在视网膜黄斑中央凹处，连接这两点的假想线即视轴）形成的夹角的大小来表示。在同一光照条件下，白色视野最大，其次为黄蓝色，再次为红色，绿色视野最小。

**（四）视后像和融合现象**

用闪光重复刺激人眼，若闪光频率较低，在主观上常能分辨出彼此分开的光感；当闪光频率增加到一定程度时，主观上将产生连续光感，这一现象称为融合现象。注视一个光源或较亮的物体，然后闭上眼睛，这时可感觉到一个光斑，其形状和大小均与该光源或物体相似，这种主观的视觉后效应称为视后像。

**（五）双眼视觉和立体视觉**

双眼注视同一物体时，虽然在两眼视网膜上各成一像，两眼视野有很大一部分重叠，主观上只能见到一个物体，称为双眼视觉。双眼视觉的优点可以弥补单眼视野中的盲区缺损，扩大视野，并可产生立体感。双眼视物时，主观上可产生被视物体的厚度以及空间的深度或距离等感觉，称立体视觉。

## 第四节 听 觉

听觉器官由外耳、中耳和内耳的耳蜗组成。耳的适宜刺激是空气中分子振动产生的疏密波，即声波，它的频率为

20~20 000Hz，对于每一种频率的声波，都有一个刚能引起听觉的最小强度，称为听阈。当强度在听阈以上继续增加时，听觉的感受也相应增强，但当强度增加到某一限度时，其引起的将不单是听觉，同时还会引起鼓膜的疼痛感觉，这个限度称为最大可听阈。

人耳的听阈随着声音的频率而变化，而且每一种振动频率都有其自己的听阈和最大可听阈，因此就能绘制出表示人耳对振动频率和强度的感受范围的坐标图，图中的下方曲线表示不同振动频率的听阈，上方曲线表示它们的最大可听阈，两者所包含的面积称为听域。人耳最敏感的频率在 1 000~3 000Hz，人的语音的频率主要分布在 300~3 000Hz。

## 一、外耳和中耳的功能

### （一）外耳的功能

外耳包括耳郭和外耳道。耳郭有集音作用，耳郭还可帮助判断声源的方向。外耳道是声波传导的通路，一端开口于耳郭，另一端被鼓膜封闭。对于波长为其长度 4 倍的声波能产生最大的共振作用，使声压增强。人的外耳道长约 2. 5cm，其最佳共振频率约为3 800Hz。鼓膜附近的声压级比外耳道口的声压级强 12 分贝左右。

### （二）中耳的功能

1. 中耳由骨膜、听骨链、鼓室和咽鼓管等结构组成。

2. 中耳的主要功能是将空气中的声波振动能量高效地传递到内耳，其中鼓膜和听骨链在声音传递过程中起着增压作用。

3. 鼓膜呈椭圆形，是一个压力承受装置，具有较好的频率响应和较小的失真度。

4. 听骨链由锤骨、砧骨及镫骨依次连接而成。三块听小骨形成固定角度的杠杆。锤骨柄为长臂，砧骨长突为短臂，杠杆的支点刚好在听骨链的重心上，因此在能量传递过程中惰性最小，效率最高。

5. 声波由鼓膜经听骨链到达卵圆窗膜时，其振动的压强增大，而振幅稍减小，这就是中耳的增压作用。其原因如下。

(1) 鼓膜的实际振动面积与卵圆窗膜的面积之比为17.2∶1。如果听骨链传递时总压力不变，则作用于卵圆窗膜上的压强为鼓膜上压强的17.2倍。

(2) 听骨链杠杆的长臂与短臂之比为1.3∶1，这样，通过杠杆的作用在短臂一侧的压力将增大为原来的1.3倍。通过以上两方面的作用，在整个中耳传递过程中的增压效应为17.2×1.3=22.4倍。

### (三) 声波传入内耳的途径

声音是通过空气传导与骨传导两种途径传入内耳的，正常情况下以气传导为主。

1. 气传导　外耳道引起鼓膜振动，再经听骨链和卵圆窗膜传向内耳的传导方式称为气传导。

2. 骨传导　指声波直接引起颅骨的振动，再引起位于颞骨骨质中的耳蜗内淋巴的振动。骨传导的敏感性比气传导低得多，因此在正常听觉的引起中，其作用甚微。但是当鼓膜或中耳病变引起传音性耳聋时，气传导明显受损，而骨传导却不受影响，甚至相对增强。

## 二、内耳耳蜗的功能

内耳（迷路）位于颞骨岩部的骨质内，分骨迷路和膜迷路，膜迷路套在骨迷路内。骨迷路与膜迷路之间充满外淋巴，膜迷

路内充满内淋巴，内、外淋巴互不相通。迷路在功能上分为耳蜗和前庭器官。耳蜗的主要功能是把经由鼓膜，听骨链、卵圆窗抵达耳蜗淋巴液的振动转变为感受器电位，最终引起耳蜗神经纤维产生动作电位。

### （一）耳蜗的功能结构要点

耳蜗是一条骨质的管道围绕一锥形骨蜗轴盘旋2~3周而成。耳蜗管被前庭膜和基底膜分成三个管腔，上方为前庭阶，中间为蜗管（也称中阶），下方为鼓阶。在基底膜上有听觉感受器，称为螺旋器或柯蒂器。螺旋器由内、外毛细胞及支持细胞等组成。毛细胞顶部与蜗管内淋巴接触，底部与鼓阶外淋巴相接触。毛细胞的底部与来自螺旋神经节的双极神经元周围突形成突触，而双级神经元中枢突穿出蜗轴形成听神经。

### （二）耳蜗的感音换能作用

耳蜗的感音换能作用其机制为：振动按行波原理由基底膜底部向耳蜗顶部传播，当行波引起基底膜振动时，盖膜与基底膜便各自沿着不同的轴上、下移动，于是两膜之间便发生交错的移行运动，使外毛细胞纤毛受到一个剪切力的作用而弯曲，引起毛细胞兴奋，并将机械能转变为生物电变化。引发耳蜗内一系列电变化，最后引起听神经纤维产生动作电位，完成耳蜗的换能作用。

### （三）耳蜗的生物电现象

1. 耳蜗内电位　在耳蜗未受刺激时，如果以鼓阶外淋巴为参考零电位，那么便可测出蜗管内淋巴中的电位为+80mV左右，称为耳蜗内电位，又称内淋巴电位。此时毛细胞的静息电位为-80~-70mV。

毛细胞顶部浸浴在内淋巴中，而周围和底部则浸浴在外淋巴中，故毛细胞顶端膜内、外的电位差可达150～160mV，而毛细胞周围和底部膜内、外的电位差仅约80mV，这是毛细胞电位与一般细胞电位的不同之处。现已证明，内淋巴中正电位的产生和维持与蜗管外侧壁血管纹的活动密切相关。血管纹由边缘细胞、中间细胞和基底细胞所构成。血管纹对缺氧或钠泵抑制剂毒毛花苷非常敏感，缺氧可使ATP生成及钠泵活动受阻；临床上常用的依他尼酸和呋塞米等利尿药可通过抑制$Na^+$-$K^+$-$2Cl^-$同向转运体，使内淋巴正电位不能维持，导致听力障碍。此外，耳蜗内电位对基底膜的机械位移很敏感。

2. 耳蜗微音器电位　当耳蜗受到声音刺激时，在耳蜗及其附近结构还可记录到一种具有交流性质的电变化，这种电变化的频率和幅度与作用于耳蜗的声波振动完全一致，称为微音器电位。其特点是电位随刺激强度的增加而增大；耳蜗微音器电位无真正的阈值，没有潜伏期和不应期，不易疲劳，不发生适应现象，其波形在一定程度上能再现刺激音的波形。微音器电位是多个毛细胞在接受声音刺激时所产生的感受器电位的复合表现。

## 三、听神经动作电位

听神经动作电位，是耳蜗对声音刺激所产生的一系列反应中最后出现的电变化，是耳蜗对声音刺激进行换能和编码的总结果。如果把微电极刺入听神经纤维内，可记录到单一听神经纤维的动作电位，是一种“全或无”式的反应，安静时有自发放电，声音刺激时放电增加，单一听神经纤维对某一特定频率的纯音只需很小的刺激强度便可发生兴奋，这个频率称为特征频率或最佳频率。随着声音强度增加，能引起单一听神经纤维放电的频率范围增大，每一条纤维最佳反应频率的高低，决定

于该纤维末梢在基底膜上的分布位置，而这一位置正好是该频率的声音所引起的最大振幅行波的所在位置。

## 四、听觉传入通路和听皮层的听觉分析功能

1. 听神经传入纤维首先在同侧脑干的蜗腹侧核和蜗背侧核换元，换元后的纤维大部分交叉到对侧，至上橄榄核的外侧折向上行，形成外侧丘系，少部分不交叉，进入同侧的外侧丘系，外侧丘系的纤维直接或经下丘换元后抵达内侧膝状体，后者再发出纤维组成听放射，止于初级听皮质。

2. 一侧通路在外侧丘系以上损伤，不会产生明显的听觉障碍。

3. 哺乳动物的初级听皮质位于颞叶上部（41 区），在人脑则位于颞横回和颞上回（41 区和 42 区）。

4. 听皮质的各个神经元能对听觉刺激的激发、持续时间、重复频率的诸参数，尤其是声源的方向作出反应，这与视皮质神经元的某些特性具有相似之处。

# 第五节　平衡感觉

内耳的前庭器官由半规管、椭圆囊和球囊组成，其主要功能是感受机体姿势和运动状态（运动觉）以及头部在空间的位置（位置觉），这些感觉合成为平衡感觉。

## 一、前庭器官的感受装置和适宜刺激

### （一）前庭器官的感受细胞

前庭器官的感受细胞都称为毛细胞，其换能机制与前面讲到的耳蜗毛细胞相似。每个毛细胞有两种纤毛，一种是动纤毛，

为最长的一条，位于一侧边缘处；另一种是静纤毛，相对较短，呈阶梯状排列。毛细胞的底部分布有感觉神经末梢。人体两侧内耳各有上、外、后三个相互垂直的半规管，分别代表空间的三个平面。每个半规管在与椭圆囊连接处均有一个膨大的部分，称壶腹，壶腹内有一镰状隆起，称壶腹嵴，其上有高度分化的感觉上皮，由毛细胞和支持细胞组成。

#### （二）前庭器官的适宜刺激和生理功能

1. 半规管　半规管的适宜刺激是正、负角加速度，两侧水平半规管判定旋转方向和旋转状态，其他两对半规管判定与它们所处平面方向相一致的旋转变速运动的刺激。

2. 椭圆囊和球囊　椭圆囊和球囊的毛细胞位于囊斑上，椭圆囊和球囊囊斑的适宜刺激是人体在囊斑平面上所做的各种方向的直线变速运动。球囊囊斑可判定头在空间的位置。

### 二、前庭反应

#### （一）前庭姿势调节反射

人在乘电梯时，由于电梯突然上升，肢体伸肌抑制使腿屈曲；电梯突然下降时，伸肌紧张使腿伸直。这些属于前庭器官的姿势反射，其意义是维持人体一定的姿势和保持身体平衡。

#### （二）前庭自主神经反应

如果前庭器官受到过强或过长的刺激，或刺激未过量而前庭功能过敏时，常会引起恶心、呕吐、眩晕、皮肤苍白、出汗、心率加快、血压下降、呼吸加快以及唾液分泌增多等现象，称为前庭自主神经反应，严重时可导致晕船、晕车和航空病。

### （三）眼震颤

前庭反应中最特殊的是躯体旋转运动时引起的眼球不自主的节律性运动，称为眼震颤，常来判定是否正常。眼震颤主要是由半规管受刺激引起的，生理情况下，两侧水平半规管受到刺激时，引起水平方向的眼震颤，上、后半规管受刺激时引起垂直方向的眼震颤。眼震颤的正常持续时间为20~40秒，频率为5~10次。如果眼震颤的持续时间过长，说明前庭功能过敏；如果眼震颤的持续时间过短，说明前庭功能减弱，某些前庭器官有病变的患者，眼震颤消失。此外，临床上可见脑干损伤的患者在并未进行旋转加速度运动的静息状态下出现眼震颤，这是病理性的眼震颤。

## 三、平衡感觉得中枢分析

人体的平衡感觉主要与头部的空间方位有关。头部的空间的方位在很大程度上取决于前庭感受器的传入信息，但视觉的提示作用也很重要。

# 第六节　嗅觉和味觉

## 一、嗅觉感受器和嗅觉的一般性质

### （一）嗅觉感受器及其适宜刺激

嗅觉感受器位于上鼻道及鼻中隔后上部的嗅上皮中。嗅上皮由嗅细胞、支持细胞、基底细胞和Bowman腺组成。嗅觉感受器的适宜刺激是空气中的有机化学物质，即嗅质。目前认为，嗅觉的多种感受是由至少七种基本气味引起的，包括樟脑味、麝香味、花草味、乙醚味、薄荷味、辛辣味和腐腥味。

### （二）嗅觉的一般性质

嗅觉具有群体编码的特性，即一个嗅细胞可对多种嗅质发生反应，而一种嗅质又可激活多种嗅细胞。人与动物对嗅质的敏感程度，称嗅敏度。感冒、鼻炎等疾病可明显影响人的嗅敏度。有些动物的嗅觉十分灵敏，如狗。嗅觉的另一个明显特点是适应较快，当某种气味突然出现时，可引起明显的嗅觉，如果这种气味的物质继续存在，感觉很快减弱，甚至消失。

## 二、味觉感受器和嗅觉的一般性质

### （一）味觉感受器及其适宜刺激

味觉的感受器是味蕾，主要分布在舌背部的表面和舌缘，少数散在于口腔和咽部黏膜表面。味蕾由味细胞、支持细胞和基底细胞组成。味细胞顶端有纤毛，称为味毛，从味蕾表面的味孔伸出，暴露于口腔，是味觉感受的关键部位。味觉感受器的适宜刺激是食物中有味道的物质，即味质。静息时，味细胞的膜电位是-60～-40mV，当给予味质刺激时，可使不同离子的膜电导发生变化，从而产生去极化感受器电位。

### （二）味觉的一般性质

人舌表面的不同部位对不同味刺激的敏感程度不一样，一般是舌尖部对甜味比较敏感，舌两侧对酸味比较敏感，而舌两侧的前部则对咸味比较敏感，软腭和舌根部对苦味比较敏感。味觉的敏感度往往受食物或刺激物本身温度的影响，在20～30℃，味觉的敏感度最高。味觉的辨别能力也受血液化学成分的影响，例如肾上腺皮质功能低下的人，血液中低钠，喜食咸味食物。众多的味道都是由四种基本的味觉组合而形成的，这四种味觉是酸、甜、苦、咸。味觉也是一种快适应感受器，某种味觉长时间刺激时，其味觉敏感度迅速降低，此时如果通过舌的运动移动味质的部位，则适应变慢。

## 三、嗅觉和味觉的中枢分析

1. 嗅觉

（1）嗅皮质随进化而渐趋缩小，在高等动物仅存在于边缘叶前底部，包括梨状区皮质的前部和杏仁的一部分。

（2）嗅信号可通过前连合从一侧脑传向另一侧。两侧嗅皮质并不对称。

（3）通过与杏仁、海马的纤维联系引起嗅觉记忆和情绪活动。

2. 味觉

（1）味觉信息的处理可能在孤束核、丘脑和味皮质等不同区域进行。

（2）味皮质位于中央后回底部（43 区），其中有些神经元仅对单一味质发生反应，有些还对别的味质或其他刺激发生反应，表现为一定程度的信息整合。

### 历年真题

当刺激感受器时，刺激虽在继续，但传入冲动频率已开始下降的现象称为

A. 疲劳

B. 抑制

C. 适应

D. 衰减传导

E. 传导阻滞

参考答案：C

# 第十章　神经系统的功能

## 核心问题

1. 突触传递。
2. 神经递质和受体。
3. 乙酰胆碱的作用。
4. 大脑皮质对躯体运动的调控。
5. 睡眠与觉醒。

## 内容精要

神经系统由中枢神经系统和周围神经系统组成。中枢神经系统位于颅腔和椎管内，包括脑和脊髓，主要由神经细胞及神经胶质细胞构成。位于颅腔和椎管以外的神经组织系统称为周围神经系统。

## 第一节　神经系统功能活动的基本原理

### 一、神经元与神经胶质细胞

#### （一）神经元

1. 神经元的基本结构　神经元是神经系统的结构与功能单

位，由胞体和突起两部分组成，突起分为树突和轴突。神经元的胞体集中存在于大脑和小脑的皮质、脑干和脊髓的灰质以及神经节内。一个神经元可有一个或多个树突，它们由胞体向外伸展，并呈树枝状分支。一个神经元一般只有一个轴突。

有些神经元，尤其在大脑和小脑的皮质，树突分支上还有大量多种形状的细小突起，称为树突棘，常为形成突触的部位。在大脑皮质，约98%的突触由树突参与形成，仅约2%由胞体参与形成。

与树突相比较，轴突较为细长，直径均一，分支较少，但可发出侧支，轴突起始的部分无髓鞘包裹，称为始段。轴突的末端分成许多分支，完全无髓鞘包裹，称为神经末梢，每个分支末梢部分膨大呈球状，称为突触小扣、终扣或突触小结，与另一个神经元的树突或胞体相接触而形成突触，轴突末端通常构成突触前部分。突触小结内含有丰富的线粒体和囊泡，囊泡内含有神经递质。

2. 神经元的主要功能

（1）感受体内、外各种刺激而引起电位变化。

（2）对各种来源的电位变化信息进行分析综合。神经元通过突起与其他神经元、器官、组织之间的相互联系，把来自内、外环境改变的冲动传入中枢，加以分析、整合处理，再经过传出通路把信号传到其他器官、系统的组织，产生一定的生理调控效应。

3. 神经纤维及其功能　轴突和感觉神经元的周围突都称为神经纤维。神经纤维根据有无髓鞘可分为有髓神经纤维和无髓神经纤维。轴突和感觉神经元的长树突两者统称为轴索，轴索外面包有髓鞘或神经膜，成为有髓神经纤维。另一些被胶质细胞稀疏包裹，髓鞘单薄或不严密，形成无髓神经纤维。构成髓鞘或神经膜的胶质细胞在周围神经系统主要由施万细胞的胞膜多层包裹而构成。神经纤维的主要功能是兴奋传导和物质运输。

(1) 神经纤维传导兴奋传导的特征

1) 生理完整性：兴奋能够在同一神经纤维上传导，首先要求神经纤维在解剖和生理上是完整的。如果神经纤维局部受损、被施以麻醉剂或完全离断，局部电流受阻，兴奋传导也即受阻。

2) 绝缘性：一条神经干包含着无数条神经纤维，但每条纤维的动作电信传导基本上互不干扰，表现为各神经纤维传导兴奋时彼此隔绝的特性。这是因为局部电流主要在一条纤维上构成回路，加上各纤维之间存在着髓鞘的缘故。

3) 双向性：刺激神经纤维上任何一点，只要刺激强度足够大能产生动作电位，引起的兴奋可沿纤维向两端同时传导。这是由于局部电流可在刺激点的两端发生，并继续传向远端，但在体内突触的极性决定了在体内的单向传导。

4) 相对不疲劳性：在实验条件下连续电刺激神经数小时至十几小时，神经纤维始终能保持其传导兴奋的能力，相对突触传递而言，神经纤维的兴奋传导表现为不易发生疲劳。这是由于神经冲动的传导依赖局部电流，完全是物理现象，无需提供能量，耗能较突触传递少得多。

(2) 影响神经纤维传导速度的因素

1) 不同种类的神经纤维，其传导兴奋的速度有很大的差别，这与神经纤维的直径，有无髓鞘、髓鞘的厚度以及局部电流强度有密切关系。一般而言，纤维越粗，其传导速度越快。

2) 有髓神经纤维的传导速度与其直径成正比，这里的直径是指包括轴索和髓鞘在一起的总直径。有髓神经纤维传导速度比无髓神经纤维快得多。局部电流越大，传导速度越快。

(3) 神经纤维的分类

1) 根据传导速度和后电位的差异分类：可将哺乳类动物的周围神的神经纤维分为A、B、C三类。其中A类纤维又分为α、

β、γ、δ四类。目前这种分类方法多用于传出纤维。

2）根据纤维直径和来源分类：主要是对传入纤维的分类，共分为Ⅰ、Ⅱ、Ⅲ、Ⅳ四类。Ⅰ类纤维中又包括$Ⅰ_a$和$Ⅰ_b$两个亚类。

神经纤维的两种分类间存在交叉重叠。

（4）神经纤维的轴浆运输功能：轴浆即充盈于轴突中的细胞质，具有运输物质的作用，称为轴浆运输。可分为自胞体向轴突末端的顺向轴浆运输和自末梢到胞体的逆向轴浆运输。

1）顺向轴浆运输：自胞体向轴突末梢的轴浆运输，分两类。一类是快速轴浆运输，指的是具有膜的细胞器（如线粒体、递质囊泡和分泌颗粒等囊泡结构）的运输；另一类是慢速轴浆运输，指的是由胞体合成的蛋白质所构成的微管和微丝等结构不断向前延伸，其他轴浆的可溶性成分也随之向前运输。

2）逆向轴浆运输：速度约为205mm/d，由动力蛋白将一些物质从轴突末梢向胞体方向运输；神经生长因子通过此方式而作用于神经元胞体的；有些病毒（如狂犬病病毒）和毒素（如破伤风毒素），以及用于神经科学实验研究的辣根过氧化酶，也可在末梢被摄取，然后被逆向运输到神经元的胞体。

4. 神经对效应组织的营养性作用　神经末梢除支持所支配组织的功能活动外还能经常性地释放某些物质，持续地调整被支配组织的内在代谢活动，影响其持久性的结构，生化和生理的变化，称为神经的营养性作用。神经的营养性作用在正常情况下不易被觉察，但在神经被长期切断后就能够明显地表现出来。

神经的营养性作用是通过神经末梢经常释放某些营养性因子，作用于所支配的组织而完成的。营养性因子可能是借助于轴浆运输由神经元胞体流向末梢，而后由末梢释放到所支配的组织中。需要指出的是神经的营养性作用与神经冲动无关。

5. 神经营养因子对神经元的调控作用　神经营养因子指一类由神经所支配的效应组织（如肌肉）和星形胶质细胞产生，且为神经元生长与存活所必需的蛋白质或多肽分子。它们在神经元的发生、迁移、分化和凋亡等过程中起调控作用。

### （二）神经胶质细胞

1. 胶质细胞的结构和功能特征

（1）胶质细胞也有突起，但无树突和轴突之分。

（2）细胞之间不形成化学性突触，但普遍存在缝隙连接。

（3）膜电位随着细胞外 $K^+$ 浓度而改变，但不能产生动作电位。

（4）胶质细胞终身具有分裂增殖的能力。

2. 胶质细胞的类型和功能

（1）星形胶质细胞的功能

1）机械支持与营养作用：在脑组织中，神经元和血管外的空间主要有星形胶质细胞充填。星形胶质细胞还能通过其分泌的多种神经营养因子，对神经元的生长、发育、存活和功能维持起营养作用。

2）修复和增生作用：脑和脊髓可因缺氧、外伤或疾病发生变性。在组织碎片被清除后，留下的组织缺损主要依靠星形胶质细胞的增生来充填。但星形胶质细胞增生过强往往可形成脑瘤，成为引起癫痫发作的病灶。

3）对某些递质和活性物质的代谢作用：星形胶质细胞能摄取神经元释放的谷氨酸和 γ-氨基丁酸，将其转变为谷氨酰胺后再转运到神经元内。

4）隔离和屏障作用：胶质细胞具有隔离中枢神经系统内各个区域的作用。投射到同一神经元群的每一神经末梢可被星形胶质细胞的突起覆盖，以免来自不同传入纤维的信号相互干扰。

5）细胞外液 $K^+$浓度稳定作用：星形胶质细胞膜上的钠-钾泵可将细胞外液中过多的 $K^+$转运进入胞内，并通过缝隙连接将其分散到其他胶质细胞，形成 $K^+$的储存和缓冲池，从而有助于维持细胞外合适的 $K^+$浓度以及神经元的正常电活动。

6）免疫应答作用：星形胶质细胞作为中枢神经系统的抗原提呈细胞，其细胞膜上表达的特异性主要组织相容性复合体Ⅱ（MHC Ⅱ）能与经处理的外来抗原结合，并将其呈递给 T 淋巴细胞。

7）迁移引导作用：发育中的神经细胞沿着星形胶质细胞（主要是辐射状星形胶质细胞和小脑 Bergmann 细胞）突起的方向迁移到它们最终的定居部位。

（2）少突胶质细胞和施万细胞：少突胶质细胞和施万细胞可分别在中枢和周围神经系统形成髓鞘。在有髓的神经纤维，髓鞘使动作电位跳跃式传导，可大大提高神经纤维传导兴奋的速度。此外，髓鞘还能引导轴突生长并促进其与其他细胞建立突触联系。在周围神经损伤变性后的再生过程中，轴突可沿施万细胞所构成的索道生长。

## 二、突触传递

### （一）电突触传递

电突触是以电流为传递媒介的突触，其结构基础是缝隙连接。缝隙连接开放时，可允许无机离子和许多有机小分子顺浓度梯度从一个细胞的胞质扩散进入另一个细胞的胞质，同时形成了细胞间的导电通道。两个通过缝隙连接相连的神经元，当其中之一发生局部电位或动作电位，在两个神经元紧密接触的部位，连接部位的神经细胞膜并不增厚，膜两侧旁胞质内无突触小泡，两侧膜上有沟通两个细胞胞质的通道蛋白，允许带电离子通过而传递电信号。传递一般为双向的；局部电流可以从中通过，因此传递速度快，几乎不存在潜伏期，电突触传递的功能是促进不同神经元产生同步性放电，电突触可存在于树突与树突、胞体与胞体、轴突与胞体、轴突与树突之间。

### （二）化学性突触传递

化学性突触是以神经元所释放的化学物质为信息传递媒质（即神经递质）的突触，是最多见的类型。根据突触前、后两部分之间有无紧密的解剖学关系，可将化学性突触分为定向突触和非定向突触。

1. 定向突触传递　向突触末梢释放的递质仅作用于突触后范围极为局限的部分膜结构，其典型例子是骨骼肌神经-肌接头和神经元之间经典的突触。

(1) 经典突触的微细结构

1）轴突-树突式突触：由前神经元的轴突与后神经元的树突相接触而形成。这类突触最为多见，多形成于树突的树突棘处。

2）轴突-胞体式突触：由前神经元的轴突与后神经元的胞体相接触而形成。这类突触也较常见。

3）轴突-轴突式突触：由前一神经元的轴突与后一神经元的轴突相接触而形成的突触。

经典的突触包括突触前膜、突触间隙和突触后膜。它们多由一个神经元的轴突末梢与另一个神经元或效应细胞相接触而形成，因此轴突末梢通常被认作突触前成分；靶神经元或效应细胞则被视为突触后成分。两膜之间的间隙称为突触间隙。这样一个神经元能够通过突触传递作用于许多其他神经元；同时其树突或胞体可以接受来自许多不同神经元的突触小结而构成突触。

不同突触内所含突触囊泡的大小和形态不完全相同，一般分三种：①小而清亮透明的囊泡，内含乙酰胆碱或氨基酸类递质。②小而具有致密中心的囊泡，内含儿茶酚胺类递质。③大而具有致密中心的囊泡，内含神经肽类递质。前两种突触囊泡分布在活化区内，后一种则均匀分布于突触前末梢内，并可从其任意部位释放。

（2）经典突触的传递过程：当突触前神经元兴奋时，兴奋很快传到神经末梢，可以使突触前膜发生去极化。当去极化达一定水平时，则引起前膜上的一种电压门控式 $Ca^{2+}$ 通道开放，于是细胞外液中的 $Ca^{2+}$ 进入突触前膜。$Ca^{2+}$ 进入前膜后可能发挥两个方面的作用：一方面是降低轴浆的黏度，有利于突触小泡向前膜移动；另一方面是消除突触前膜内侧的负电位，促进突触小泡和前膜接触、融合，然后以胞吐形式将神经递质释放。

$Ca^{2+}$ 在突触末梢内的浓度很快恢复到静息时的水平，这是因为末梢内 $Ca^{2+}$ 浓度的升高触发了膜的 $Na^{+}$-$Ca^{2+}$ 逆向转运，把轴浆内的 $Ca^{2+}$ 转运到细胞外，如果细胞外液中 $Ca^{2+}$ 浓度降低，或 $Mg^{2+}$ 浓度增高，神经递质的释放将受到抑制，反之则神经递质释放增多。

递质释放后进入突触间隙，再经过扩散到达突触后膜，作用于突触后膜上的特异性受体或化学门控式通道，引起突触后膜上某些离子通道通透性的变化，导致某些带电离子进入突触后膜，从而引起突触后膜的膜电位发生一定程度上的去极或超极化，这种突触后膜上的电位变化称为突触后电位。

2. 非定向突触传递　这种突触类型不具有经典突触的结构，其突触前末梢释放的递质可扩散至距离较远和范围较广的突触后成分，所以又称非突触性化学传递。

非突触性化学传递时，轴突末梢分支上的曲张体含有大量小泡，是递质释放的部位，通过弥散作用到相应细胞膜的受体，使效应细胞发生反应。

非定向突触传递与定向突触传递相比，具有以下几个特点：①不存在突触前膜与后膜的特化结构。②不存在一对一的支配关系，一个曲张体能支配较多的效应器细胞。③曲张体与效应器细胞间的距离一般大于20nm，有的甚至超过400nm。④递质扩散距离较远，因此传递所费时间可大于1秒。⑤释放的递质能否产生效应，取决于效应器细胞上有无相应受体。

3. 影响定向突触传递的因素、环节

（1）影响递质释放的因素：递质释放量主要取决于进入末梢的 $Ca^{2+}$ 量。

（2）影响递质清除的因素：凡能影响递质重摄取和酶解代谢的因素也能影响突触传递。

（3）影响突触后膜反应性的因素：受体发生上调或下调，从而改变突触后膜的反应性影响突触效能。

4. 兴奋性和抑制性突触后电位　突触后电位主要有兴奋性突触后电位（EPSP）和抑制性突触后电位（IPSP）两种形式，见表10-1-1。

（1）EPSP：突触后膜的膜电位在递质作用下发生去极化改变，使该突触后神经元对其他刺激的兴奋性升高，这种电位变化称为兴奋性突触后电位。一个神经元的刺激兴奋不足以引发突触后神经元的动作电位；但当同时参与活动的突触数增多，EPSP可以发生空间性总和，以致突触后电位的达到阈电位而引发动作电位。由此可见，EPSP也和终板电位一样，是突触后膜产生的局部兴奋。

快EPSP形成的机制是某种兴奋性递质作用于突触后膜上的受体，提高后膜对 $Na^+$ 和 $K^+$ 的通透性，尤其是对 $Na^+$ 的通透性，从而导致 $Na^+$ 的内流，局部膜的去极化。

慢EPSP则多与 $K^+$ 电导降低有关。

（2）IPSP：突触后膜的膜电位在递质作用下产生超极化改变，使该突触后神经元对其他刺激的兴奋性下降，这种电位变化称为抑制性突触后电位。产生快 IPSP 的机制为某种抑制性递质作用于突触后膜，使后膜上的 $Cl^-$ 通道开放，导致 $Cl^-$ 内流，从而使膜电位发生超极化。另外，IPSP 的产生也与 $K^+$ 通透性和 $K^+$ 外流增加，以及 $Na^+$ 或 $Ca^{2+}$ 通道的关闭有关。$K^+$ 通道的开放在慢 IPSP 产生中作用更为明确。

表 10-1-1　EPSP 和 IPSP 的对比

| 对比项目 | EPSP | IPSP |
|---|---|---|
| 突触前神经元 | 兴奋性神经元 | 抑制性中间神经元 |
| 递质的性质 | 兴奋性递质 | 抑制性递质 |
| 突触后膜离子通透性的变化 | $Na^+$、$K^+$，尤其是 $Na^+$ 通透性↑ | $Cl^-$ 通透性↑ |
| 突触后膜电位变化 | 去极化 | 超极化 |
| 突触后神经元兴奋性 | 增加 | 降低 |
| 在信息传递中作用 | 突触后神经元产生动作电位或易化 | 突触后神经元不容易产生动作电位 |

主治语录：EPSP 和 IPSP 均具有局部电位的体征。

5. 突触后神经元动作电位　在中枢神经系统中，一个神经元常与其他多个神经元构成多个突触，既产生 EPSP 又产生 IPSP。所以突触后膜上电位的改变取决于同时产生的 EPSP 和 IPSP 的代数和。当其膜电位总趋势为超极化时，突触后神经元表现为被抑制；当其膜电位总趋势为去极化时，则易于达到阈电位而爆发动作电位，即兴奋性提高。多数神经元（如运动神经元和中间神经元）在作为突触后神经元时，其动作电位首先发生在轴突始段。这是因为电压门控钠通道在该段轴突膜上密度较大，而在胞体和树突膜上则很少分布。动作电位一旦爆发，既可沿轴突传向末梢，又可逆向传到胞体。神经元在经历一次兴奋后即进入绝对不应期，故只有当绝对不应期结束后，神经元才能接受新的刺激而再次兴奋，因此逆向传导的意义可能在于消除神经元此次兴奋前不同程度的去极化或超极化的影响，使其状态得到一次“重启”。在感觉神经元，动作电位可爆发于其有髓周围突远端的第一个朗飞结处，或无髓周围突远端的未明确部位，然后向胞体方向传导。

6. 突触的可塑性　突触的可塑性是指突触传递的功能可发生较长时程的增强或减弱。

（1）强直后增强：重复刺激突触前神经元可引起突触效能出现短时性改变。突触效能增大的可塑性包括易化和增强。突触效能减小的可塑性则称为压抑。给予突触前神经元一短串高频刺激后（又称强直刺激），突触效能增强的现象称为强直后增强（PTP），持续时间为数分钟到数小时量级。短时程易化和增强的产生通常是由于强直刺激使突触前末梢轴浆内 $Ca^{2+}$ 浓度增加，导致递质释放量增加所致。这一方面是由于进入末梢内的 $Ca^{2+}$ 需要较长时间才能进入细胞内的钙库；另一方面末梢内钙库可由于大量细胞外钙的进入出现暂时性饱和，使轴浆内游离 $Ca^{2+}$ 暂时蓄积。显然，强直后增强是一种在突触前发生的对突触效能的易化。而产生压抑的机制可能是因为突触前末梢膜上部分电压门控钙通道处于关闭状态。

（2）习惯化和敏感化：反复的温和刺激后产生的短时间内突触后反应减弱或缩短的现象，称习惯化。典型例子是无脊椎动物海兔的缩鳃反射，即用水流或毛笔轻触其喷水管可引起喷水管和呼吸鳃回缩。反复温和刺激喷水管后，缩鳃反射的幅度将逐渐减小。若在其尾部给予电击后再轻触其喷水管，则可使

缩鳃反射幅度增大，时间延长。这种在伤害性刺激后，突触后反应短时间增强或延长的现象称为敏感化。习惯化和敏感化都是学习的简单形式（见本章第六节）。习惯化由突触前末梢钙通道逐渐失活，$Ca^{2+}$内流减少，递质释放减少所致，可看作是一种在突触前发生的对突触效能的抑制；而敏感化则是突触前末梢钙通道开放时间延长，$Ca^{2+}$内流增加引起。敏感化的产生需要在构成突触的突触前和突触后神经元之外加入第三个神经元才能完成，是一种在突触相互作用基础上对一个突触后神经元兴奋性的易化，实质上就是突触前易化（见后）。一般认为，习惯化和敏感化都是短时程的，但有时也可持续数小时或数周，可能与某些蛋白的合成和突触结构的改变有关。

（3）长时程突触可塑性

1）长时程增强：1973年，Bliss和Lpmo发现强直刺激兔海马前穿质通路，即从内嗅皮质到海马齿状回的神经通路，在齿状回颗粒细胞记录到的群反应显著增强，这一现象称为长时程增强（LTP）。LTP普遍存在于中枢神经系统，除海马外，在大脑皮质运动区、视皮质、内嗅皮质、外侧杏仁核、小脑和脊髓等部位都可产生。与短时程突触可塑性相比，LTP的发生通常是由突触后，而不是突触前神经元内$Ca^{2+}$浓度升高所致。LTP已被公认为是脊椎动物学习和记忆机制在细胞水平的基础。脑内不同部位产生LTP的机制既存在共性，也有不少差异。

2）长时程压抑：长时程压抑（LTD）是指突触效能的长时程减弱。LTD也广泛见于中枢神经系统，如海马、小脑皮质和新皮质等脑区。在海马，LTD可在产生LTP的同一突触被诱导产生，但所需刺激的频率是不同的。以较高频率（50Hz）刺激Schaffer侧支能使突触后胞质内$Ca^{2+}$浓度明显升高；而以同等强度低频（1Hz）刺激则可使突触后胞质内$Ca^{2+}$浓度轻度升高。

胞质内大幅升高的$Ca^{2+}$浓度可激活$Ca^{2+}$-CaMKⅡ；但胞质内

$Ca^{2+}$浓度轻度升高则优先激活蛋白磷酸酶，结果使 AMPA 受体去磷酸化而电导降低，突触后膜上 AMPA 受体的数量也减少，从而产生 LTD。LTD 有多种形式，且不同部位不同形式的 LTD 具有不同的发生机制，有的依赖谷氨酸促代谢型受体，而多数则明显需要大麻素受体的激活。

## 三、神经递质和受体

### （一）神经递质

神经递质是指突触前神经元合成并在末梢处释放，经突触间隙扩散，特异性地作用于突触后神经元或效应器细胞上的受体，导致信息从突触前传递到突触后的一些化学物质，即在化学突触传递过程中起化学传递作用的化学物质。神经递质是化学传递的物质基础。

1. 递质的鉴定　神经递质应有一些共性。

（1）突触前神经元应具有合成递质的前体和酶系统，并能合成该递质。

（2）递质贮存于突触小泡内，当兴奋冲动抵达末梢时，小泡内递质能释放入突触间隙。

（3）递质释出后经突触间隙作用于后膜上特异受体而发挥其生理效应。

（4）在突触中有能使其失活的机制并有一系列能降解该递质的酶系统。

（5）有特异的受体激动药和受体阻断药，并能够分别激活或阻断该递质的突触传递作用。

2. 调质

（1）调质是指神经元产生的另一类化学物质，能调节信息传递的效率，增强或削弱递质的效应，这类对递质信息传递起

调节作用的物质称为神经调质。

（2）调质所发挥的作用称为调制作用。如阿片肽对交感末梢释放 NA 的调制作用。

（3）递质在有些情况下可起调质的作用，而在另一种情况下调质也可发挥递质的作用，因此两者之间并无明确界限。

3. 递质共存

（1）有两种或两种以上的递质（包括调质）共存于同一神经元内，这种现象称为递质共存。

（2）递质共存的意义在于协调某些生理过程。

4. 递质的代谢　包括递质的合成、储存、释放、降解、再摄取和再合成等步骤。

（1）合成、储存：乙酰胆碱和胺类递质都在有关合成酶的催化下，且多在胞质中合成，然后被摄取入突触小泡内储存。肽类递质则在基因调控下，通过核糖体的翻译和翻译后的酶切加工等过程而形成。

（2）释放：突触前膜释放递质的过程称为出胞。$Ca^{2+}$ 的转移在这一过程中起重要作用。

（3）降解、再摄取和再合成：递质作用于受体并产生效应后，很快即被消除。消除的方式主要有酶促降解和被突触前末梢重摄取等。

1）乙酰胆碱的消除依靠突触间隙中的胆碱酯酶，后者能迅速水解乙酰胆碱为胆碱和乙酸，胆碱则被重摄取回末梢内，重新用于合成新递质。

2）去甲肾上腺素主要通过末梢的重摄取及少量通过酶解失活而被消除。

3）肽类递质的消除主要依靠酶促降解。

### （二）受体的类型和分布

递质受体指突触后膜或效应器细胞膜上能与某些化学物质

（如递质、调质、激素等）发生特异性结合并引起生物学效应的特殊生物分子。有一些物质能够与受体结合，从而占据受体或改变受体的空间结构形式，使递质不能发挥作用，这些物质称为受体阻断药/拮抗药。

受体激动药和受体阻断药统称为配体。

1. 受体的种类和亚型

（1）目前主要以不同的天然配体进行分类和命名，如以乙酰胆碱为天然配体的胆碱能受体和以去甲肾上腺素为天然配体的肾上腺素能受体。

（2）各类受体还可进一步分出若干层次的亚型。

2. 突触前受体

（1）受体一般存在于突触后膜，但也可分布于突触前膜，分布于前膜的受体称为突触前受体。

（2）突触前受体激活后，多数起负反馈调节突触前递质释放的作用。

3. 受体的作用机制　受体在与递质发生特异性结合后被激活，然后通过一定的跨膜信号转导途径，使突触后神经元活动改变或使效应细胞产生效应。介导跨膜信号转导的受体主要有G蛋白偶联受体和离子通道型受体。

4. 受体的浓集　在与突触前膜活化区相对应的突触后膜上有成簇的受体浓集，因此此处存在受体的特异结合蛋白。

5. 受体的调节　膜受体蛋白的数量和与递质结合的亲和力在不同的生理或病理情况下均可发生改变。

（1）受体的上调

1）当递质分泌不足时，受体的数量将逐渐增加，亲和力也将逐渐升高，称为受体的上调。

2）有些膜受体的上调可通过膜的流动性将暂时储存于胞内膜结构上的受体蛋白表达于细胞膜上而实现。

（2）受体的下调

1）当递质释放过多时，则受体的数量逐渐减少，亲和力也逐渐降低，称为受体的下调。

2）有些膜受体的下调则可通过受体蛋白的内吞入胞，即受体的内化，以减少膜上受体的数量而实现。

3）有些膜受体的下调是由于受体蛋白发生磷酸化而降低其反应性所致。

### （三）主要神经递质及其受体

1. 乙酰胆碱及其受体　在周围神经系统，释放 ACh 作为递质的神经纤维，称为胆碱能纤维。所有自主神经节前纤维、大多数副交感节后纤维、少数交感节后纤维（引起汗腺分泌和骨骼肌血管舒张的舒血管纤维），以及肌肉骨骼肌的纤维，都属于胆碱能纤维。

在中枢神经系统，以 ACh 作为递质的神经元，称为胆碱能神经元。胆碱能神经元在中枢的分布极为广泛。如脊髓前角运动神经元，丘脑后部腹侧的特异感觉投射神经元，尾核，纹状体内的某些神经元等。以 ACh 为配体的受体称为胆碱能受体，根据药理特性可分为以下几种。

（1）毒蕈碱受体：毒蕈碱能模拟 ACh 对心肌、平滑肌和腺体的刺激作用。所以这些作用称为毒蕈碱样作用（M 样作用），相应的受体称为毒蕈碱受体（M 受体）。其作用可被阿托品阻断。大多数副交感节后纤维、少数交感节后纤维（引起汗腺分泌和骨骼肌血管舒张的舒血管纤维）所支配的效应器细胞膜上的胆碱能受体都是 M 受体。当 ACh 作用于这些受体时，可产生一系列自主神经节后胆碱能纤维兴奋的效应，包括心脏活动的抑制、支气管平滑肌的收缩、胃肠平滑肌的收缩、膀胱逼尿肌的收缩、虹膜环行肌的收缩、消化腺分泌的增加，以及汗腺分泌的增加和骨骼肌血管的舒张等。在临床上，毛果芸香碱作为受体激动药对 $M_3$受体有选择性，能缩小瞳孔，可用于治疗青光眼；而溴化泰乌托品等作为受体阻断药对 $M_3$受体有选择性，能放松气道平滑肌，其雾化吸入剂被用作强效持久型平喘药。

（2）烟碱受体：这类受体存在于所有自主神经节前神经元的突触后膜和神经-肌肉接头的终板膜上。小剂量 ACh 能兴奋自主神经节神经元，也能引起骨骼肌收缩，而大剂量 ACh 则阻断自主神经节的突触传递。这些效应不受阿托品影响，但可被从烟草叶中提取的烟碱所模拟，因此这些作用称为烟碱样作用（N 样作用），其相应的受体称为烟碱受体。

在周围神经系统，筒箭毒碱可阻断肌肉型和神经元型烟碱受体的功能；十烃季铵和戈拉碘铵主要阻断肌肉型烟碱受体的功能，常被用作肌松药；而六烃季铵和美卡拉明则主要阻断神经元型烟碱受体的功能，从而拮抗 ACh 的作用，可用于控制严重高血压。

2. 单胺类递质及其受体

（1）去甲肾上腺素（NE）和肾上腺素及其受体：儿茶酚胺类递质包括去甲肾上腺素、肾上腺素和多巴胺。

1）在外周，多数交感神经节后纤维（除支配汗腺和骨骼肌血管的交感胆碱纤维外）释放的递质是 NE，以 NE 作为神经递质的神经纤维。

在中枢神经系统，以 NE 为递质的神经元称 NE 能神经元；以肾上腺素为递质的神经元称为肾上腺素能神经元（不特意区分时，后者包括前者），其胞体主要分布在延髓。中枢 NE 能纤维的上行部分投射到大脑皮质、边缘前脑和下丘脑；下行部分投射至脊髓后角的胶质区、侧角和前角。

绝大多数的 NE 能神经元位于低位脑干，尤其是中脑网状结构、脑桥的蓝斑以及延髓网状结构的腹外侧部分。

2）能与肾上腺素和NE结合的受体称为肾上腺素能受体。均属G蛋白偶联受体，主要分为α型肾上腺素能受体（α受体）和β型肾上腺素能受体（β受体）两种。

肾上腺素能受体广泛分布于中枢和周围神经系统。肾上腺素能受体激动后产生的效应，既有兴奋性的，又有抑制性的，与效应相关，因素如下。①受体的特性：肾上腺素和NE与α受体（主要是$\alpha_1$受体）结合后产生的平滑肌效应主要是兴奋性的，包括血管收缩、子宫收缩、虹膜辐射状肌收缩等，但也有抑制性的（由$\alpha_2$受体介导），如小肠舒张；肾上腺素和NE与β受体（由$\beta_2$受体介导）结合后产生的平滑肌效应是抑制性的，包括血管舒张、子宫舒张、小肠舒张、支气管舒张等，但与心肌$\beta_1$受体结合产生的效应却是兴奋性的。②配体的特性：去甲肾上腺素对α受体的作用强于对β受体的作用；肾上腺素对α和β受体的作用都强。③器官上两种受体的分布情况：如血管平滑肌上有α和β两种受体，在皮肤、肾、胃肠的血管平滑肌上α受体在数量上占优势，肾上腺素的作用是产生收缩效应；在骨骼肌和肝脏的血管，β受体占优势，肾上腺素的作用主要产生舒张效应。$\beta_3$受体主要分布于脂肪组织，与组织分解有关。

酚妥拉明能非选择地阻断α受体，但以对$\alpha_1$受体的阻断作用为主。哌唑嗪可选择性阻断$\alpha_1$受体，而育亨宾能选择性阻断$\alpha_2$受体。普萘洛尔（心得安）是β受体阻断药，但对$\beta_1$和$\beta_2$受体无选择性。

（2）多巴胺（DA）及其受体：多巴胺递质、受体系统主要位于中枢，包括三个部分：黑质-纹状体部分、中脑-边缘系统部分、和结节-漏斗部分，分别与运动调控、奖赏行为和成瘾、垂体内分泌活动调节等有关。

（3）5-羟色胺及其受体：5-羟色胺（5-HT）又称血清素。5-HT在血小板及胃肠道的肠嗜铬细胞和肌间神经丛浓度最高，主要涉及消化系统和血小板聚集等功能活动。在中枢，5-HT 能纤维可上行至下丘脑、边缘系统、新皮质和小脑；也可下行到脊髓，还有一部分纤维分布在低位脑干内部，主要功能是调节痛觉、精神情绪、睡眠、体温、性行为、垂体内分泌等活动。

（4）组胺及其受体：组胺能纤维到达中枢几乎所有部位。组胺的 $H_1$，$H_2$和 $H_3$受体广泛存在于中枢和周围神经系统中。中枢组胺系统可能与觉醒、性行为、腺垂体激素的分泌、血压、饮水和痛觉等调节有关。

3. 氨基酸类递质及其受体　氨基酸类递质主要存在于中枢神经系统。

（1）兴奋性氨基酸类递质及其受体

1）谷氨酸广泛分布于中枢神经系统，在大脑皮质和脊髓背侧部分含量相对较高，受体有促离子型受体和促代谢型受体两种类型。

2）门冬氨酸多见于视皮质的锥体细胞和多棘星状细胞。

（2）抑制性氨基酸类递质及其受体

1）γ-氨基丁酸（GABA）在大脑皮质的浅层和小脑皮质的浦肯野细胞层含量较高。GABA 受体也分为促离子型受体（$GABA_A$、$GABA_C$受体）和促代谢型受体（$GABA_B$受体）两类，前者为 $Cl^-$ 通道，激活时增加 $Cl^-$ 内流，后者则通过增加 $K^+$ 外流，两者都可引起突触后膜超极化而产生抑制效应。

2）甘氨酸主要分布于脑干和脊髓中。闰绍细胞轴突末梢释放的递质就是甘氨酸，其对运动神经元起抑制作用。

4. 神经肽及其受体

（1）速激肽：哺乳类动物的速激肽包括 P 物质、神经激肽 A、神经肽 K、神经肽 γ、神经激肽 A（3-10）和神经激肽 B 等六个成员。

（2）阿片肽：脑内含有吗啡样活性的肽类物质称为阿片肽。

阿片肽主要包括内啡肽（主要是β-内啡肽）、脑啡肽和强啡肽三类。

1）β-内啡肽分布于下丘脑、丘脑、脑干、视网膜和腺垂体等处，对缓解机体应激反应具有重要作用。

2）脑啡肽在纹状体、下丘脑、苍白球、杏仁核、延髓和脊髓中浓度较高。

3）强啡肽在脑内的分布与脑啡肽有较多的重叠，但其浓度低于脑啡肽。

（3）脑–肠肽：如缩胆囊素［以CCK-8（八肽）为主］、血管活性肠肽（VIP）、促胃液素、胰高血糖素、胃动素、促胰液素等。八肽主要分布于大脑皮质、纹状体、杏仁核、下丘脑和中脑等处。

（4）下丘脑和垂体神经肽：如下丘脑的肽能神经元分泌的调节垂体功能的激素。

5. 嘌呤类递质及其受体　嘌呤是中枢内的一种抑制性递质。嘌呤类递质主要有腺苷和ATP。

（1）腺苷是中枢神经系统中的一种抑制性调质。咖啡和茶的中枢兴奋效应是由咖啡因和茶碱抑制腺苷的作用而产生的。

（2）ATP具有广泛的突触传递效应。其在自主神经系统中常与其他递质共存和共释放，参与对血管、心肌、膀胱 、肠平滑肌等的活动调节；在脑内常共存于含单胺类或氨基酸类递质的神经元中。

6. 气体分子类及其他类型的神经递质及其受体　目前比较公认的气体分子类神经递质主要有NO、CO、$H_2S$。一氧化氮（NO）是一种由血管内皮细胞释放的内皮舒张因子（EDRF），也在脑内产生。可能与突触活动的可塑性有关。

## 四、反射活动的基本规律

### （一）反射与反射弧

反射是指在中枢神经系统作用下，机体对内、外环境变化所作出的规律性应答。反射分为非条件反射和条件反射两类。

1. 非条件反射　出生后无需训练就有的、数量有限、比较固定和形式低级的反射活动，包括防御反射、食物反射、性反射等。

2. 条件反射　通过出生后学习和训练而形成的反射。其可以建立，也能消退，数量可以不断增加。

反射的结构基础称为反射弧。包括感受器、传入神经、神经中枢、传出神经和效应器五个组成部分。反射活动需要反射弧结构和功能的完整，如果反射弧中任何一个环节中断，反射将不能进行。

### （二）反射的中枢整合

1. 反射的基本过程是感受器接受刺激，经传入神经将刺激信号传递给神经中枢，由中枢进行分析处理，然后再经传出神经，将指令传到效应器，产生效应。

2. 单突触反射是指传入神经元和传出神经元之间只有一个突触的反射弧，是最简单的反射弧。通过单突触反射弧所发生的反射，称为单突触反射。机体内唯一的单突触反射是腱反射。

3. 在传入神经元和传出神经元之间有两个以上突触的是多突触反射弧，通过多突触反射弧所发生的反射，称为多突触反射。多突触反射的典型例子是屈肌反射。

### （三）中枢神经元的联系方式

神经元依其在反射弧中的位置不同分为传入神经元、中间

神经元和传出神经元三类。以中间神经元数目最多。

1. 单线式联系　一个突触前神经元仅与一个突触后神经元发生突触联系。真正的单线式联系很少见，会聚程度较低的突触联系通常可被视为单线式联系。

2. 辐散和聚合式联系

（1）一个神经元的轴突可以通过分支与其他许多神经元建立突触联系，称为辐散联系。这种联系有可能使一个神经元的兴奋引起许多神经元的同时兴奋或抑制。

（2）一个神经元的胞体和树突可以接受来自许多神经元的突触联系，称为聚合联系，这种联系使多个神经元引起一个神经元的兴奋发生总和，也使来自多个神经元的刺激在一个神经元发生整合。

3. 链锁式和环式联系　在中间神经元之间，由于辐散与聚合式联系同时存在而形成链锁式联系或环式联系。

（1）链锁式联系：神经冲动通过链锁式联系，在空间上可扩大作用范围。

（2）环式联系：兴奋冲动通过环式联系，或因负反馈而使活动及时终止，或因正反馈而使兴奋增强和延续。在环式联系中，即使最初的刺激已经停止，传出通路上冲动发放仍能继续一段时间，这种现象称为后发放或后放电。

### （四）局部神经元和局部神经元回路

1. 局部神经元　在中枢神经系统中，存在大量的短轴突和无轴突的神经元。这些短轴突和无轴突的神经元与长轴突的投射性神经元不同，它们并不投射到远隔部位，其轴突和树突仅在某一中枢部位内部起联系作用。这些神经元称为局部回路神经元。

2. 局部神经元回路

（1）由局部回路神经元及其突起构成的神经元间相互作用的联系通路，称为局部神经元回路。

（2）由多个局部回路神经元构成，如小脑皮质内的颗粒细胞、篮状细胞、星状细胞等构成的回路。由一个局部回路神经元构成，如脊髓闰绍细胞构成的抑制性回路。由局部回路神经元的部分结构构成，如嗅球颗粒细胞树突和僧帽细胞树突之间构成的交互性突触。

### （五）中枢兴奋传播的特征

突触传递的特征主要表现如下。

1. 单向传播　兴奋在神经纤维上的传导是双向性的，但兴奋在通过突触传递时只能沿着单一方向进行，即兴奋传导只能由传入神经元向传出神经元方向传导。

2. 中枢延搁　兴奋通过突触花的时间较长，兴奋通过一个突触所需的时间为0.3~0.5毫秒。

3. 兴奋的总和　在突触传递中，突触后神经元发生兴奋需要有多个EPSP加以总和，才能使膜电位的变化达到阈电位水平，从而爆发动作电位，兴奋的总和包括空间性总和和时间性总和。如果总和未到达阈电位，此时处于局部阈下兴奋状态的神经元，对原来不易发生传出效应的其他传入冲动就比较敏感，容易发生传出效应，称为易化。

4. 兴奋节律的改变　突触后神经元的兴奋节律既受突触前神经元传入冲动频率的影响，又与其本身的功能状态有关，最后传出冲动的节律取决于各种因素总和后的突触后电位的水平。也就是说突触前冲动频率与突触后冲动频率不一致。

5. 后发放与反馈　后发放可发生在环式联系的反射通路中。在各种神经反馈活动中，如随意运动时中枢发出的冲动到达骨骼肌引起肌肉收缩后，骨骼肌内的肌梭不断发出传入冲动，将

肌肉的运动状态和被牵拉的信息传入中枢。这些反馈信息用于纠正和维持原先的反射活动，并且也是产生后发放的原因之一。

6. 对内环境变化敏感和易疲劳　突触部位是反射弧中最易发生疲劳的环节。突触部位易受内环境理化因素变化的影响，而改变突触部位的传递能力。

### （六）中枢抑制和中枢易化

在中枢神经系统中，突触后神经元还可表现为抑制，根据产生抑制的机制的发生部位不同，抑制可分为突触后抑制和突触前抑制两类。在突触前机制中，还有突触前易化。

1. 突触后抑制　所有突触后抑制都是由抑制性中间神经元的活动引起的，此中间神经元释放抑制性神经递质，使与其发生突触联系的其他神经元都产生 IPSP，最终导致突触后神经元发生抑制。突触后抑制可分为传入侧支性抑制和回返性抑制。

（1）传入侧支性抑制：在一个感觉传入纤维进入脊髓后，一方面传入冲动直接兴奋某一中枢的神经元；另一方面发出侧支，兴奋另一抑制性中间神经元，然后通过抑制性中间神经元释放抑制性递质，转而抑制另一中枢神经元的活动。这种抑制能使不同中枢之间的活动协调起来。

（2）回返性抑制：某一中枢神经元兴奋时，其传出冲动沿轴突外传，同时又经轴突侧支去兴奋一个抑制性中间神经元，该抑制性中间神经元兴奋后，其轴突释放抑制性递质，反过来抑制原先发生兴奋的神经元及同一中枢的其他神经元。这种抑制是一种负反馈控制形式，其作用是使神经元的活动及时终止，也促使同一中枢内许多神经元之间的活动协调起来。

2. 突触前抑制　突触前抑制是建立在轴突-轴突式突触的结构基础之上的。如果一个神经元的轴突对另一个轴突的作用是抑制其释放神经递质，从而抑制另一神经元产生的 EPSP，这

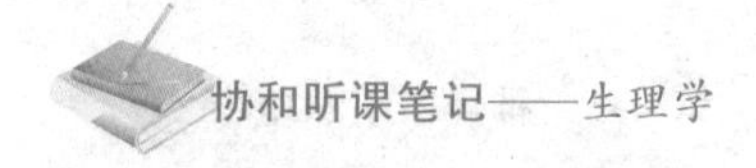


种抑制称为突触前抑制。

突触前抑制在中枢广泛存在，尤其多见于感觉传入途径中，对调节感觉传入活动具有重要作用。突触前抑制可发生在各类感受器传入活动之间，也可发生在同类感受器的不同感受野活动之间，即一个感觉传入纤维的兴奋冲动进入中枢后，其本身沿特定的传导路径传向高位中枢，同时通过多个神经元接替，转而对其旁的感觉传入纤维的活动发生突触前抑制，限制其他的感觉传入活动。

3. 突触前易化　与抑制正好相反，在与突触前抑制同样的结构基础上，当到达末梢的动作电位时程延长，$Ca^{2+}$通道开放的时间加长时，运动神经元上的 EPSP 变大，即产生突触前易化。

4. 突触后易化　突触后易化表现为 EPSP 的总和。由于突触后膜的去极化，使膜电位靠近阈电位水平，如果在此基础上再出现一个刺激，就较容易达到阈电位而爆发动作电位。

## 第二节　神经系统的感觉分析功能

### 一、中枢对躯体感觉得分析

#### （一）躯体感觉的传导通路

1. 丘脑前的传入系统　躯体深感觉（即本体感觉）和精细触-压觉的传入纤维进入脊髓后沿后索的薄束和楔束上行至延髓下方的薄束核和楔束核更换神经元（简称换元），第二级神经元发出纤维交叉至对侧组成内侧丘系，继续上行投射到丘脑的后外侧腹核并在此处更换第三级神经元。这条通路称为后索内侧丘系传入系统。

传导痛觉和温度觉的纤维走行于脊髓外侧并形成脊髓丘脑侧束；传导粗略触-压觉的纤维走行于腹侧并形成脊髓丘脑前

束。小部分传导粗略触-压觉的纤维不交叉并在同侧脊髓丘脑前束上行。

传导痛觉、温度觉和粗略触-压觉的纤维先交叉后上行，而传导本体感觉和精细触-压觉的纤维则先上行后交叉，所以在一侧脊髓发生横断损伤的情况下，损伤平面以下同侧发生本体感觉和精细触-压觉障碍，而对侧则发生痛觉、温度觉和粗略触-压觉障碍。

头面部浅感觉的第一级神经元位于三叉神经节内。

2. 丘脑的核团　丘脑的各种细胞群大致分为三大类。

（1）第一类细胞群：统称为特异感觉接替核。它们接受第二级感觉神经元的投射纤维，并经换元后进一步投射到大脑皮质感觉区。丘脑后腹核是躯体感觉的中继站，其中的第三级感觉神经元纤维投射到中央后回；内侧膝状体和外侧膝状体分别是听觉和视觉传导通路的中继站，其中的第三级感觉神经元纤维分别投射到听皮质和视皮质。

（2）第二类细胞群：统称为联络核。它们接受来自丘脑感觉接替核和其他皮质下中枢的纤维，并经换元后发出纤维投射到大脑皮质某一特定区域，在功能上与各种感觉在丘脑和大脑皮质水平的联系协调有关。

（3）第三类细胞群：靠近中线的所谓内髓板以内的各种结构，主要是髓板内核群，包括中央束核、束旁核、中央外侧核等，它们间接地通过多突触接替换元后，然后弥散地投射到整个皮质起着维持大脑皮质兴奋状态的重要作用。

3. 感觉投射系统　根据丘脑各部分向大脑皮质投射特征的不同，可把感觉投射系统分为两类，即特异投射系统和非特异投射系统。

（1）特异投射系统：丘脑的第一类细胞群，它们投向大脑皮质的特定区域，具有点对点的投射关系。来自特异投射系统的纤维主要终止于皮质的第四层，与第四层内神经元形成突触联系，其功能是引起特定感觉，并激发大脑皮质发出传出神经冲动。

（2）非特异投射系统：丘脑的第三类细胞群，它们弥散地投射到大脑皮质的广泛区域，不具有点对点的投射关系。其失去了专一的特异性感觉传导功能，是各种不同感觉的共同上传途径。非特异投射系统的上行纤维进入皮质后分布在各层内，起着改变大脑皮质的兴奋状态的作用。

在脑干网状结构内存在具有上行唤醒作用的功能系统，这一系统称为网状结构上行激动系统。主要是通过非特异投射系统而发挥作用的，其作用就是维持与改变大脑皮质的兴奋状态。这是个多突触接替的系统，因此易受药物的影响而发生传导阻滞。

### （二）躯体感觉的皮质代表区及感觉信息处理

1. 体表感觉代表区及感觉信息处理

（1）第一感觉区：位于中央后回，其感觉投射规律如下。

1）躯体感觉传入冲动向皮质投射具有交叉的性质，即身体一侧传入冲动向对侧皮质投射，但头面部感觉的投射是双侧性的。

2）投射区域的大小与不同体表部位的感觉分辨精细程度有关，分辨越精细的部位在中央后回的代表区也愈大。

3）投射区域具有一定的分野，总的安排是倒置的，如下肢代表区在顶部，上肢代表区在中间部头面部代表区在底部，然而头面部代表区内部的安排是正立的。

（2）第二感觉区：在人脑位于中央前回与脑岛之间，第二感觉区面积远比第一感觉区小，区内的投射分布安排是正立的，而且具有投射具有交叉性。

2. 本体感觉的皮质代表区及感觉信息处理　本体感觉代表

区中央前回（4区）是运动区，也是肌肉本体感觉投射区。运动区主要接受从小脑和基底神经节传来的反馈投射。但身体各部分的代表区不如中央后回那么完善和具体。

3. 躯体痛觉的信息处理　躯体痛觉的感觉传入除了向第一和第二感觉区投射外，许多痛觉纤维经非特异投射系统到大脑皮质的广泛区域。

## 二、中枢对内脏感觉的分析

### （一）内脏感觉的传导通路

内脏感觉的传入神经为自主神经，包括交感神经和副交感神经的感觉传入。

1. 交感神经的胞体主要位于脊髓第7胸段至第2腰段后根神经节。

2. 副交感神经传入神经的胞体主要位于第2~4骶段后根神经节。

### （二）内脏感觉代表区及内脏痛觉信息处理

内脏的感觉主要是痛觉。内脏痛的感觉分发生于各个中枢水平。内脏感觉在皮质没有专一代表区，而是混杂在体表第一感觉区中。

# 第三节　神经系统对躯体运动的调控

## 一、运动的中枢调控概述

### （一）运动的分类

1. 反射运动　是最简单、最基本的运动形式，一般由特定的感觉刺激引起，并有固定的运动轨迹，故又称定型运动，如叩击股四头肌肌腱引起的膝反射和食物刺激口腔引起的吞咽反射等。反射运动一般不受意识控制，其运动强度与刺激大小有关，参与反射回路的神经元数量较少，因此所需时间较短。

2. 随意运动　较为复杂，是指在大脑皮质控制下，为达到某一目的而有意识进行的运动，其运动的方向、轨迹、速度和时程都可随意选择和改变。一些复杂的随意运动需经学习并反复练习不断完善后才能熟练掌握，如一些技巧性运动。

3. 节律性运动　介于随意运动和反射运动之间并具有这两类运动特点的一种运动形式，如呼吸、咀嚼和行走运动。这类运动可随意地开始和停止，运动一旦开始便不需要有意识的参与而自动地重复进行，但在进行过程中能被感觉信息调制。

### （二）运动调控的中枢基本结构和功能

大脑皮质联络区、基底神经节和皮质小脑居于最高水平，负责运动的总体策划；运动皮质和脊髓小脑居于中间水平，负责运动的协调、组织和实施；而脑干和脊髓处于最低水平，负责运动的执行。

## 二、脊髓对躯体运动的调控作用

### （一）脊休克

动物的脊髓与高位中枢（第5颈髓）离断后，暂时丧失反射活动的能力，进入无反应状态，这种现象称为脊休克。

反射恢复的速度与不同动物脊髓反射依赖于高位中枢的程度有关。反射恢复过程中，首先是一些比较简单、比较原始的反射先恢复，如屈肌反射、腱反射等，然后比较复杂的反射逐渐恢复，如对侧伸肌反射、搔爬反射等。反射恢复后的动物，

血压也逐渐上升到一定水平，动物可具有一定的排粪与排尿反射能力。反射恢复后，有些反射反应比正常时加强并广泛扩散，例如屈肌反射、发汗反射等。

脊休克的产生与恢复，说明脊髓具有完成某些简单反射的能力，但这些反射平时受高位中枢的控制而不易表现出来，脊休克恢复后，通常是伸肌反射减弱而屈肌反射增强，说明高位中枢平时具有易化伸肌反射和抑制屈肌反射的作用。

### （二）脊髓前角运动神经元与运动单位

1. 脊髓运动神经元　运动调节的基本机制为在脊髓的前角中，存在大量运动神经元（α、β 和 γ 运动神经元）。

（1）α 运动神经元接受来自躯干、四肢和头面部皮肤、肌肉和关节等处的外周传入信息，也接受从脑干到大脑皮质各级高位中枢的下传信息，产生一定的反射传出冲动，直达所支配的骨骼肌，因此它们是躯体运动反射的最后公路。会聚到 α 运动神经元的各种运动信息整合后，具有引发随意运动、调节姿势和协调不同肌群的活动等方面作用，使运动得以平稳和精确地进行。

（2）β 运动神经元发出的纤维对梭内肌和梭外肌纤维都有支配，但其功能尚不十分清楚。

（3）γ 运动神经元只接受来自大脑皮质和脑干等高位中枢的下行调控，发出的纤维支配骨骼肌的梭内肌纤维。γ 运动神经元兴奋性较高，常以较高的频率持续放电，其主要功能是调节肌梭对牵张刺激的敏感性。

2. 运动单位　由一个 α 运动神经元及其所支配的全部肌纤维所组成的功能单位，称为运动单位。运动单位的大小相差很大，取决于 α 运动神经元轴突末梢分支的多少。

### （三）神经系统对姿势和运动的调节

1. 屈肌反射与对侧伸肌反射

（1）屈肌反射：脊动物在其皮肤受到伤害性刺激时，受刺激一侧肢体关节的屈肌收缩而伸肌弛缓，肢体屈曲。屈肌反射具有保护性意义，但不属于姿势反射。

（2）对侧伸肌反射：如果加大刺激强度，则可在同侧肢体发生屈肌反射的基础上出现对侧肢体伸肌的反射活动。对侧伸肌反射是一种姿势反射，在保持躯体平衡中具有重要意义。

2. 牵张反射　有完整神经支配的骨骼肌，在受到外力牵拉使其伸长时，能产生反射效应，引起受牵拉的同一肌肉收缩的反射活动。

（1）牵张反射的感受器：牵张反射主要是使受牵拉的肌肉发生收缩，但同一关节的协同肌也能发生兴奋，而同一关节的拮抗肌（即伸肌）则受到抑制。

肌梭是一种感受肌肉长度变化或感受牵拉刺激的特殊的梭形感受装置，属于本体感受器。肌梭囊内一般含 6~12 根肌纤维，称为梭内肌纤维，而囊外的一般肌纤维称为梭外肌纤维。整个肌梭附着于梭外肌纤维上，并与其平行排列呈并联关系。

梭内肌纤维的收缩成分位于纤维的两端，而感受装置位于其中间部，两者呈串联系统。当梭外肌纤维收缩时，梭内肌感受装置所受牵拉刺激将减少；而当梭内肌收缩成分收缩时，梭内肌感受装置对牵拉刺激的敏感性将增高。γ 运动神经元发出传出纤维支配梭外肌纤维，而 γ 运动神经元发出了传出纤维支配梭内肌纤维。

当肌肉受到外力牵拉时，梭内肌感受装置被动拉长，Ⅰa 类纤维的神经冲动增加，肌梭的传入冲动引起支配同一肌肉的运动神经元的活动和梭外肌收缩，从而形成一次牵张反射反应。刺激 γ 传出纤维并不能直接引起肌肉的收缩，γ 传出纤维的活动使梭内肌的收缩，引起传入纤维放电，再导致肌肉收缩。所以 γ 传出纤维放电增加可增加肌梭的敏感性。

（2）牵张反射的类型：包括腱反射和肌紧张（表 10-3-1）。

1）腱反射：为快速牵拉肌腱时发生的牵张反射。腱反射的传入纤维直径较粗，传导速度较快，反射的潜伏期很短，是单突触反射。腱反射的感受器是肌梭，中枢在脊髓前角，效应器主要是肌肉收缩较快的快肌纤维成分。腱反射主要发生于肌肉内收缩较快的快肌纤维成分。

2）肌紧张：为持续缓慢牵拉肌肉时发生的牵张反射，其表现为受牵拉的肌肉发生紧张性收缩，阻止被拉长。肌紧张是维持躯体姿势最基本的反射活动，是随意运动的基础。肌紧张的感受器也是肌梭，但与腱反射不同，多为突触反射，效应器主要是肌肉收缩较慢的慢肌纤维成分。肌紧张的反射收缩力量并不大，只是抵抗肌肉被牵拉，表现为同一肌肉的不同运动单位进行交替性的收缩，而不是同步收缩，不表现为明显的动作。肌紧张能持久地进行而不易发生疲劳。肌紧张的突触接替不止一个，所以是一种多突触反射。

主治语录：伸肌和屈肌都有牵张反射，但脊髓的牵张反射主要表现在伸肌。牵张反射，尤其是肌紧张的生理意义在于维持站立姿势。

表 10-3-1　腱反射与肌紧张的区别

| | 腱反射 | 肌紧张 |
|---|---|---|
| 接受刺激 | 快速短暂的牵拉 | 缓慢持久的牵拉（重力作用） |
| 收缩特点 | 快肌纤维同步性快速收缩，易疲劳 | 慢肌纤维持续性交替收缩，不易疲劳 |
| 反射弧特点 | 单突触反射 | 多突触反射 |
| 生理意义 | 辅助诊断疾病 | 姿势反射的基础 |

（3）腱器官及反牵张反射

1）腱器官是分布于肌腱胶原纤维之间的牵张感受装置，其传入神经直径较细。腱器官与梭外肌纤维呈串联系统，其功能与肌梭不同，是感受肌肉张力变化的装置。①当梭外肌纤维发生等长收缩时腱器官的传入冲动发放频率不变，肌梭的传入冲动频率减少。②当肌肉受到被动牵拉时，腱器官的传入冲动发放频率增加，肌梭的传入冲动不变。③当梭外肌纤维发生等张收缩时，腱器官和肌梭的传入冲动发放频率均增加。因此腱器官是一种张力感受器，而肌梭是一种长度感受器。腱器官的传入冲动对同一肌肉的 α 运动神经元起抑制作用，而肌梭的传入冲动引起同肌肉的 α 运动神经元的兴奋。

2）当肌肉受到牵拉时，首先兴奋肌梭而发动牵张发射，引致受牵拉的肌肉收缩；当牵拉力量进一步加大时，则可兴奋腱器官，使牵张反射受到抑制，以避免被牵拉的肌肉受到损伤，称为反牵张反射，具体见表 10-3-2。

表 10-3-2　牵张反射与反牵张反射的区别

| | 牵张反射 | 反牵张反射 |
|---|---|---|
| 感受器 | 肌梭 | 腱器官 |
| 传入纤维 | Ⅰa、Ⅱ | Ⅰb |
| 感受器与肌纤维关系 | 并联 | 串联 |
| 感受性 | 长度感受器 | 张力感受器 |
| 反射中枢结构 | 单突触，直达前角 α 运动神经元 | 双突触，通过抑制性中间神经元 |
| 反射效应 | 兴奋 α 运动神经元 | 抑制 α 运动神经元 |

3. 节间反射　脊椎动物在反射恢复的后期，可出现复杂的节间反射，如刺激动物腰背皮肤，可引起后肢发生一系列节奏

性搔爬动作，称为搔爬反射。搔爬反射依靠脊髓上下节段的协同活动。

## 三、脑干对肌紧张和姿势的调控

### （一）脑干对肌紧张的调控

1. 脑干网状结构抑制区和易化区

（1）网状结构中存在抑制或加强肌紧张及肌运动的区域，前者称为抑制区，位于延髓网状结构腹内侧部分；后者称为易化区，包括延髓网状结构背外侧部分、脑桥被盖、中脑中央灰质及被盖；也包括脑干以外的下丘脑和丘脑中线核群等部位。与抑制区相比，易化区的活动较强，在肌紧张的平衡调节中略占优势。

（2）除脑干外，大脑皮质运动区、纹状体、小脑前叶蚓部等区域也有抑制肌紧张的作用；而前庭核、小脑前叶两侧部等部位则有易化肌紧张的作用。

2. 去大脑僵直

（1）去大脑僵直现象：在中脑上、下丘之间切断脑干的去大脑动物，不出现脊髓休克现象，很多躯体和内脏的反射活动可以完成，表现为肌紧张出现亢进现象，动物四肢伸直，坚硬如柱，头昂起，脊柱挺硬，称为去大脑僵直。

（2）去大脑僵直发生机制：去大脑僵直是一种伸肌紧张亢进状态，主要是抗重力肌的肌紧张明显加强。是在脊髓牵张的反射的基础上发展起来的，是一种增强的牵张反射。在人类，某些疾病导致皮质与皮质下失去联系时，可出现下肢明显的伸肌僵直及上肢的半屈状态，称为皮质僵直。

（3）去大脑僵直类型

1）γ 僵直：高位中枢的下行性作用首先提高 γ 运动神经元

的活动，使肌梭的传入冲动增多，转而增强 α 运动神经元的活动而出现的僵直。γ 僵直则主要是通过网状脊髓束而实现的，因为当刺激完整动物网状结构易化区时，肌梭传入冲动增加，肌梭传入冲动的增加可以反映梭内肌纤维的收缩加强，因此认为，当易化区活动增强时，下行冲动首先改变 γ 运动神经元的活动。在猫中脑上、下丘之间切断造成去大脑僵直时，如切断动物腰骶部后根以消除肌梭传入的影响，则可使后肢僵直消失，说明经典的去大脑僵直主要属于 γ 僵直。

2）α 僵直：高位中枢的下行性作用直接或间接通过脊髓中间神经元提高 α 运动神经元的活动而出现的僵直。α 僵直主要是通过前庭脊髓束而实现的。

#### （二）脑干对姿势的调节

由脑干整合而完成的姿势反射有状态反射、翻正反射、直线和旋转加速度反射等。

### 四、基底神经节对躯体运动的调控

基底神经节包括尾核、壳核、苍白球、丘脑底核、黑质和红核。尾核、壳核和苍白球统称为纹状体。

#### （一）基底神经节的纤维联系

1. 基底神经节与大脑皮质之间的神经回路

（1）直接通路：新纹状体直接向苍白球内侧部的投射路径。

（2）间接通路：新纹状体先后经过苍白球外侧部和丘脑底核中继后间接到达苍白球内侧部的投射路径。

2. 黑质-纹状体投射系统　多巴胺能纤维末梢释放的多巴胺通过激活 $D_1$ 受体可增强直接通路的活动，而通过激活 $D_2$ 受体则抑制其传出神经元活动，从而抑制间接通路的作用。

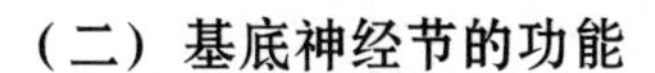

### （二）基底神经节的功能

基底神经节可能参与运动的策划和程序编制，将一个抽象的策划转换为一个随意运动，也参与肌紧张的调节以及本体感受传入冲动信息的处理过程。此外，基底神经节还与自主神经的调节、感觉传入、心理行为和学习记忆等功能活动有关。

### （三）与基底神经节损伤有关的疾病

基底神经节损害的主要表现可分为两大类：①运动过少而肌紧张过强，如震颤麻痹。②运动过多而肌紧张不全，如舞蹈症和手足徐动症。

1. 帕金森病（震颤麻痹）　其症状是全身肌紧张增高、肌肉强直、随意运动减少、动作缓慢、面部表情呆板。黑质的多巴胺递质系统功能受损，导致纹状体内乙酰胆碱递质系统功能亢进所致，是震颤麻痹产生的主要原因。

2. 亨廷顿病（舞蹈病）　主要表现为不自主的上肢和头部的舞蹈样动作，并伴有肌张力降低等。舞蹈病的发病主要是纹状体内胆碱能和γ-氨基丁酸能神经元的功能减退，而使黑质多巴胺能神经元功能相对亢进所致，这和震颤麻痹的病变正好相反。

## 五、小脑对躯体运动的调控

包括三个功能部分：前庭小脑、脊髓小脑和皮质小脑。

### （一）前庭小脑

前庭小脑主要由绒球小结叶构成，与身体姿势平衡功能有密切关系。绒球小结叶的身体平衡功能与前庭器官及前庭核活动有密切关系，其反射途径为：前庭器官→前庭核→绒球小结叶→前庭核→脊髓运动神经元→肌肉装置。

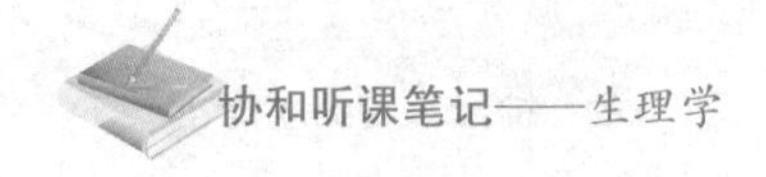


### （二）脊髓小脑

脊髓小脑由小脑前叶和后叶的中间带区构成。主要接受脊髓小脑束传入纤维的投射，其感觉传入冲动主要来自肌肉与关节等本体感受器。前叶与肌紧张调节有关。后叶中间带区也控制双侧肌紧张，还在执行大脑皮质发动的随意运动方面有重要作用。当切除或损伤这部分小脑后，随意动作的力量、方向及限度将发生紊乱，同时肌张力减退，表现为四肢乏力。受害动物或患者不能完成精巧动作，肌肉在完成动作时抖动而把握不住动作的方向，称为意向性震颤。因此，这部分小脑的功能是在肌肉运动进行过程中起协调作用。小脑损伤后出现的这种功能协调障碍，称为小脑性共济失调。

### （三）皮质小脑

皮质小脑是指后叶的外侧部，其不接受外周感觉的传入信息，仅接受由大脑皮质广大区域（感觉区、运动区、联络区）传来的信息。皮质小脑与大脑皮质运动区、感觉区、联络区之间的联合活动和运动计划的形成及运动程序的编制有关。

## 六、大脑皮质对躯体运动的调控

### （一）大脑皮质运动区

1. 主要运动区

（1）大脑皮质运动区包括初级运动皮质和运动前区或称次级运动区，是控制躯体运动最重要的区域。它们接受本体感觉冲动，感受躯体的姿势和躯体各部分在空间的位置及运动状态，并根据机体的需要和意愿，调整和控制全身的运动。

（2）初级运动皮质位于中央前回（Brodmann 分区的 4 区），

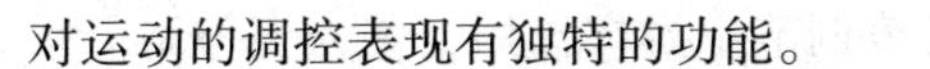

对运动的调控表现有独特的功能。

（3）运动前区（Brodmann 分区的 6 区）包括运动前皮质和运动辅助区，前者位于 6 区的外侧部，后者位于 6 区的内侧部。

（4）电刺激运动前区所引起的运动一般是引起双侧性的运动反应，因此运动前区与运动的双侧协调有关。破坏该区可使双手协调性动作难以完成，复杂动作变得笨拙。运动前区更重要的作用是参与随意运动的策划和编程。

2. 其他运动区

（1）第一感觉区及后顶叶皮质也与运动有关。皮质脊髓束和皮质脑干束中约 31% 的纤维来自中央前回，约 29% 的纤维来自运动前区和运动辅助区；约 40% 的纤维来自后顶叶皮质（5 区、7 区）和第一感觉区。

（2）在大脑皮质运动区也可见到类似感觉区的纵向柱状排列，组成运动皮质的基本功能单位，即运动柱。一个运动柱可控制同一关节几块肌肉的活动，而一块肌肉可接受几个运动柱的控制。

### （二）运动传出通路

1. 皮质脊髓束和皮质脑干束　由皮质发出，经内囊、脑干下行到达脊髓前角运动神经元的传导束，称为皮质脊髓束，而由皮质发出，经内囊到达脑干内脑神经运动神经元的传导束，称为皮质脑干束。它们在调节躯干、四肢和头面部运动中发挥重要作用。

2. 运动传出通路损伤时的表现　皮质脊髓和皮质脑干传导系统是发起随意运动的初级通路。

（1）软瘫：指随意运动丧失并伴有牵张反射减退或消失的表现。

（2）硬瘫：指随意运动丧失并伴有牵张反射亢进的表现。

目前认为，中枢运动控制系统中存在功能上的分化，有部分上运动神经元主要在姿势调节中发挥作用，称为姿势调节系统，对牵张反射有重要调节作用，临床上出现硬瘫主要是由于姿势调节系统受损而引起；此外，有部分上运动神经元主要在运动协调中发挥作用，如小脑和基底神经节中的一些神经元，而由大脑皮质运动区发出的运动传出通路，其主要作用是将皮质运动指令下传给下运动神经元。

（3）损伤皮质脊髓侧束将出现巴宾斯基征阳性体征。在婴儿的锥体束未发育完全以前，以及成人在深睡或麻醉状态下，也可出现巴宾斯基征阳性。

### （三）大脑皮质对姿势的调节

皮质与皮质下失去联系时可出现去皮质僵直，说明大脑皮质也具有抑制伸肌紧张的作用。除去皮质僵直外，在去皮质动物中还可观察到两类姿势反应受到严重损害，即跳跃反应和放置反应。

1. 跳跃反应　动物（如猫）在站立时受到外力推动而产生的跳跃运动，其生理意义是保持四肢的正常位置，以维持躯体平衡。

2. 放置反应　动物将腿牢固地放置在一支持物体表面的反应。例如，将动物用布带蒙住眼睛并悬吊在空中，让动物足部的任何部分或动物的口鼻部或触须接触某一个支持平面（如桌面），动物马上会将它的两前爪放置在这个支持平面上。

这两个姿势反应的整合需要大脑皮质的参与。

## 第四节　神经系统对内脏活动、本能行为和情绪的调节

### 一、自主神经系统

自主神经系统曾被称为植物性神经系统，其主要功能是调

节内脏功能。一般而言，自主神经系统仅指支配内脏器官的传出神经，并将其分为交感神经和副交感神经两部分。

### （一）自主神经系统的结构特征

节前神经元胞体位于脊髓和低位脑干内，发出的神经纤维称为节前纤维。自主神经节前纤维在抵达效应器官前进入神经节内换元，由节内神经元发出节后纤维，支配效应器官。两者各有特点：交感神经节离效应器官较远，因此节前纤维短而节后纤维长；副交感神经节离效应器官较近，有的神经节就在效应器官壁内，因此节前纤维长而节后纤维短。

交感神经起自脊髓胸腰段（$T_1 \sim L_3$）侧角的神经元，副交感神经起自脑干的脑神经核和脊髓骶段（$S_2 \sim S_4$）侧角的神经元。交感神经兴奋时产生的效应较广泛，而副交感神经兴奋时的效应则相对局限。其主要原因是：①交感神经分布广泛，几乎支配所有内脏器官；而副交感神经分布相对较局限，有些器官没有副交感神经支配，如皮肤和骨骼肌内的血管一般的汗腺、竖毛肌、肾上腺髓质和肾脏只有交感神经支配。②交感神经在节前与节后神经元换元时的辐散程度较高，一个节前神经元往往与多个节后神经元发生突触联系；而副交感神经在节前与节后神经元换元时的辐散程度较低。

哺乳动物交感神经节后纤维除直接支配效应器官细胞外，还有少量纤维支配器官壁内的神经节细胞，对副交感神经发挥调节作用。

### （二）自主神经系统的功能

自主神经系统的功能主要在于调节心肌、平滑肌和腺体（消化腺、汗腺、部分内分泌腺）的活动，其调节功能是通过不同的递质和受体系统实现的（表10-4-1）。

表 10-4-1 自主神经系统胆碱能和肾上腺素能受体的分布及其生理功能

| 效应器 | 胆碱能神经 | | 肾上腺素能神经 | |
|---|---|---|---|---|
| | 受体 | 效应 | 受体 | 效应 |
| 自主神经节 | $N_1$ | 神经节的兴奋传递 | | |
| 眼 | | | | |
| 虹膜环状肌 | M | 收缩（缩瞳） | | |
| 虹膜辐射状肌 | | | $\alpha_1$ | 收缩（扩瞳） |
| 睫状体肌 | M | 收缩（视近物） | $\beta_2$ | 舒张（视远物） |
| 心 | | | | |
| 窦房结 | M | 心率减慢 | $\beta_1$ | 心率加快 |
| 房室传导系统 | M | 传导减慢 | $\beta_1$ | 传导加快 |
| 心肌 | M | 收缩力减弱 | $\beta_1$ | 收缩力增强 |
| 血管 | | | | |
| 冠状血管 | M | 舒张 | $\alpha_1$ | 收缩 |
| | | | $\beta_2$ | 舒张（为主） |
| 皮肤黏膜、脑和唾液腺血管 | M | 舒张 | $\alpha_1$ | 收缩 |
| 骨骼肌血管 | M | 舒张 | $\alpha_1$ | 收缩 |
| | | | $\beta_2$ | 舒张（为主） |
| 腹腔内脏血管 | | | $\alpha_1$ | 收缩（为主） |
| | | | $\beta_2$ | 舒张 |
| 支气管 | | | | |
| 平滑肌 | M | 收缩 | $\beta_2$ | 舒张 |
| 腺体 | M | 促进分泌 | $\alpha_1$ | 抑制分泌 |
| | | | $\beta_2$ | 促进分泌 |
| 胃肠 | | | | |
| 胃平滑肌 | M | 收缩 | $\beta_2$ | 舒张 |

续　表

| 效应器 | 胆碱能神经 | | 肾上腺素能神经 | |
|---|---|---|---|---|
| | 受体 | 效应 | 受体 | 效应 |
| 小肠平滑肌 | M | 收缩 | $\alpha_2$ | 舒张 |
| | | | $\beta_2$ | 舒张 |
| 括约肌 | M | 舒张 | $\alpha_1$ | 收缩 |
| 腺体 | M | 促进分泌 | $\alpha_2$ | 抑制分泌 |
| 胆囊和胆道 | M | 收缩 | $\beta_2$ | 舒张 |
| 膀胱 | | | | |
| 逼尿肌 | M | 收缩 | $\beta_2$ | 舒张 |
| 三角区和括约肌 | M | 舒张 | $\alpha_1$ | 收缩 |
| 输尿管平滑肌 | M | 收缩 | $\alpha_1$ | 收缩 |
| 子宫平滑肌 | M | 可变 | $\alpha_1$ | 收缩（有孕） |
| | | | $\beta_2$ | 舒张（无孕） |
| 皮肤 | | | | |
| 汗腺 | M | 促进温热性发汗 | $\alpha_1$ | 促进精神性发汗 |
| 竖毛肌 | | | $\alpha_1$ | 收缩 |
| 唾液腺 | M | 分泌大量稀薄唾液 | $\alpha_1$ | 分泌少量黏稠唾液 |
| 代谢 | | | | |
| 糖酵解 | | | $\beta_2$ | 加强 |
| 脂肪分解 | | | $\beta_3$ | 加强 |

交感和副交感神经的主要递质和受体是乙酰胆碱和去甲肾上腺素及其相应的受体。

除了胆碱能和肾上腺素能系统外，自主神经系统内还存在肽类和嘌呤类递质及相应的受体。

### （三）自主神经系统功能活动的基本特征

1. 紧张性活动　自主神经对效应器的支配一般表现为紧张性作用。这可通过切断神经后观察其所支配的器官活动是否发生改变而得到证实。①如切断心迷走神经后，心率即加快；切断心交感神经后，心率则减慢。②切断支配虹膜的副交感神经后，瞳孔即散大；而切断其交感神经，瞳孔则缩小。

一般认为，自主神经的紧张性来源于中枢神经元的紧张性活动，而中枢的紧张性活动源于神经反射和体液因素等多种原因。

2. 对同一效应器的双重支配　许多组织器官都受交感和副交感神经的双重支配，两者的作用往往相互拮抗。有时两者对某一器官的作用也有一致的方面。

3. 受效应器所处功能状态的影响　自主神经的外周性作用与效应器本身的功能状态有关。

4. 作用范围和生理意义不同

（1）交感神经系统的活动一般较广泛，在环境急骤变化的情况下，交感神经系统可以动员机体许多器官的潜在功能以适应环境的急剧变化。

（2）副交感神经系统的活动相对比较局限。整个副交感神经系统活动的主要意义，在于保护机体、休整恢复、促进消化、积蓄能量以及加强排泄和生殖功能等方面。

## 二、中枢对内脏活动的调节

### （一）脊髓对内脏活动调节

脊髓中枢可以完成基本的血管张力反射，同时还具有反射性排尿和排粪的能力。脊髓高位离断的患者，脊休克过后，也

可见到血管张力反射、发汗反射、排尿反射、排便反射、勃起反射的恢复。但这种反射调节功能不具自主性。

### （二）低位脑干对内脏活动的调节

延髓具有心血管、呼吸、消化等反射调节的中枢系统。此外，中脑是瞳孔对光反射的中枢所在部位。

### （三）下丘脑对内脏活动的调节

下丘脑是较高级的调节内脏活动的中枢。调节体温、营养摄取、水平衡、内分泌、神经反应、生物节律等生理过程，把内脏活动和其他生理活动联系起来。

1. 自主神经系统活动调节　下丘脑通过其传出纤维到达脑干和脊髓，改变自主神经系统节前神经元的紧张性，从而调控多种内脏功能。

2. 体温调节　视前区-下丘脑前部（PO/AH）是基本体温调节中枢，存在着温度敏感神经元，能感受所在部位的温度变化。当体温超过或低于正常（正常时约为36.8°C）水平，即可通过调节散热和产热活动使体温能保持相对稳定。

3. 水平衡调节　人体通过渴觉引起饮水，排水主要取决于肾脏的活动。下丘脑前部存在渗透压感受器，其能按血液中的渗透压变化来调节血管升压素（抗利尿激素）的分泌。下丘脑控制排水的功能是通过改变血管升压素的分泌来完成。

4. 对垂体激素分泌的调节　下丘脑内有些神经元分泌小细胞能合成调节腺垂体激素的肽类物质，称为下丘脑调节肽，包括促甲状腺素释放激素、促性腺素释放激素、促肾上腺皮质激素释放激素、生长素释放激素、生长抑素、催乳素释放因子、催乳素释放抑制因子、促黑素细胞激素释放因子和促黑素细胞激素释放抑制因子。

5. 生物节律控制　下丘脑视交叉上核（SCN）是哺乳动物控制日节律的关键部位，其主要作用是使内源性日节律适应外界环境的昼夜节律，并使体内各组织器官的节律与视交叉上核的节律同步化，其机制与调控松果体合成和分泌褪黑素有关。

**（四）大脑皮质对内脏活动的调节**

1. 新皮质

（1）在系统发生上出现较晚、分化程度最高的大脑半球外侧面结构。

（2）大脑新皮质是指除了古皮质和旧皮质之外的皮质区域，约占皮质的96%。

（3）新皮质是调节内脏活动的高级中枢。

1）电刺激新皮层 Brodmann 第4区的内侧面，引起直肠与膀胱活动的变化。

2）刺激其外侧面，可产生呼吸、血管活动的变化。

3）刺激其底部，可导致消化道活动及唾液分泌的变化。

4）刺激 Brodmann 第6区则引起竖毛与出汗及上、下肢血管的舒缩反应。

5）刺激第8区和第19区除引起眼外肌运动外，还能引起瞳孔的反应。

6）如果切除动物新皮质除感觉和躯体运动功能丧失外，很多自主性功能如血压、排尿、体温等调节均发生异常。

2. 边缘叶和边缘系统

（1）大脑半球内侧面皮质与脑干连接部和胼胝体旁的环周结构，被称为边缘叶。

（2）边缘叶连同与其密切联系的岛叶、颞极、眶回等皮质，以及杏仁核、隔区、下丘脑、丘脑前核等皮质下结构，统称为边缘系统。

（3）边缘前脑对内脏活动的调节作用复杂而多变。例如，刺激扣带回前部的不同部位可分别引起呼吸抑制或加速、血压下降或上升、心率减慢或加速、瞳孔扩大或缩小等变化；刺激杏仁核中央部可引起咀嚼、唾液和胃液分泌增加、胃蠕动增强、排便、心率减慢、瞳孔扩大等作用；刺激隔区不同部位可出现阴茎勃起、血压下降或上升、呼吸暂停或加强等变化。

## 三、本能行为和情绪的神经基础

### （一）本能行为

1. 摄食行为

（1）摄食行为是动物维持个体生存的基本活动。

（2）下丘脑外侧区内存在一个摄食中枢，下丘脑腹内侧核内存在一个饱中枢。

（3）摄食中枢和饱中枢之间可能存在交互抑制的关系。

（4）杏仁核也参与摄食行为的调节，杏仁核基底外侧核群能易化下丘脑饱中枢并抑制摄食中枢的活动。

（5）刺激隔区也可易化饱中枢和抑制摄食中枢的活动。

2. 饮水行为

（1）人类和高等动物的饮水行为是通过渴觉而引起的。

（2）引起渴觉的主要因素是血浆晶体渗透压升高和细胞外液量明显减少。前者通过刺激下丘脑前部的脑渗透压感受器而起作用；后者则主要由肾素-血管紧张素系统所介导。

（3）低血容量能刺激肾素分泌增加，血液中血管紧张素Ⅱ的含量因此而增高，血管紧张素Ⅱ能作用于间脑的特殊感受区穹隆下器（SFO）和终板血管器（OVLT），这两个区域都属于室周器，该处血-脑屏障较薄弱，血液中的血管紧张素Ⅱ能够达到这些区域而引起渴觉。

(4) 在人类，饮水常是习惯性的行为，不一定由渴觉引起。

3. 性行为

(1) 性行为是动物和人类维持种系生存的基本活动。

(2) 性器官受交感神经、副交感神经和躯体神经支配，中枢神经系统在不同水平对性行为进行调控。性交由一系列的反射在脊髓水平初步整合，但伴随它的行为和情绪成分则受到下丘脑、边缘系统和大脑皮质的调控。大脑皮质对性行为具有很强的控制作用。

(3) 在各种性刺激信号的作用下，大脑皮质兴奋，并将信息传递到皮质下中枢，引起一系列的性兴奋反应。

**(二) 情绪**

1. 恐惧和发怒

(1) 动物在恐惧时表现为出汗、瞳孔扩大、蜷缩、左右探头和企图逃跑；而在发怒时则常表现出攻击行为。恐惧和发怒是一种本能的防御反应，又称格斗-逃避反应。

(2) 在间脑水平以上切除大脑的猫，只要给予微弱的刺激，就能激发强烈的防御反应，通常表现为张牙舞爪的模样，好像正常猫在进行搏斗时的表现，这一现象称为假怒。

(3) 下丘脑内存在防御反应区，主要位于近中线的腹内侧区。

1) 在清醒动物，电刺激该区可引发防御性行为。

2) 电刺激下丘脑外侧区也可引起动物出现攻击行为，电刺激下丘脑背侧区则出现逃避行为。

3) 人类下丘脑发生疾病时也往往伴随出现不正常的情绪活动。

(4) 脑内参与情绪调节的其他结构

1) 电刺激中脑中央灰质背侧部也能引起防御反应。

2) 刺激杏仁核外侧部，动物出现恐惧和逃避反应。

3）刺激杏仁核内侧部和尾侧部，则出现攻击行为。

2. 愉快和痛苦

（1）愉快是一种积极的情绪，通常由那些能够满足机体需要的刺激所引起，如在饥饿时得到美味的食物；而痛苦则是一种消极的情绪，一般是由伤害躯体和精神的刺激或因渴望得到的需求不能得到满足而产生的，如严重创伤、饥饿和寒冷等。

（2）自我刺激

1）在动物实验中，预先于脑内埋藏一刺激电极，并让动物学会自己操纵开关而进行脑刺激，这种实验方法称为自我刺激。

2）如果将刺激电极置于大鼠脑内从下丘脑到中脑被盖的近中线部分，只要动物无意中有过一次自我刺激的体验后，就会一遍又一遍地进行自我刺激，很快发展到长时间连续的自我刺激。表明刺激这些脑区能引起动物的自我满足和愉快。这些脑区被称为奖赏系统或趋向系统。

（3）如果置电极于大鼠下丘脑后部的外侧部分、中脑的背侧和内嗅皮质等部位，则无意中的一次自我刺激将使动物出现退缩、回避等表现，且以后不再进行自我刺激。表明刺激这些脑区可使动物感到嫌恶和痛苦，因此称这些脑区为惩罚系统或回避系统。

3. 焦虑和抑郁　焦虑的强度与现实的威胁程度相一致，并随现实威胁的消失而消失，因此具有适应性意义。

### （三）情绪生理反应

情绪生理反应是指在情绪活动中伴随发生的一系列生理变化。主要由自主神经系统和内分泌系统活动的改变而引起。

1. 自主神经系统功能活动的改变

（1）多数情况下表现为交感神经系统活动的相对亢进。在动物发动防御反应时，可出现骨骼肌血管舒张，皮肤和内脏血管收缩，血压升高和心率加快等交感活动的改变。这些变化可使各器官的血流量得到重新分配，使骨骼肌获得充足的血液供应。

（2）在某些情况下，情绪生理反应也可表现为副交感神经系统活动的相对亢进。

1）食物性刺激可增强消化液分泌和胃肠道运动。

2）性兴奋时生殖器官血管舒张。

3）悲伤时则表现为流泪等。

2. 内分泌系统功能活动的改变涉及的激素种类很多

（1）在创伤、疼痛等原因引起应激而出现痛苦、恐惧和焦虑等的情绪生理反应中，血中促肾上腺皮质激素和肾上腺糖皮质激素浓度明显升高，肾上腺素、去甲肾上腺素、甲状腺激素、生长激素和催乳素等浓度也升高。

（2）情绪波动时往往出现性激素分泌紊乱，并引起育龄期女性月经失调和性周期紊乱。

#### （四）动机和成瘾

1. 动机　脑内奖赏系统和惩罚系统在激发和抑制行为的动机方面具有重要的意义。几乎所有的行为都在某种程度上与奖赏或惩罚有一定的关系。一定的行为常是通过减弱或阻止不愉快的情绪，并且通过奖赏的作用而激励的。

2. 成瘾　泛指不能自制并不顾其消极后果地反复将某种物品摄入体内。

## 第五节　脑电活动及睡眠与觉醒

### 一、脑的电活动

#### （一）自发脑电活动

自发脑电活动是在无明显刺激情况下，大脑皮质自发产生

的节律性电位改变。在头皮用双极或单极记录法记录到的自发脑电活动，称为脑电图。

1. 脑电图的波形分类

（1）α 波：频率为 8~13Hz，波幅为 20~100μV。α 波是成年人处于安静状态时的主要脑电波，在枕叶皮质最为显著。α 波在清醒、安静并闭眼时即出现，睁开眼睛或接受其他刺激时，α 波立即消失而呈现快波（β 波），称为 α 波阻断。

（2）β 波：频率为 14~30Hz，波幅为 5~20μV 的脑电波，在额叶和顶叶较显著，是新皮质处于紧张活动状态的标志。

（3）θ 波：频率为 4~7Hz，波幅为 100~150μV 的脑电波，是成年人困倦时的主要脑电活动表现，可在颞叶和顶叶记录到。

（4）δ 波：频率为 0.5~3Hz，波幅为加 20~200μV 的脑电波，常在成年人睡眠状态或极度疲劳或麻醉时出现，在颞叶和顶叶较明显。

主治语录：α 波见于成年人安静时，δ 波见于成年人熟睡时。

2. 脑电波的变动　一般情况下，频率较低的脑电波幅度较大，而频率较高的脑电波幅度较小。脑电波形可因记录部位及人体所处状态不同而有明显差异。在睡眠时脑电波呈高幅慢波，称为脑电的同步化，而在觉醒时呈低幅快波，称为脑电的去同步化。

（1）人在安静状态下，脑电图的主要波形可随年龄而发生改变。

1）在婴儿期，可见到 β 样快波活动，而在枕叶却常记录到 0.5~2Hz 的慢波。

2）在整个儿童期，枕叶的慢波逐渐加快，在幼儿期一般常可见到 θ 样波形，到青春期开始时才出现成人型 α 波。

（2）在不同生理情况下脑电波也可发生改变，如在血糖、体温和糖皮质激素处于低水平，以及当动脉血 $PaCO_2$ 处于高水平时，α 波的频率减慢；反之，则 α 波频率加快。

（3）在临床上，癫痫患者或皮质有占位病变（如脑瘤等）的患者，其脑电波可出现如下波形。

1）棘波：频率高于 12.5Hz，幅度为 50～150μV，升支和降支均极陡峭。

2）尖波：频率为 5～12.5Hz，幅度为 100～200μV，升支极陡，波顶较钝，降支较缓。

3）棘慢综合波：在棘波后紧随一个慢波或次序相反，慢波频率为 2～5Hz，波幅为 100～200μV。

因此，可根据脑电波的改变特征，并结合临床资料，用于肿瘤发生部位或癫痫等疾病的判断。

3. 脑电波形成的机制

（1）脑电波是由大量神经元同步发生的突触后电位经总和后形成的。

（2）因为锥体细胞在皮质排列整齐，其顶树突相互平行并垂直于皮质表面，因此其同步电活动易发生总和而形成较强的电场，从而改变皮质表面的电位。

（3）大量皮质神经元的同步电活动则依赖于皮质与丘脑之间的交互作用，一定的同步节律的非特异性投射系统的活动，可促进皮质电活动的同步化。

### （二）皮质诱发电位

皮质诱发电位指刺激感觉传入系统或脑的某一部位时，在大脑皮质一定部位引出的电位变化。皮质诱发电位可由刺激感受器、感觉神经或感觉传导途径的任何一点而引出。诱发电位一般可区分出主反应、次反应和后发放三个成分。

1. 主反应　为一先正后负的电位变化，在大脑皮质的投射有特定的中心区。主反应出现在一定的潜伏期之后，即与刺激有锁时关系，潜伏期的长短决定于刺激部位离皮质的距离、神经纤维的传导速度和所经过的突触数目等因素。主反应与感觉的特异投射系统活动有关。

2. 次反应　跟随主反应之后的扩散性续发反应，可见于皮质的广泛区域，即在大脑皮质无中心区，与刺激亦无锁时关系。

3. 后发放　在主反应和次反应之后的一系列正相周期性电位波动，是非特异感觉传入和中间神经元引起的皮质顶树突去极化和超极化交替作用的结果。

诱发电位的波幅较小，又发生在自发脑电的背景上，故常被自发脑电淹没而难以辨认出来。应用电子计算机将诱发电位叠加和平均处理，能使诱发电位突显出来，经叠加和平均处理后的电位称为平均诱发电位。平均诱发电位目前已成为研究人类感觉功能、神经系统疾病、行为和心理活动的方法之一。

临床上常用的有体感诱发电位、听觉诱发电位和视觉诱发电位等。体感诱发电位是指刺激一侧肢体，从对侧对应于大脑皮质感觉投射区位置头皮引出的电位。以短声或光照刺激一侧外耳或视网膜，分别从相应头皮（对应于颞叶和枕叶皮质位置）引出的电位则为听觉或视觉诱发电位。

## 二、觉醒与睡眠

### （一）睡眠的两种状态及生理意义

睡眠具有两种不同的时相状态。一是脑电波呈现同步化慢波的时相，称为慢波睡眠（SWS）或同步化睡眠或非快动眼（NREM）睡眠；二是脑电波呈现去同步化快波的时相，称为快波睡眠（FWS）或异相睡眠（PS）或快动眼（REM）睡眠。

1. 非快眼动睡眠　根据脑电波的特点，可将 NREM 睡眠分期（表 10-5-1）。

表 10-5-1　NREM 睡眠分期

| 期别 | 特　征 |
| --- | --- |
| 入睡期（Ⅰ期） | 低幅 θ 波和 β 波，频率比觉醒时稍低，脑电波趋于平坦 |
| 浅睡期（Ⅱ期） | 在 θ 波的背景上呈现睡眠梭形波（即 σ 波，是 α 波的变异，频率稍快，幅度稍低）和若干 κ 的复合波（是 δ 波和 σ 波的复合） |
| 中度睡眠期（Ⅲ期） | 出现高幅（>75μV）δ 波 |
| 深度睡眠期（Ⅳ期） | 呈现连续的高幅 δ 波，数量超过 50% |

Ⅲ期和Ⅳ期睡眠统称为 δ 睡眠，在人类，这两个时期合称为慢波睡眠。慢波睡眠的一般表现为：①嗅、视、听、触等感觉功能暂减退。②骨骼肌反射活动和肌紧张减弱。③伴有一系列自主神经功能的改变，例如血压下降、心率减慢、瞳孔缩小、尿量减少、体温下降、代谢率降低、呼吸变慢、胃液分泌可增多而唾液分泌减少、发汗功能增强等，因此 NREM 睡眠有利于体力恢复和促进生长发育。

2. 快眼动睡眠　异相睡眠期间，各种感觉功能进一步减弱，肌肉几乎完全松弛。异相睡眠期间还有间断性的阵发性表现，例如出现眼球快速运动、部分躯体抽动，在人类还伴有血压升高和心率加快、呼吸加快而不规则。

睡眠过程中两个不同时相周期性互相交替。成年人睡眠一开始首先进入慢波睡眠，持续 80~120 分钟左右后转入快波睡眠，后者维持 20~30 分钟，又转入慢波睡眠以后又转入快波睡眠。整个睡眠过程中，这种反复转化 4~5 次，越接近睡眠后期，快波睡眠持续时间越长。在成年人，慢波睡眠和快波睡眠均可

直接转为觉醒状态，但在觉醒状态下只能进入慢波睡眠，而不能直接进入快波睡眠。一般认为，做梦是快波睡眠的特征之一。

快波睡眠对于幼儿神经系统的成熟有密切关系。有利于建立新的突触联系而促进学习记忆活动，且对促进精力恢复是有利的。

### （二）觉醒与睡眠发生机制

1. 与觉醒有关的脑区

（1）觉醒状态的维持与脑干网状结构上行激动系统的作用密切相关。大脑皮质感觉运动区、额叶、眶回、扣带回、颞上回、海马、杏仁核和下丘脑等部位也有下行纤维到达网状结构并使之兴奋。

（2）与觉醒有关的脑区和投射系统还有许多，如脑桥蓝斑去甲肾上腺素能系统、低位脑干的中缝背核5-羟色胺能系统、脑桥头端被盖胆碱能神经元、中脑黑质多巴胺能系统、前脑基底部胆碱能系统、下丘脑结节乳头体核组胺能神经元和下丘脑外侧区的增食因子能神经元等。

（3）脑干和下丘脑内与觉醒有关的脑区之间存在广泛的纤维联系，它们可能经丘脑和前脑基底部上行至大脑皮质而产生和维持觉醒。

2. 与睡眠有关的脑区

（1）促进NREM睡眠的脑区：脑内存在多个促进NREM睡眠的部位，其中最重要的是视前区腹外侧部（VLPO）。视交叉上核有纤维将昼夜节律的信息传递给促觉醒和促睡眠脑区，调节觉醒与睡眠的相互转换。

促进NREM睡眠的脑区还位于延髓网状结构的脑干促眠区（又称上行抑制系统）；位于下丘脑后部、丘脑髓板内核群邻旁区和丘脑前核的间脑促眠区；位于下丘脑或前脑视前区和Broca

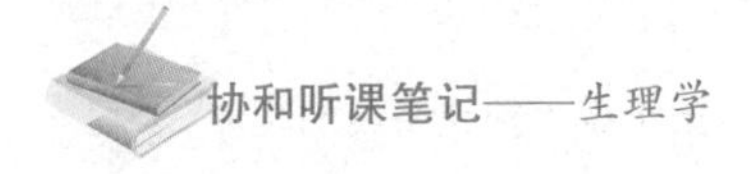


斜带区的前脑基底部促眠区。

对脑干和间脑促眠区施以低频电刺激可引起 NREM 睡眠，施以高频电刺激则引起觉醒；而在前脑促眠区无论施加低频或高频刺激均将引起 NREM 睡眠的发生。

（2）促进 REM 睡眠的脑区：位于脑桥头端被盖外侧区的胆碱能神经元在 REM 睡眠的启动中起重要作用，这些神经元称为 REM 睡眠启动（REM-on）神经元，其电活动在觉醒时停止，而在 REM 睡眠期间则明显增加。蓝斑核的去甲肾上腺素能神经元和中缝背核的 5-羟色胺能神经元既能启动和维持觉醒，又可终止 REM 睡眠，因此称为 REM 睡眠关闭（REM-off）神经元。

3. 调节觉醒与睡眠的内源性物质　腺苷、前列腺素 $D_2$、生长激素。此外，一些细胞因子也参与睡眠的调节，如白介素-1、干扰素和肿瘤坏死因子等均可增加 NREM 睡眠。另外，还发现多种促眠因子。

## 第六节　脑的高级功能

### 一、学习与记忆

#### （一）学习的形式

1. 非联合型学习　简单学习不需要在两种刺激和反应之间形成某种明确的联系。习惯化和敏感化就属于这种类型的学习。

2. 联合型学习　两个事件在时间上很靠近地重复发生，最后在脑内逐渐形成联系，经典的条件反射和操作式条件反射属于联合型学习。形成条件反射的基本条件是无关刺激与非条件刺激在时间上的结合，这个过程称为强化。

（1）经典的条件反射：又称巴甫洛夫反射。条件反射是在非条件反射的基础上，在大脑皮质参与下建立起来的高级反射活动，见表10-6-1。

表10-6-1　非条件反射与条件反射

| | 特　点 | 意　义 |
|---|---|---|
| 非条件反射 | 生来就有、数量有限、比较固定和形式低级 | 人和动物在长期的种系发展中形成的，对于个体和种系的生存具有重要意义 |
| 条件反射 | 通过后天学习和训练而形成、高级 | 人和动物在个体的生活过程中，按照所处的生活条件，在非条件反射的基础上不断建立起来的，其数量是无限的，可以建立，也可消退 |

（2）操作式条件反射：受意志控制、一种更复杂的条件反射，要求人或动物必须完成某种动作或操作，并在此操作基础上建立条件反射。

### （二）记忆的形式

1. 陈述性记忆　与特定的时间、地点和任务有关的事实或事件的记忆。能进入人的主观意识，可以用语言表述出来，或作为影像形式保持在记忆中，容易遗忘。依赖于记忆在海马、内侧颞叶及其他脑区内的滞留时间。陈述性记忆还可分为情景式记忆（记忆一件具体事物或一个场面）和语义式记忆（记忆文字和语言等）。

2. 非陈述性记忆（反射性记忆）　一系列规律性操作程序的记忆，是一种下意识的感知及反射。其和觉知或意识无关，而是在重复多次练习中逐渐形成，形成后不易遗忘，如我们学习游泳、开车、演奏乐器等。

这两种记忆形式可以转化，如在学习骑自行车的过程中需对某些情景有陈述性记忆，一旦学会后，就成为一种技巧性动作，由陈述性记忆转变为非陈述性记忆。

3. 短时程记忆　特点是保留时间仅几秒钟到几分钟，易受干扰，不稳定，记忆容量有限。其长短仅满足于完成某项极为简单的工作，如打电话时的拨号，拨完后记忆随即消失。

4. 长时程记忆　特点是信息量相当大，保留时间可持续几天到数年，容量几乎没有限。有些内容，如与自己和最接近的人密切有关的信息，可终生保持记忆，称永久记忆。

短时程记忆可经过反复利用和强化，转化成长时程记忆。

### （三）人类的记忆过程和遗忘

1. 记忆的过程　人类的记忆过程可细分成四个阶段，即感觉性记忆、第一级记忆、第二级记忆和第三级记忆。前两个阶段相当于上述的短时性记忆，后两个阶段相当于长时性记忆。

（1）感觉性记忆是指通过感觉系统获得信息后，首先在脑的感觉区内贮存的，这阶段贮存的时间很短，一般不超过 1 秒钟，如果没有经过注意和处理就会很快消失。

（2）如果信息在这阶段经过加工处理，把那些不连续的、先后进来的信息整合成新的连续的印象，就可以从短暂的感觉性记忆转入第一级记忆。这种转移一般可通过两种途径来实现，一种是通过把感觉性记忆的资料变成口头表达性的符号而转移到第一级记忆，这是最常见的；另一种是非口头表达性的途径。

（3）信息在第一级记忆中停留的时间仍然很短暂，平均约几秒，通过反复运用学习，信息便在第一记忆中循环，从而延长信息在第一级记忆中停滞不前留的时间，这就使信息容易转入第二级记忆之中。

（4）第二级记忆是一个大而持久的贮存系统。通过长年累月的运用，是不易遗忘的，这一类记忆贮存在第三级记忆中。

2. 遗忘　遗忘是指部分或完全失去回忆和再认的能力。遗

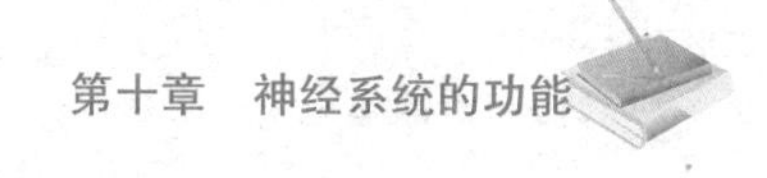

忘是一种正常的生理现象。遗忘在学习后就开始，最初遗忘的速率很快，以后逐渐减慢。

产生遗忘的原因，一是条件刺激长久不予强化所引起的消退抑制；二是后来的信息的干扰。临床上将疾病情况下发生的遗忘称为记忆缺失或遗忘症，可分为顺行性遗忘症和逆行性遗忘症两类。

（1）顺行性遗忘症表现为不能保留新近获得的信息，多见于慢性酒精中毒，其发生机制可能由于信息不能从第一级记忆转入第二级记忆。

（2）逆行性遗忘症表现为不能回忆脑功能障碍发生之前一段时间内的经历，多见于脑震荡，其发生机制可能是第二级记忆发生了紊乱，而第三级记忆却未受影响。

### （四）学习和记忆的机制

1. 参与学习和记忆的脑区　内侧颞叶对陈述性记忆的形成极为重要。纹状体参与某些操作技巧的学习，而小脑则参与运动技能的学习。前额叶协调短期记忆的形成，加工后的信息转移至海马，海马在长时记忆的形成中起十分重要的作用，海马受损则短时记忆不能转变为长时记忆。

已知与记忆功能有密切关系的脑内结构有大脑皮质联络区、海马及其邻近结构、杏仁核、丘脑和脑干网状结构等。这些脑区相互间有着密切的纤维和功能联系，参与学习和记忆过程，如短时程陈述性记忆的形成需要大脑皮质联络区及海马回路的参与，而非陈述性记忆主要由大脑皮质纹状体系统、小脑、脑干等中枢部位来完成。

海马—穹隆—下丘脑乳头体—丘脑前核—扣带回—海马，这个回路称为海马回路，其与第一级记忆的保持以及第一级记忆转入第二级记忆有关。

2. 突触的可塑性　对突触可塑性的研究发现，突触发生习惯化和敏感化的改变，以及长时程增强的现象存在于中枢神经系统的许多区域，尤其在海马等与学习、记忆有关的脑区内。突触的可塑性改变可能是学习和记忆的神经生理学基础。

3. 脑内蛋白质和递质的合成　从神经生物化学的角度看，较长时性的记忆必然与脑内的物质代谢有关，尤其是与脑内蛋白质的合成有关。蛋白质的合成和基因的激活通常发生在从短时程记忆开始到长时程记忆的建立这段时间里。

此外，学习和记忆也与某些神经递质有关，包括乙酰胆碱、去甲肾上腺素、谷氨酸、GABA以及血管升压素和脑啡肽。在海马齿状回注入血管升压素也可增强记忆，而注入催产素则使记忆减退。一定量的脑啡肽可使动物学习过程遭受破坏，而纳洛酮则可增强记忆。老年人血液中神经垂体激素的含量减少，将血管升压素喷入鼻腔可提高记忆效率。用血管升压素治疗遗忘症也收到一定的效果。

## 二、语言和其他认知功能

1. 大脑皮质语言功能的一侧优势　在主要使用右手的成年人，若产生各种语言活动功能的障碍，通常是由于其左侧大脑皮质的损伤所致，而右侧大脑皮质的损伤并不产生明显的语言活动功能障碍。这种左侧大脑皮质在语言活动功能上占优势的现象，反映了人类两侧大脑半球功能是不对等的，这主要是后天生活实践中逐步形成的，这种一侧优势的现象仅在人类中具有。

左侧大脑半球在语言活动功能上占优势，因此一般称左侧半球为优势半球，一侧优势是指人脑的高级功能向一侧半球集中的现象，左侧半球在语词活动功能上占优势，右侧半球在非语词性认知功能上占优势。

2. 大脑皮质的语言中枢　人类大脑皮质一定区域的损伤，可引致特有的各种语言活动功能障碍。

（1）运动性失语症：若中央前回底部前方的 Broca 三角区受损，患者可以看懂文字与听懂别人的谈话，但自己却不会说话，不能用语词来口头表达自己的思想；与发音有关的肌肉并不麻痹。

（2）失写症：损伤额中回后部接近中央前回的手部代表区，患者可以听懂别人说话，看懂文字，自己也会说话，但不会书写；手部的其他运动并不受到影响。

（3）感觉性失语症：由颞上回后部的损伤所致，患者可以讲话，但听不懂别人的谈话；患者并非听不到别人的发音，而是听不懂谈话的含义。

（4）失读症：如果角回受损，则患者看不懂文字的含义；但他的视觉和其他语言功能都健全。

（5）流畅失语症：由左侧颞叶后部或 Wernicke 区受损所致，有两种不同表现，一种是患者说话正常，有时说话过度，但所说的话中充满了杂乱语和自创词，患者也不能理解别人说话和书写的含义；另一种流畅失语症是有条件的，患者说话相当好，也能很好理解别人的说话，仅对部分词不能很好组织或想不起来，称为传导失语症。

## 历年真题

1. 完成一个反射所需的时间主要取决于
   A. 传入与传出纤维的传导速度
   B. 刺激的强弱和性质
   C. 经过的突触数目多少
   D. 感受器的敏感性
   E. 感受器的灵活性
2. 下列关于抑制性突触后电位的叙述，正确的是
   A. 是局部去极化电位
   B. 具有“全或无”性质
   C. 是局部超极化电位

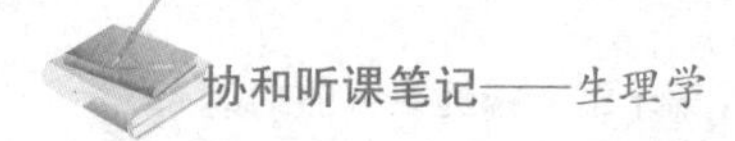


D. 由突触前膜递质释放量减少所致

E. 由突触后膜对钠通透性增加所致

3. 突触前抑制是由于突触前膜

A. 产生超极化

B. 释放抑制性递质

C. 递质耗竭

D. 兴奋性递质释放减少

E. 产生抑制性突触后电位

4. 丘脑非特异性投射系统

A. 投射至皮质特定区域，具有点对点关系

B. 投射至皮质，产生特定感觉

C. 投射至皮质广泛区域，提高皮质的兴奋性

D. 被切断时，动物保持清醒状态

E. 受刺激时，动物处于昏睡状态

参考答案：1. C 2. C 3. D 4. C

# 第十一章　内　分　泌

## 核心问题

1. 胰岛素与胰高血糖素的生物作用、分泌调节。
2. 甲状腺激素的合成与代谢。
3. 生长激素、血管升压素的生物作用。

## 内容精要

内分泌系统通过分泌各种激素全面调控与个体生存密切相关的基础功能活动，如组织和细胞的新陈代谢，调节机体的生长发育、生殖及衰老过程等。是机体的调节系统，与神经、免疫系统的调节功能相辅相成，分别从不同的方面调节和维持机体的内环境稳态。

## 第一节　内分泌与激素

### 一、内分泌与内分泌系统

#### （一）内分泌

内分泌是指腺细胞将其产生的物质（即激素）直接分泌到

血液或者细胞外液等体液中，并以它们为媒介对靶细胞产生调节效应的种分泌形式。具有这种功能的细胞则称为内分泌细胞。典型的内分泌细胞集中位于垂体、甲状腺、甲状旁腺、肾上腺、胰岛等组织，形成内分泌腺。激素是由内分泌腺或器官组织的内分泌细胞所合成和分泌的高效能生物活性物质，它以体液为媒介，在细胞之间递送调节信息。

1. 大多数激素经血液运输至远距离的靶组织而发挥作用，这种方式称为内分泌（远距离分泌）。

2. 激素还通过旁分泌、自分泌、神经内分泌、内在分泌以及腔分泌等短距细胞通讯方式传递信息。

（1）旁分泌：有些激素可不经血液运输，通过细胞间液扩散而作用于邻近细胞。

（2）自分泌：内分泌细胞所分泌的激素在局部扩散又返回作用于该内分泌细胞而发挥反馈作用。

（3）神经内分泌：下丘脑有许多具有内分泌功能的神经细胞，既能产生和传导神经冲动，又能合成和释放激素，故称神经内分泌细胞，它们产生的激素称为神经激素。神经激素可沿神经细胞轴突借轴浆流动运送至末梢而释放，称为神经内分泌。

### （二）内分泌系统

内分泌系统由经典的内分泌腺与能产生激素的功能器官及组织共同构成，是发布信息整合机体功能的调节系统。激素的来源：①经典内分泌腺体，如垂体甲状腺、甲状旁腺、胰岛、肾上腺、性腺等。②非内分泌腺器官的分泌，包括脑、心、肝、肾、胃肠道等器官的一些细胞除自身所固有的特定功能外、还兼有内分泌功能，如心肌细胞可生成心房钠尿肽等。③在一些组织器官中转化而生成的激素，如血管紧张素Ⅱ和1，25-二羟维

生素 $D_3$分别在肺和肾组织转化为具有生物活性的激素。激素对机体整体功能的调节作用，可归纳为维持机体稳态、调节新陈代谢、促进生长发育、调节生殖过程。

## 二、激素的化学性质

1. 胺类激素　多为氨基酸的衍生物，包括肾上腺素、去甲肾上腺素、褪黑素和甲状腺激素等。

2. 多肽或蛋白质类激素　主要有下丘脑调节肽、神经垂体激素、腺垂体激素、胰岛素、甲状旁腺激素、降钙素以及消化道激素等。多肽或蛋白质类激素属于亲水激素，作为药物使用时，不宜口服。

3. 脂类激素

（1）类固醇激素：由肾上腺皮质和性腺分泌的激素，典型代表是皮质醇、醛固酮、雌二醇、孕酮、睾酮和胆钙化醇。另外，钙三醇即 1, 25-二羟维生素 $D_3$也可被看作类固醇激素。

（2）廿烷酸类：包括由花生四烯酸转化而成的前列腺素族、血栓烷类和白三烯类。

## 三、激素作用的机制

1. 激素受体　位于靶细胞膜或细胞内（包括胞质和胞核内），其性质一般为大分子蛋白质。激素对靶细胞作用的实质就是通过与相应受体结合，从而启动靶细胞内一系列信号转导程序，最终改变细胞的活动状态，引起该细胞固有的生物效应。依据激素作用的机制，可将激素分成Ⅰ组与Ⅱ组两大组群（表11-1-1）。膜受体蛋白的胞外域含有多种糖基结构，是识别与结合激素的位点。激素与受体的结合力称为亲和力。受体对激素的亲和力也会受到一些因素的影响而发生变化。

表 11-1-1 以细胞作用机制归类的部分激素

| 作用机制归类 | 激素实例 |
| --- | --- |
| Ⅰ组激素——与胞内受体结合的激素 | 皮质醇、醛固酮、孕激素、雄激素、雌激素、钙三醇、甲状腺素、三碘甲腺原氨酸 |
| Ⅱ组激素——与膜受体结合的激素 | |
| A. G 蛋白偶联受体介导作用的激素 | |
| a. 以 cAMP 为第二信使的激素 | 促肾上腺皮质激素释放激素、生长激素抑制激素、促甲状腺激素、促肾上腺皮质激素、促卵泡激素、黄体生成素、胰高血糖素、促黑素细胞激素、促脂素、血管升压素、绒毛膜促性腺激素、阿片肽、降钙素、甲状旁腺激素、血管紧张素Ⅱ、儿茶酚胺（β 肾上腺素能、α 肾上腺素能） |
| b. 以 $IP_3$、DG、$Ca^{2+}$ 为第二信使的激素 | 促性腺激素释放激素、促甲状腺激素释放激素、血管升压素、缩宫素、儿茶酚胺、血管紧张素Ⅱ、促胃液素、血小板衍生生长因子 |
| B. 以酶联型受体介导作用的激素 | |
| a. 以酪氨酸激酶受体介导 | 胰岛素、胰岛素样生长因子（IGF-1、IGF-2）、血小板衍生生长因子、上皮生长因子，神经生长因子 |
| b. 以酪氨酸激酶结合型受体介导 | 生长激素、催乳素、缩宫素、促红细胞生成素、瘦素 |
| c. 以鸟苷酸环化酶受体介导（以 cGMP 为第二信使） | 心房钠尿肽、一氧化氮（受体在胞质） |

2. 膜受体介导的作用机制——第二信使学说

（1）激素是第一信使，作用于靶细胞膜上的相应受体。

（2）激素和受体结合后，激活了膜上的腺苷酸环化酶。

（3）在 $Mg^{2+}$ 存在的条件下，腺苷酸环化酶使 ATP 转化为

cAMP。

（4）cAMP 作为第二信使，激活依赖 cAMP 的蛋白激酶（PKA）系统，进而催化细胞内各种底物的磷酸化反应，引起细胞特有的生理反应，如腺细胞分泌，肌细胞收缩，神经细胞产生变化，以及细胞内各种酶促反应等。

第二信使除了 cAMP 外，还有 GMP、三磷酸肌醇、二酰甘油及 $Ca^{2+}$，细胞内起关键作用的蛋白激酶，除了 PKA，还有蛋白激酶 C（PKC）及蛋白激酶 G（PKG）等。在膜受体与膜效应器酶之间起偶联作用的调节蛋白——鸟苷酸结合蛋白（G 蛋白），在跨膜信息传递过程中起着重要作用。

3. 胞内受体介导的作用机制——基因表达学说

（1）类固醇激素的分子较小，呈脂溶性，可透过细胞膜进入靶细胞，在进入细胞之后，有的激素（如糖皮质激素）先与胞质受体结合，形成激素-受体复合物，受体蛋白发生构型变化，从而使激素-受体复合物获得进入核内的能力，由胞质转移至核内，再与核受体结合，从而调控 DNA 的转录过程，生成新的 mRNA，诱导蛋白质合成，引起相应的生物效应。

（2）甲状腺激素虽属含氮激素，但其作用机制却与类固醇激素相似，其进入细胞内，直接与核受体结合调节转录过程。

4. 激素作用的终止

（1）完善的激素分泌调节系统能使内分泌细胞适时终止分泌激素。

（2）激素与受体分离，其下游的一系列信号转导过程也随之终止。

（3）激素受体被靶细胞内吞。

（4）通过控制细胞内某些酶活性的增强。

（5）激素在肝、肾等器官和血液循环中被降解为无活性的形式。

（6）有些激素在信号转导过程中常生成一些中间产物，能及时限制自身信号转导过程。

## 四、激素作用的一般特征

1. 激素的信使作用　激素是一种化学信使，能将某种信息以化学方式传递给靶细胞从而加强或减弱其代谢过程和功能活动，在完成信息传递之后即被分解失活。

2. 激素的相对特异性作用　激素作用具有较高的组织特异性与效应特异性，即某种激素能选择性的作用于某些器官和组织细胞，产生一定作用。激素作用的特异性与靶细胞上存在能与该激素发生特异性结合的受体有关。

3. 激素的高效作用　激素在体液中含量甚少，但其作用显著，这是由于激素与受体结合后，在细胞内发生一系列酶促放大作用，逐级放大，形成一个效能极高的生物放大系统。

4. 激素间的相互作用　当多种激素共同参与某一生理活动的调节时，激素与激素之间往往存在着协同作用或拮抗作用，这对维持其功能活动的相对稳定起着重要作用。有些激素本身并不能直接对某些组织细胞产生生理效应，但其存在却使另一种激素的作用明显增强，即对另一种激素的效应起支持作用，这种现象称为允许作用。糖皮质激素的允许作用是最明显的。

## 五、激素分泌节律及其分泌的调控

### （一）生物节律性分泌

许多激素具有节律性分泌的特征，短者以分钟或小时为周期的脉冲式分泌，多数表现为昼夜节律性分泌，长者以月、季等为周期分泌。

### （二）激素分泌的调控

1. 体液调控

（1）直接反馈调节：很多激素都参与体内物质代谢的调节，这些物质代谢导致的血液中理化性质的变化，又反过来调节相应激素的分泌水平，形成直接反馈效应。

（2）多轴系反馈调节：下丘脑-腺垂体-靶腺轴在激素分泌稳态中具有重要作用。轴系是一个有等级层次的调节系统，系统内高位激素对下位内分泌活动具有促进性调节作用，而下位激素对高位内分泌活动多起抑制性作用。调节轴心的任何一个环节发生障碍，均可破坏体内这些激素水平的稳态。

2. 神经调节　下丘脑是神经系统与内分泌系统活动相互联络的重要枢纽。许多内分泌腺的活动都直接或间接地受中枢神经系统活动的调节。当支配内分泌腺的神经兴奋时，激素的分泌也会发生相应变化。

## 第二节　下丘脑-垂体及松果体内分泌

### 一、下丘脑-腺垂体系统内分泌

下丘脑视上核和室旁核处的神经元轴突延伸终止于神经垂体，形成下丘脑-垂体束。下丘脑与腺垂体之间通过垂体门脉系统发生功能联系。下丘脑的内侧基底部，包括正中隆起、弓状核、腹内侧核、视交叉上核、室周核和室旁核内侧等，都分布有神经内分泌细胞（又称小细胞神经元）。垂体门脉系统是一个独特的神经-血液的接触面。这些小细胞神经元能产生多种调节腺垂体分泌的激素，故又将这些神经元胞体所在的下丘脑内侧基底部称为下丘脑的促垂体区，或称为小细胞神经分泌系统。

## （一）下丘脑调节激素

1. 下丘脑调节激素种类　下丘脑促垂体区肽能神经元分泌的肽类激素，其主要作用是调节腺垂体的活动称为下丘脑调节肽（表 11-2-1）。主要种类：促甲状腺激素释放激素、促性腺激素释放激素、生长激素释放激素、生长抑素、促肾上腺皮质激素释放激素；催乳素释放抑制因子、催乳素释放因子。

表 11-2-1　下丘脑调节肽、相应的垂体激素以及靶腺激素

| 下丘脑调节肽（因子） | 垂体激素 | 靶腺激素 |
|---|---|---|
| 生长激素释放激素（GHRH） | 生长激素（GH） | — |
| 生长抑素（SS） | 生长激素（GH） | — |
| 促甲状腺激素释放激素（TRH） | 促甲状腺激素（TSH） | 甲状腺激素 |
| 促肾上腺皮质激素释放激素（CRH） | 促肾上腺皮质激素（ACTH） | 糖皮质激素 |
| 促性腺激素释放激素（GnRH） | 促卵泡激素（FSH）、黄体生成素（LH） | 性激素 |
| 催乳素释放因子（PRF） | 催乳素（PRL） | — |
| 催乳素释放抑制因子（PIF） | 催乳素（PRL） | — |

主治语录：生长激素由腺垂体分泌；生长抑素由下丘脑分泌。

2. 下丘脑调节激素分泌的调节　大多数下丘脑调节激素的分泌活动受到神经调节和激素的反馈调节这两种机制的调控。

（1）机体可以根据内外环境的变化，通过神经系统而有序地调节下丘脑激素的分泌。如机体受到应激刺激时，这个刺激可传输到下丘脑，使 CRH 分泌增加，后者促进腺垂体促肾上腺

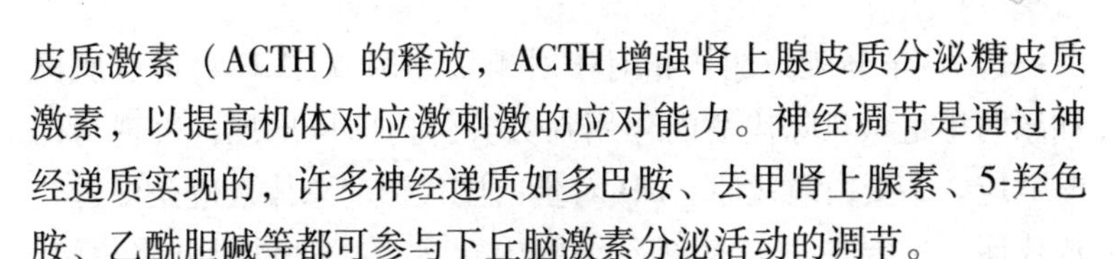

皮质激素（ACTH）的释放，ACTH 增强肾上腺皮质分泌糖皮质激素，以提高机体对应激刺激的应对能力。神经调节是通过神经递质实现的，许多神经递质如多巴胺、去甲肾上腺素、5-羟色胺、乙酰胆碱等都可参与下丘脑激素分泌活动的调节。

（2）下丘脑的神经内分泌神经元与其下级的内分泌腺体和靶组织之间在功能上构成了一个严密的轴系调节环路，下级腺体以及靶组织所分泌的激素常对下丘脑调节肽的合成和分泌进行负反馈调节，从而维持激素分泌的平衡状态和内环境的稳定。

### （二）腺垂体的激素

腺垂体包括远侧部、中间部和结节部，远侧部是腺垂体的主要部分。腺垂体分泌促甲状腺激素（TSH）、促肾上腺皮质激素（ACTH）、促卵泡激素（FSH）及黄体生成素（LH）4 种垂体促激素，参与构成下丘脑-腺垂体-靶腺轴系统。

1. 生长激素（GH）　人生长激素结构与人催乳素近似，故生长激素有弱催乳素作用，催乳素有弱生长激素作用。

（1）GH 的生物作用：GH 具有即时效应和长时效应。是促进物质代谢与生长发育，对机体各个器官和各种组织均有影响，对骨骼、肌肉及内脏器官的作用尤为显著，另外能促进蛋白质合成，促进脂肪分解等促进代谢作用。

1）促进生长：GH 是对人体生长起关键作用的调节因素。GH 的促进生长作用是由于其能促进骨、软骨、肌肉以及其他组织细胞分裂增殖，蛋白质合成增加。幼年时期若缺乏 GH，长骨生长迟缓身材矮小，称为侏儒症，如果 GH 过多则生长发育过度，患巨人症。成年后 GH 过多，长骨不再生长，而将刺激肢端部和颌面部的骨质增生，以致出现手足粗大、下颌突出，同时伴有肝、心、肾等内脏增大现象，称为肢端肥大症。

2）调节新陈代谢：相对于对生长的调节，GH 对肝、肌肉和脂肪等组织新陈代谢的作用在数分钟内即可出现，表现为即时效应。①蛋白质代谢。GH 对蛋白质代谢的总体效应是促进合成代谢，主要促进氨基酸向细胞内转运，并抑制蛋白质分解，增加蛋白质含量。GH 能加速软骨、骨、肌肉、肝、肾、肺、肠、脑及皮肤等组织的蛋白质合成。GH 促进蛋白质合成的效应与其促进生长的作用相互协调。②脂肪代谢。GH 可促进脂肪降解，为脂解激素。GH 可激活对胰岛素敏感的脂肪酶，促进脂肪分解，增强脂肪酸氧化、提供能量，最终使机体的能量来源由糖代谢向脂肪代谢转移，有助于促进生长发育和组织修复。③糖代谢。GH 对糖代谢的影响多继发于其对脂肪的动员。血中游离脂肪酸增加可抑制骨骼肌与脂肪组织摄取葡萄糖，减少葡萄糖消耗，使血糖水平升高，表现为“抗胰岛素”效应。GH 也可通过降低外周组织对胰岛素的敏感性而升高血糖。GH 分泌过多时，可造成垂体性糖尿。

此外，GH 可促进胸腺基质细胞分泌胸腺素，可刺激 B 淋巴细胞产生抗体，提高自然杀伤细胞（NK 细胞）和巨噬细胞的活性，因此参与机体免疫系统功能调节。GH 还具有抗衰老、调节情绪与行为活动等效应。GH 还参与机体的应激反应，是腺垂体分泌的重要应激激素之一。

（2）作用机制：GH 能通过激活靶细胞上生长激素受体（GHR）和诱导靶细胞产生胰岛素样生长因子（IGF）实现其生物学效应。GHR 广泛分布于肝、软骨、骨、脑、骨骼肌、心、肾以及脂肪细胞和免疫系统细胞等。

1）GH 的部分效应可通过诱导肝细胞等靶细胞产生 IGF 而实现。循环中 95%的 IGF 由肝脏产生，此外在软骨、肌肉、脊髓等许多组织广泛合成。GH 刺激肝、肾、肌肉、软骨和骨等器官组织分泌 IGF-1，IGF-1 可作用于软骨和软组织，促进机体的生长。

2）GH 能促进硫酸盐和氨基酸的摄取及蛋白质合成，并增加软骨细胞、胶原组织、肝、肌肉与纤维母细胞分裂和增长。GH 促进蛋白质合成，增强钠、钙、磷、硫等重要元素的摄取与利用，加强核糖核酸和蛋白质的合成，使软骨细胞克隆扩增、肥大，成为骨细胞，从而促使骨骼生长。

（3）生长激素分泌的调节：腺垂体 GH 的分泌受下丘脑 GHRH 与 SS 的双重调控。GHRH 促进 GH 分泌，而 SS 则抑制其分泌，这两种调节性多肽又通过中枢神经受多种因素的调控。GH 可对下丘脑和腺垂体产生负反馈调节作用。GHRH 对其自身释放也有反馈调节作用。除了调控机制外，还有许多因素可以影响 GH 的分泌。

1）人在觉醒状态下，GH 分泌较少，进入慢波睡眠后，GH 分泌明显增加，血中 GH 达到高峰，转入快波睡眠后，GH 分泌又减少，可见 GH 分泌高峰与慢波睡眠相一致。

2）血中糖、氨基酸与脂肪酸均能影响 GH 的分泌，其中低血糖对 GH 分泌的刺激作用最强。此外，饥饿、运动、应激刺激、甲状腺激素、雌激素与睾酮均能促进 GH 分泌。

2. 催乳素（PRL）

（1）PRL 的生物作用

1）对乳腺的作用：PRL 可促进乳腺发育，发动并维持乳腺泌乳。乳腺的腺泡等分泌组织只在妊娠期才发育。在妊娠过程中，随着 PRL、雌激素与孕激素分泌增多，使乳腺组织进一步发育，具备泌乳能力却不泌乳，原因是此时血中雌激素与孕激素浓度过高，抑制 PRL 的泌乳作用。分娩后，血中的雌激素和孕激素浓度大大降低，PRL 才能发挥始动和维持泌乳的作用。

2）对性腺的作用：PRL 对卵巢的黄体功能有一定的作用，

PRL 与 LH 配合，促进黄体形成并维持孕激素的分泌。小量的 PRL 对卵巢雌激素与孕激素的合成有促进作用，而大量的 PRL 则有抑制作用。患闭经溢乳综合征的妇女，临床表现的特征为闭经、溢乳与不孕，患者一般都存在无排卵与雌激素水平低落，而血中 PRL 浓度却异常增高。男性在睾酮存在的条件下，PRL 促进前列腺及精囊的生长，还可增强 LH 对间质细胞的作用，使睾酮合成增加。

3）参与应激反应：在应激状态下，血中 PRL 浓度升高，刺激停止数小时后恢复正常。

4）调节免疫功能：PRL 可协同一些细胞因子共同促进淋巴细胞的增殖，直接或间接地促进 B 淋巴细胞分泌 IgM 和 IgG，增加抗体产量。某些免疫细胞，如 T 淋巴细胞和胸腺淋巴细胞，可以产生 PRL，以自分泌或旁分泌的方式发挥作用。

（2）分泌调节：腺垂体 PRL 的分泌受下丘脑 PRF 与 PIF 的双重控制，前者促进 PRL 分泌，而后者则抑制其分泌，平时以 PIF 的抑制作用为主。

3. 促激素　腺垂体分泌 TSH、ACTH、FSH 及 LH 四种激素，分泌入血后都分别特异地作用于各自的外周内分泌靶腺，再经靶腺激素调节全身组织细胞的活动，因此统称为促激素。分别形成：①下丘脑-腺垂体-甲状腺轴。②下丘脑-腺垂体-肾上腺皮质轴。③下丘脑-腺垂体-性腺轴。生长激素、催乳素与促黑（素细胞）激素没有靶腺，分别调节机体生长、乳腺发育与泌乳，以及黑色素代谢等活动。

## 二、下丘脑-神经垂体内分泌

### （一）血管升压素（VP）

1. 生物作用　VP 又称抗利尿激素（ADH），与缩宫素在下丘脑的视上核与室旁核均可产生，但前者主要在视上核产生，后者主要在室旁核合成。在正常饮水情况下，血浆中血管升压素的浓度很低，但在脱水或失血情况下，由于血管升压素释放较多，对维持血压有一定作用。血管升压素的主要生理作用是促进肾远端小管和集合管对水的重吸收，即具有抗利尿作用。

2. 分泌调节　VP 的分泌主要受血浆晶体渗透压、循环血量和血压变化的调节。

### （二）缩宫素（OT）

1. 生物作用　OT 具有促进排乳和刺激子宫收缩的作用，以促进排乳为主。

（1）排乳作用：OT 是分娩后刺激乳腺排放乳汁的关键激素。妇女哺乳期乳腺可不断分泌乳汁储存于腺泡中。分娩后，子宫肌 OT 受体减少，但乳腺内 OT 受体明显增加。OT 可促进乳腺腺泡周围的肌上皮细胞收缩，使腺泡内压力增高，乳汁由腺泡腔经输乳管从乳头射出。

（2）促进子宫收缩：对非孕子宫的作用较弱，而对妊娠子宫的作用比较强，雌激素能增加子宫对缩宫素的敏感性，而孕激素则相反。OT 虽然能刺激子宫收缩，但其并不是发动分娩子宫收缩的决定因素。

2. 分泌调节　缩宫素分泌调节主要通过射乳反射和催产反射（分娩时女性生殖道的扩张）完成。

## 三、松果体内分泌

松果体主要合成和分泌激素的代表是褪黑素（MT）。

1. 生物作用　对神经系统影响广泛，主要表现为镇静、催眠、镇痛、抗惊厥、抗抑郁等。

2. 分泌调节　调节 MT 分泌的环境因素是光照。

# 第三节　甲状腺内分泌

## 一、甲状腺激素的合成与代谢

甲状腺激素（TH）主要有甲状腺素（又称四碘甲腺原氨酸，$T_4$）和三碘甲腺原氨酸（$T_3$）两种。甲状腺分泌的激素主要是 $T_4$，约占总量的90%以上，$T_3$的分泌量较少，但 $T_3$的生物活性比 $T_4$约大5倍。

1. 甲状腺激素合成的条件　甲状腺球蛋白与碘元素是合成TH的必需原料。甲状腺过氧化物酶（TPO）由甲状腺滤泡细胞合成，是催化TH合成的关键酶。甲状腺滤泡上皮细胞是合成和分泌TH的功能单位。

2. 甲状腺激素的合成步骤

（1）甲状腺腺泡聚碘：甲状腺腺泡上皮细胞聚碘是与 $Na^+$-$K^+$-ATP 酶相偶联的主动转运过程。

（2）碘的活化：碘被摄取后在氧化酶作用下很快被氧化。这是碘得以取代酪氨酸残基上的氢原子的先决条件。

（3）酪氨酸碘化与缩合：碘化过程发生在甲状腺球蛋白（TG）结构中的酪氨酸残基上，由活化的碘取代酪氨酸残基苯环上的氢，生成一碘酪氨酸（MIT）和二碘酪氨酸（DIT）。缩合是在TPO催化下，MIT、DIT经相应反应生成 $T_3$、$T_4$。此外，还能生成极少量的 $rT_3$。

3. 甲状腺激素的分泌　甲状腺激素由腺细胞分泌至腺泡腔中储存而且储存量很大。TH的分泌受促甲状腺激素的控制。在TSH作用下，甲状腺滤泡细胞顶端膜微绒毛伸出伪足，以吞饮方式将含TG的胶质小滴移入滤泡细胞内，并形成胶质小泡。

4. 甲状腺激素的运输　释放入血的甲状腺激素99%与血浆

蛋白结合，极少部分呈游离状态且主要是 $T_3$。与甲状腺激素结合的血浆蛋白主要为甲状腺素结合球蛋白，只有游离的激素才能被细胞摄取，并与细胞中受体结合，发挥生物效应。

5. 甲状腺激素的降解　$T_4$在外周组织脱碘酶的作用下，变为 $T_3$（占 45%）与 $rT_3$（占 55%）。$T_4$脱碘变成 $T_3$，是 $T_3$的主要来源，血液中的 $T_3$有 80%来自 $T_4$，其他来自甲状腺。

## 二、甲状腺激素的生物学作用

1. 甲状腺激素的作用机制

1）游离的 TH（$T_3$、$T_4$）穿过细胞膜和细胞核膜进入靶细胞核内。

2）TH 与细胞核内甲状腺激素受体（THR）结合，形成激素-受体复合物（TH-THR），TH-THR 可自身聚合形成同二聚体或与视黄酸 X 受体（RXR）聚合形成异二聚体，二聚体复合物结合于靶基因 DNA 分子甲状腺激素反应元件（TRE）上。

3）解除了 THR 核受体先前对靶基因转录的沉默作用，唤醒沉默基因的转录。

4）进而翻译表达功能蛋白质（如酶、结构蛋白等），最终产生一系列生物学效应。

2. 促进生长发育　甲状腺激素是维持机体正常生长、发育不可缺少的激素，特别是对骨和脑的发育尤为重要。甲状腺激素具有促进组织分化、生长与发育成熟的作用。胚胎时期缺碘而导致甲状腺激素合成不足或出生后甲状腺功能低下的婴幼儿，脑的发育有明显障碍，智力低下，且身材矮小，称为呆小病（克汀病）。

主治语录：影响神经系统发育最重要的激素是甲状腺激素，而不是生长激素。

3. 对机体代谢的影响

（1）能量代谢：甲状腺激素可使机体除脑、淋巴等少数数组织之外的绝大多数组织的耗氧率和产热量增加，尤其以心、肝、骨骼肌和肾等组织最为显著，因此具有升高体温的作用。

（2）对蛋白质、糖和脂肪代谢的影响

1）蛋白质代谢：$T_4$或$T_3$加速蛋白质及各种酶的生成，肌肉、肝与肾的蛋白质合成明显增加，细胞数量增多，体积增大，尿氮减少，表现为正氮平衡。$T_4$与$T_3$分泌不足时，蛋白质合成减少，肌肉无力，但组织间的黏蛋白增多，可结合大量的正离子和水分子，引起黏膜性水肿。$T_4$与$T_3$分泌过多时，则加速蛋白质分解，特别是加速骨骼肌的蛋白质分解，使肌酐含量降低，肌肉无力，尿酸含量增加，并可促进骨的蛋白质分解，从而导致血钙升高和骨质疏松，尿钙的排出量增加。

2）糖代谢：甲状腺激素促进小肠黏膜对糖的吸收，增强糖原分解，抑制糖原合成，并加强肾上腺素、胰高血糖素、皮质醇和生长激素的升糖作用，因此甲状腺激素有升高血糖的趋势；甲状腺功能亢进时，血糖常升高，有时出现糖尿。

3）脂肪代谢：甲状腺激素促进脂肪酸氧化，增强儿茶酚胺与胰高血糖素及脂肪的分解作用。$T_4$与$T_3$既促进胆固醇的合成，又可通过肝加速胆固醇的降解，但分解的速度超过合成。甲状腺功能亢进患者血中胆固醇含量低于正常。

4）维生素代谢：甲状腺功能亢进时，机体对维生素A、维生素$B_1$、维生素$B_2$、维生素$B_6$、维生素$B_{12}$、维生素C等的需要量增加，会导致这些维生素的缺乏。

4. 影响器官系统功能

（1）对神经系统的影响：甲状腺激素不但影响中枢神经系统的发育，对已分化成熟的神经系统活动也有作用。甲状腺功能亢进时，中枢神经系统的兴奋性增高。

（2）对心血管系统的影响：甲状腺激素对心血管系统的活动有明显的影响。$T_4$与$T_3$可使心率增快，心收缩力增强，心输出量与心做功增加。还能促进或调节生长激素、性激素等其他激素的分泌。

（3）对消化系统的影响：TH可促进消化道的运动和消化腺的分泌。甲状腺功能亢进时，食欲亢进，胃肠运动加速，肠吸收减少，甚至出现顽固性吸收不良性腹泻；甲状腺功能亢进减退时，食欲减退，由于胃肠运动减弱可出现腹胀和便秘。

（4）对生长与发育的影响：甲状腺激素对机体生长发育有重要作用，尤其是对中枢神经的发育影响最大。$T_3$、$T_4$诱导某些神经生长因子的合成，促进神经元树突与轴突的形成及髓鞘与胶质细胞的生长。甲状腺功能低下的儿童，表现为以智力迟钝和身材矮小为特征的呆小病。甲状腺激素刺激骨化中心发育、软骨骨化，促进长骨和牙齿的生长。

5. 甲状腺激素的基本生理作用及分泌异常的表现（表11-3-1）

表11-3-1　甲状腺激素的基本生理作用及分泌异常的表现

| 作用靶点 | 基本生理作用 | 分泌过度的表现 | 分泌缺乏的表现 |
| --- | --- | --- | --- |
| 能量代谢 | ↑能量代谢，↑BMR | 产热↑，BMR↑，喜凉怕热 | 产热↓，BMR↓，喜热恶寒 |
| 糖代谢 | ↑血糖（↑肠吸收，↑糖原分解，↑糖异生）；↓血糖（↓外周组织利用） | 餐后血糖↑，随后↓ | 血糖↓ |
| 脂类代谢 | ↑脂肪分解>↑脂肪合成；↑胆固醇降解>↑胆固醇合成 | 体脂↓<br>血胆固醇↓ | 体脂↑<br>血胆固醇↑ |

续 表

| 作用靶点 | 基本生理作用 | 分泌过度的表现 | 分泌缺乏的表现 |
| --- | --- | --- | --- |
| 蛋白质代谢 | ↑肝、肾及肌肉蛋白质合成 | 蛋白质分解↑；骨骼肌蛋白质分解↑，消瘦 | 蛋白质合成↓；组织黏蛋白↑，黏液性水肿 |
| 生长发育 | ↑胚胎生长发育尤其是脑；↑骨生长发育（协同GH） | 骨质疏松；体重↓ | 智力发育迟缓、身材短小（克汀病） |
| 神经系统 | ↑中枢神经系统的兴奋性 | 易激动、烦躁不安、喜怒无常、失眠多梦、注意力分散 | 记忆力减退、言语和行动迟缓、表情淡漠、少动嗜睡 |
| 心血管系统 | ↑心率，↑心肌收缩能力，↑心输出量 | 心动过速、心律失常、甚至心力衰竭 | 心率↓，搏出量↓ |
| 消化系统 | ↑消化道运动，↑消化腺分泌 | 食欲↑，进食量↑；胃肠运动↑，腹泻 | 食欲↓，进食量↓；胃肠运动↓，腹胀便秘 |

## 三、甲状腺功能的调节

1. 下丘脑-腺垂体-甲状腺轴的调节

（1）下丘脑对腺垂体的调节：腺垂体分泌的促甲状腺激素（TSH）是调节甲状腺功能的主要激素。TSH的作用是促进甲状腺激素的合成与释放。给予TSH最早出现的效应是甲状腺球蛋白水解与$T_4$、$T_3$的释放，随后表现增强碘的摄取和甲状腺激素的合成。TSH的长期效应是刺激甲状腺腺细胞增生，腺体增大，这是由于TSH刺激腺泡上皮细胞，核酸与蛋白质合成增强的结果。

（2）TSH对甲状腺的作用：在甲状腺腺泡上皮细胞膜上存

在特异的TSH受体，通过G蛋白激活腺苷酸环化酶，使cAMP生成增多，进而增强甲状腺对碘的摄取，刺激过氧化酶活性，促进甲状腺激素合成。TSH还可通过磷酸肌醇系统和$Ca^{2+}$促进甲状腺激素的释放与合成。腺垂体TSH分泌受下丘脑TRH的调控。下丘脑TRH神经元接受神经系统其他部位传来的信息，把环境因素与TRH神经元活动联系起来，然后TRH神经元通过释放TRH调控腺垂体TSH的释放。

（3）甲状腺激素的反馈调节：血中游离的$T_4$与$T_3$作用于腺垂体促甲状腺细胞，反馈调节血甲状腺激素的浓度。当血中$T_4$与$T_3$浓度增高时，抑制TSH分泌，甲状腺激素抑制TSH分泌的作用，是由于甲状腺激素刺激腺垂体促甲状腺激素细胞产生一种抑制性蛋白，其使TSH的合成与释放减少，并降低腺垂体对TRH的反应性，$T_3$对腺垂体TSH分泌的抑制作用比$T_4$更强。反之，血中$T_4$、$T_3$降低时，促进TSH分泌，刺激$T_4$、$T_3$的合成，这样使血中$T_3$、$T_4$浓度保持相对恒定。

2. 甲状腺功能的自身调节　甲状腺具有适应摄入量而调节自身对碘的摄取与合成甲状腺激素的能力。在缺乏TSH或血液TSH浓度不变的情况下，这种调节仍能发生，称为甲状腺的自身调节，是一个有限度的缓慢的调节系统。

血碘浓度增加时，最初甲状腺激素的合成有所增加，但碘量超过一定限度后，甲状腺激素的合成在维持一段高水平之后，随即明显下降。当血碘浓度超过1mmol/L时，甲状腺摄碘能力开始下降，若血碘浓度达到10mmol/L时，甲状腺聚碘作用完全消失。这种过量的碘产生的抗甲状腺聚碘作用，称为碘阻滞（Wolff-Chaikoff）效应。

3. 甲状腺功能的神经调节　甲状腺腺泡不仅受交感神经肾上腺素能纤维支配，也受副交感神经胆碱能纤维支配，并且在甲状腺细胞的膜上存在β受体和M受体。肾上腺素能纤维兴奋可促进甲状腺激素的合成与释放，而胆碱能纤维兴奋则抑制甲状腺激素的分泌。

4. 甲状腺功能的免疫调节　甲状腺滤泡细胞膜上存在许多免疫活性物质和细胞因子的受体，所以许多免疫活性物质可影响甲状腺的功能。

## 第四节　甲状旁腺、维生素D与甲状腺C细胞内分泌

### 一、甲状旁腺激素的生物作用与分泌调节

甲状旁腺激素（PTH）是甲状旁腺主细胞分泌的含有84个氨基酸的直链肽。

#### （一）甲状旁腺激素的生物作用

PTH是调节血钙与血磷水平最重要的激素，有升高血钙和降低血磷含量的作用。

1. 对肾脏的作用

（1）促进肾远端小管对钙的重吸收，使尿钙减少，血钙升高；抑制近端小管对磷的重吸收，促进尿磷排出，血磷降低。

（2）抑制近端小管重吸收$Na^+$、$HCO_3^-$和水，甲状旁腺功能亢进时可导致$HCO_3^-$的重吸收障碍，同时又可使$Cl^-$的重吸收增加，引起高氯性酸血症，加重对骨组织的脱盐作用。

（3）激活肾1α-羟化酶，促进25-（OH）-$D_3$转变为有活性的1,25-（OH）$_2$-$D_3$，转而影响肠对钙磷的吸收。

2. 对骨的作用　促骨钙入血，快速效应是在PTH作用后数分钟发生，迅速提高骨细胞膜对$Ca^{2+}$的通透性，使骨液中的$Ca^{2+}$进入细胞内，进而使骨细胞膜上的钙泵活动增强，将$Ca^{2+}$转运到细胞外液中，延迟效应在PTH作用后12~14小时出现，通

过刺激破骨细胞活动增强而实现的。

### （二）甲状旁腺激素的分泌调节

1. 血钙水平　PTH 的分泌主要受血浆钙浓度变化的调节。血浆钙浓度下降，使甲状旁腺分泌 PTH 迅速增加，这是由于血钙降低直接刺激甲状旁腺细胞释放 PTH，在 PTH 作用下，促使骨钙释放，并促进肾小管重吸收钙，结果使已降低了的血钙浓度迅速回升，相反，血浆钙浓度升高时，PTH 分泌减少。长时间的高血钙，可使甲状旁腺发生萎缩，而长时间的低血钙，则可使甲状旁腺增生。

主治语录：血钙水平是调节甲状旁腺分泌的最主要的因素。

2. 其他因素

（1）血磷升高、降钙素大量释放可使血钙降低，间接刺激 PTH 的分泌。

（2）血镁浓度很低时，可使 PTH 分泌减少。

（3）儿茶酚胺可通过激活 β 受体、组胺则通过激活 $H_2$受体促进 PTH 的分泌。

## 二、维生素 D 的活化、作用与生成调节

### （一）钙三醇的生成

1. 维生素 $D_3$又称胆钙化醇，是胆固醇的衍生物，其活性形式是 1, 25-二羟维生素 $D_3$［1, 25-（OH）$_2$-$D_3$］。可由肝、乳、鱼肝油等含量丰富的食物中摄取，也可在体内由皮肤合成。

2. 在紫外线照射下，皮肤中的 7-脱氢胆固醇迅速转化成维生素 $D_3$原，然后再转化为维生素 $D_3$。

3. 维生素 $D_3$需要经过羟化酶的催化才具有生物活性。首先，维生素 $D_3$在肝内25-羟化酶的作用下形成25-羟维生素 $D_3$，然后又在肾脏内的1α-羟化酶的催化下成为活性更高的1, 25-二羟维生素 $D_3$，即钙三醇。

4. 血液中的1, 25-二羟维生素 $D_3$灭活的主要方式是在靶细胞内发生侧链氧化或羟化，形成钙化酸等代谢产物。

5. 维生素 $D_3$及其衍生物在肝脏与葡萄糖醛酸结合后，随胆汁排入小肠，其中一部分被吸收入血，形成维生素 $D_3$的肠-肝循环，另一部分随粪便排出体外。

### （二）钙三醇的生物作用

1, 25-二羟维生素 $D_3$与靶细胞内的核受体结合后，通过基因调节方式发挥作用（表11-4-1）。维生素D受体主要分布于小肠、肾脏和骨细胞。

表11-4-1　1, 25-二羟维生素 $D_3$的作用

| 部位 | 作　用 |
|---|---|
| 小肠 | ①可促进小肠黏膜上皮细胞对钙的吸收，升高血钙<br>②进入小肠黏膜的细胞内，诱导细胞生成一种与钙有很强亲和力的钙结合蛋白<br>③促进小肠黏膜细胞对磷的吸收，升高血磷，并能刺激成骨细胞的活动，促进骨骼钙化和骨盐沉积 |
| 骨 | ①对骨吸收（直接作用）>骨形成（间接作用），总的效应是升高血钙和血磷<br>②当血钙降低时，又能提高破骨细胞的活动，增强骨的溶解，释放骨钙入血，使血钙升高<br>③骨吸收引起的高血钙和高血磷又促进骨钙沉积和骨的矿化<br>④还可协同PTH的作用，如缺乏1, 25-二羟维生素 $D_3$，则PTH对骨的作用明显减弱 |

续　表

| 部位 | 作　　用 |
| --- | --- |
| 肾脏 | 能与 PTH 协同促进肾小管对钙和磷的重吸收，使血钙、磷升高 |
| 其他 | 能抑制 PTH 基因转录及甲状旁腺细胞增殖；增强骨骼肌细胞钙和磷的转运，缺乏维生素 D 可致肌无力 |

### （三）钙三醇生成的调节

血钙、血磷降低时，肾内 1α-羟化酶的活性升高，促进 1,25-二羟维生素 $D_3$ 的生成；在高血钙状态时，1,25-二羟维生素 $D_3$ 的生成减少。PTH 可通过诱导肾近端小管上皮细胞内 1α-羟化酶基因转录，促进维生素 D 活化。此外，1,25-二羟维生素 $D_3$ 对其本身的生成具有负反馈作用。

## 三、降钙素的生物作用与分泌调节

降钙素（CT）是由甲状腺 C 细胞分泌的肽类激素。

### （一）降钙素的生物作用

降钙素的主要作用是降低血钙和血磷，其主要的靶器官是骨和肾脏。CT 抑制破骨细胞活动，减弱溶骨过程，增强成骨过程，使骨释放钙、磷减少，钙、磷沉积增加，从而使血钙与血磷下降。另外，CT 能抑制肾小管对钙、磷、钠及氯的重吸收，使这些离子从尿中排出增多。

### （二）降钙素的分泌调节

CT 的分泌主要受血钙浓度的调节。当血钙浓度升高时，CT 的分泌亦随之增加。CT 与 PTH 对血钙的作用相反，共同调节血钙浓度的相对稳定。CT 与 PTH 对血钙调节作用的主要差别：

①CT 的分泌启动较快，在 1 小时内即可达到高峰，而 PTH 分泌高峰的出现则需几个小时。②降钙素只对血钙水平产生短期调节作用，其效应很快被有力的 PTH 作用所克服，后者对血钙浓度发挥长期调节作用。由于 CT 的作用快速而短暂，其对高钙饮食引起的血钙升高回复到正常水平起重要作用。几种胃肠激素如促胃液素、促胰液素、缩胆囊素，均有促进 CT 分泌的作用，其中以促胃液素的作用为最强。

# 第五节 胰岛内分泌

胰腺内分泌部分为胰岛，是由内分泌细胞组成的细胞团，主要细胞有：A（α）细胞：分泌胰高血糖素，B（β）细胞：分泌胰岛素，D（δ）细胞：分泌生长抑素，PP（F）细胞：分泌胰多肽，H（$D_1$）细胞：分泌血管活性肠肽。

## 一、胰岛素

### （一）胰岛素的作用机制

1. 胰岛素　血液中的胰岛素以与血浆蛋白结合及游离的两种形式存在，两者间保持动态平衡。只有游离形式的胰岛素才具有生物活性。胰岛素在血中的半衰期仅 5~8 分钟，主要在肝脏、肾与外周组织灭活。

2. 胰岛素受体　是一种跨膜糖蛋白，是由两个 α 亚单位和两个 β 亚单位构成的四聚体。

3. 胰岛素的作用机制

(1) 胰岛素的作用是通过胰岛素受体介导的细胞内一系列信号蛋白活化和相互作用的信号转导过程：①胰岛素与靶细胞

膜上胰岛素受体 α 亚单位结合。②胰岛素受体 β 亚单位的酪氨酸残基磷酸化，激活受体内酪氨酸蛋白激酶。③激活的酪氨酸蛋白激酶使细胞内偶联的胰岛素受体底物蛋白的酪氨酸残基磷酸化。④经过胰岛素受体底物（IRS）下游信号途径，引发蛋白激酶、磷酸酶的级联反应，最终引起生物学效应，包括葡萄糖转运，糖原、脂肪及蛋白质的合成，以及一些基因的转录和表达。

（2）在胰岛素敏感组织细胞的胞质中存在 IRS，IRS 是介导胰岛素作用的关键蛋白。目前发现多种 IRS（表 11-5-1）。

表 11-5-1　IRS 的种类及作用

| | |
|---|---|
| IRS-1 | 表达于各种组织细胞中，但主要是骨骼肌细胞，也是胰岛素样生长因子-1（IGF-1）受体的底物，主要影响细胞生长 |
| IRS-2 | 表达于各种组织细胞中，主要影响肝的代谢和胰岛 B 细胞的生长与分化 |
| IRS-3 | 存在于脑和脂肪等组织中，参与脂代谢调节 |
| IRS-4 | 分布于垂体和脑组织中 |

## （二）胰岛素的生物学作用

胰岛素是促进合成代谢，储存营养物质，调节血糖稳定的关键激素。胰岛素作用的靶细胞主要是肝、肌肉和脂肪组织。

1. 对糖代谢的调节　胰岛素促进组织细胞对葡萄糖的摄取和利用，加速葡萄糖合成为糖原，贮存于肝和肌肉中，并抑制糖异生，促进葡萄糖转变为脂肪酸，贮存于脂肪组织，结果使血糖水平下降。

2. 对脂肪代谢的调节　胰岛素促进肝脏合成脂肪酸，然后转运到脂肪细胞贮存。胰岛素还能抑制脂肪酶的活性，减少脂肪的分解。

3. 对蛋白质代谢的调节　胰岛素促进蛋白质的合成过程，可以在蛋白质合成的各个环节上起作用。

（1）促进氨基酸通过膜的转运送入细胞。

（2）加快细胞核的复制和转录过程，增加 DNA 和 RNA 的生成。

（3）作用于核糖体，加速翻译过程。胰岛素还可抑制蛋白质分解和肝糖异生。

糖尿病患者因血糖升高后的渗透性利尿引起多尿，继而多饮，并且由于葡萄糖、脂肪、蛋白质代谢紊乱，出现体重减轻、疲乏无力等症状。

### （三）胰岛素的分泌调节

胰岛素调节的代谢过程主要通过其与分布在各种组织细胞上的胰岛素受体相结合，胰岛素受体具有高度的特异性。

1. 营养成分的调节作用

（1）血糖浓度：是影响胰岛素合成和释放的最重要因素，当血糖浓度升高时，胰岛素分泌明显增加，从而促进血糖降低。当血糖浓度下降至正常水平时，胰岛素分泌也迅速回到基础水平。在持续高血糖刺激下，胰岛素的分泌可分为两个阶段。

1）快速分泌阶段：血糖升高后 5 分钟内，胰岛素的分泌迅速增加，主要来源于 B 细胞内贮存的激素释放，因此持续时间很短，5~10 分钟后胰岛素的分泌便下降 50%。

2）慢速分泌阶段：血糖增高 15 分钟后，出现胰岛素分泌的第二次增多，在 2~3 小时达高峰，并持续较长的时间，主要是激活了 B 细胞的胰岛素合成酶系，促进合成与释放；倘若高血糖持续 1 周左右，胰岛素的分泌可进一步增加，这是由于长时间的高血糖刺激 B 细胞增殖而引起的。

（2）血中氨基酸和脂肪酸水平：进食纯蛋白食物及静脉注入氨基酸都能刺激胰岛素分泌，以精氨酸和赖氨酸的作用为最强。在血糖正常时，氨基酸只能使胰岛素分泌少量增加，但如果血糖也升高，过量的氨基酸则可使血糖引起的胰岛素分泌量加倍，氨基酸刺激胰岛素分泌的生理意义在于，用餐后吸收的氨基酸可在胰岛素的作用下迅速被肌肉或其他组织摄取并合成蛋白质，同时使体内的蛋白质分解减慢。

长时间高血糖、高氨基酸和高血脂可持续刺激胰岛素分泌，导致胰岛素分泌不足而引起糖尿病。

2. 影响胰岛素分泌的激素

（1）胃肠激素中促胃液素、促胰液素、缩胆囊素和抑胃肽等都具有促胰岛素分泌的作用。

（2）生长激素、皮质醇、甲状腺激素以及胰高血糖素等可通过升高血糖浓度而间接刺激胰岛素分泌。

（3）胰岛 D 细胞分泌的生长抑素可通过旁分泌作用，抑制胰岛素的分泌，而胰高血糖素也可直接刺激 B 细胞分泌胰岛素。

主治语录：胃肠激素中，以抑胃肽对胰岛素分泌的促分泌作用最强。

3. 神经调节　胰岛受迷走神经与交感神经双重支配。刺激迷走神经，直接促进胰岛素的分泌；还可通过刺激胃肠激素的释放，间接促进胰岛素的分泌，交感神经兴奋时，则通过去甲肾上腺素作用于 α 受体，抑制胰岛素的分泌。

## 二、胰高血糖素

1. 胰高血糖素的生物作用　胰高血糖素是一种促进分解代谢的激素。作用主要如下。

（1）具有很强的促进糖原分解和糖异生的作用，使血糖明显升高。

（2）胰高血糖素还激活脂肪酶，促进脂肪分解，同时又可加强脂肪酸氧化，使酮体生成增多。

（3）使氨基酸加快进入肝细胞以转化成葡萄糖，即增加糖异生。

（4）通过旁分泌促进胰岛B细胞分泌胰岛素、D细胞分泌生长抑素。

胰高血糖素可促进胰岛素和生长抑素的分泌。

2. 胰高血糖素的分泌调节

（1）血糖浓度是调节胰高血糖素分泌的重要因素。血糖降低时，胰高血糖素分泌增加，血糖升高时，胰高血糖素分泌减少。

（2）氨基酸的作用与葡萄糖相反，能促进胰高血糖素的分泌，蛋白餐或静脉注入各种氨基酸均可使胰高血糖素分泌增多。

（3）胰岛素可以通过降低血糖间接刺激胰高血糖素的分泌，但B细胞分泌的胰岛素和D细胞分泌的生长抑素可直接作用于邻近的A细胞，抑制胰高血糖素的分泌。

（4）交感神经兴奋时，通过胰岛A细胞膜上的β受体促进胰高血糖素的分泌；迷走神经兴奋时，通过M受体抑制胰高血糖素的分泌。

## 第六节　肾上腺内分泌

### 一、肾上腺皮质激素

肾上腺皮质分泌的皮质激素分为三类，即盐皮质激素（MC）、糖皮质激素（GC）和性激素。球状带细胞分泌盐皮质激素，主要是醛固酮；束状带细胞分泌糖皮质激素，主要是皮质醇；网状带细胞主要分泌性激素，也能分泌少量的糖皮质激素。

### （一）肾上腺皮质激素的合成与代谢

1. 胆固醇　胆固醇是合成肾上腺皮质激素的基本原料。合成肾上腺皮质激素的胆固醇约80%来自血液中的低密度脂蛋白。胆固醇以胆固醇酯的形式存在。在肾上腺皮质细胞内胆固醇酯酶的催化下，生成游离的胆固醇，并随即被固醇转运蛋白转运入线粒体内。胆固醇在胆固醇侧链裂解酶的作用下，先转变成孕烯醇酮，再进一步转化为各种皮质激素。肾上腺皮质各层细胞内存在的酶系不同，因此合成的皮质激素亦不相同。

2. 皮质醇　血中的皮质醇，绝大多数与皮质类固醇结合球蛋白或皮质醇结合球蛋白（CBG）即皮质激素运载蛋白结合，少量与血浆白蛋白结合，仅部分呈游离型，但只有游离型激素才能够进入靶细胞发挥生物作用。结合型与游离型激素之间可相互转化，保持动态平衡。

血浆中的皮质醇与蛋白结合，对于其运输和贮存有重要的意义，同时也可以减少皮质醇从肾脏排出。正常成年人肾上腺每天约合成20mg皮质醇，其血浓度为135μg/L（375nmol/L）左右。皮质醇的降解产物中约70%为17-羟类固醇化合物，可从尿中排出，测定其尿中含量可反映皮质醇的分泌水平。测定24小时尿游离皮质醇的特异性与敏感性更高。

3. 醛固醇　主要与血浆中的白蛋白结合，血液中结合型醛固酮约占60%，其他约40%处于游离状态。醛固酮血浆浓度为0.06μg/L（0.17nmol/L）以下。皮质激素主要在肝内降解。

4. 肾上腺皮质激素　主要通过调节靶基因的转录而发挥生物效应。肾上腺皮质的作用主要表现在两方面：①通过释放盐皮质激素调节机体的水盐代谢，维持循环血量和动脉血压。②通过释放糖皮质激素调节糖、蛋白质、脂肪的代谢，提高机体对伤害性刺激的抵抗力。

### （二）糖皮质激素

1. 生物学作用　人体血浆中糖皮质激素主要为皮质醇(90%)，其次为皮质酮（10%）。糖皮质激素对糖、蛋白质和脂肪代谢均有作用。

（1）糖代谢：糖皮质激素是调节机体糖代谢的重要激素之一，机体血糖水平下降时，皮质醇促进糖异生，维持血糖浓度。糖皮质激素又有抗胰岛素作用，降低肌肉与脂肪等组织细胞对胰岛素的反应性，以致外周组织对葡萄糖的利用减少，促使血糖升高。

（2）蛋白质代谢：糖皮质激素促进肝外组织，特别是肌肉组织蛋白质分解增强，合成减少。因此糖皮质激素分泌过多，将出现肌肉消瘦，骨质疏松，皮肤变薄，淋巴组织萎缩等。

主治语录：糖皮质激素使蛋白质分解增加，生长激素和胰岛素使蛋白质合成增加。

（3）脂肪代谢：糖皮质激素促进脂肪分解，增强脂肪酸在肝内的氧化过程，有利于糖异生作用，肾上腺皮质功能亢进时，糖皮质激素对身体不同部位的脂肪作用不同。在肾上腺皮质功能亢进或大剂量应用GC类药物时，可出现库欣综合征，形成满月脸、水牛背、四肢消瘦的向心性肥胖体征。

（4）调节水盐代谢：皮质醇有较弱的保钠排钾的作用，即对肾远端小管和集合管重吸收 $Na^+$ 和排出 $K^+$ 有轻微的促进作用，还可降低肾小球入球小动脉的阻力，增加肾小球血流量而使肾小球滤过率增加，有利于水的排出。

（5）对血细胞的影响：糖皮质激素可刺激红细胞增生，促使附着在血管壁上的中性粒细胞进入循环，升高其数量，而使淋巴细胞和嗜酸性粒细胞减少。

（6）对循环系统的作用：糖皮质激素能增强血管平滑肌对儿茶酚胺的敏感性（允许作用），提高血管的张力和维持血压。降低毛细血管壁的通透性，减少血浆的滤出，有利于维持血容量。

（7）参与应激反应：当机体受到各种有害刺激，如缺氧、创伤、手术、饥饿、疼痛、寒冷以及精神紧张和焦虑不安等，血中 ACTH 浓度立即增加，糖皮质激素也相应增多。将能引起 ACTH 与糖皮质激素分泌增加的各种刺激，称为应激原，而产生的反应称为应激。应激反应是以 ACTH 和糖皮质激皮质激素分泌增加为主，多种激素参与的使机体抵抗力增强，非特异性反应。

（8）其他：糖皮质激素还有促进胎儿肺表面活性物质的合成。增强骨骼肌的收缩力、提高胃腺细胞对迷走神经与促胃液素的反应性、增加胃酸及胃蛋白酶原的分泌、抑制骨的形成而促进其分解等作用。高浓度糖皮质激素还能抑制胃黏膜前列腺素合成、削弱胃黏膜自我保护机制诱发消化性溃疡。

2. 分泌调节　ACTH 的分泌受下丘脑 CRH 的控制与糖皮质激素的反馈调节。

（1）下丘脑-腺垂体-肾上腺皮质轴的调节

1）下丘脑室旁核及促垂体区的 CRH 神经元可合成和释放 CRH，通过垂体门脉系统被运送到腺垂体促肾上腺皮质激素细胞，通过 cAMP-PKA 途径使 ACTH 分泌增多，进而刺激肾上腺皮质对糖皮质激素的合成与释放。

2）ACTH 不但刺激糖皮质激素的分泌，也刺激束状带与网状带细胞生长发育。肾上腺皮质束状带和网状带细胞膜上存在 ACTH 受体，ACTH 与其受体结合后，通过 AC-cAMP-PKA 或 PLC-$IP_3$/DG-PKC 信号转导途径，加速胆固醇进入线粒体，激活合成糖皮质激素的各种酶系统，使糖皮质激素的合成与分泌过程加强。

3）下丘脑 CRH 的释放呈日周期节律和脉冲式释放，一般在清晨 6~8 时分泌达高峰，午夜分泌最少。

4）下丘脑、垂体和肾上腺皮质组成一个密切联系、协调统一的功能活动轴，从而维持血中糖皮质激素浓度的相对稳定和在不同状态下的适应性变化。

（2）反馈调节

1）当血中糖皮质激素浓度升高时，可反馈性地抑制下丘脑 CRH 神经元和腺垂体 ACTH 神经元的活动，使 CRH 释放减少，ACTH 合成及释放受到抑制，这种反馈称为长反馈。

2）腺垂体分泌的 ACTH 也可反馈性地抑制 CRH 神经元的活动，称为短反馈。

3）糖皮质激素对 CRH 和 ACTH 分泌的负反馈调节作用，是通过抑制下丘脑 CRH 及腺垂体 ACTH 的合成和降低腺垂体 ACTH 细胞对 CRH 的反应性等方式实现的。在应激时这种负反馈调节被抑制或甚至消失，血中 ACTH 和糖皮质激素的浓度升高。

4）长期服用糖皮质导致肾上皮质萎缩，血中糖皮质激素水平低下，可引起肾上腺皮质危象，甚至危及生命。因此必须采取逐渐减量的停药方法或间断给予 ACTH，以防止肾上腺皮质萎缩。

（3）应激性调节：当机体受到应激原刺激时，下丘脑 CRH 神经元分泌增强，刺激腺垂体 ACTH 分泌，最后引起肾上腺皮质激素的大量分泌，以提高机体对伤害性刺激的耐受能力。

**（三）盐皮质激素（以醛固酮为代表）**

1. 生物学作用　醛固酮是调节机体水盐代谢的重要激素。

醛固酮作用于肾远端小管及集合管，促进钠、水重吸收和排出钾，即有保钠、保水和排钾作用。醛固酮也减少汗液、唾液、胃液的 $Na^+$ 排出量，还可增强血管对儿茶酚胺的敏感性。

当醛固酮分泌过多时，将使钠和水潴留，引起高血钠，高血压和血钾降低。相反，如醛固酮缺乏则钠与水排出过多，血钠减少，血压降低。而尿钾排出减少，血钾升高，肾上腺皮质激素的分泌主要受下丘脑-腺垂体-肾上腺皮质轴的调控。

2. 盐皮质激素分泌的调节

（1）醛固酮的分泌主要受肾素-血管紧张素系统的调节。

（2）血 $K^+$、血 $Na^+$ 浓度变化可以直接作用于球状带细胞，影响醛固酮的分泌。

（3）在正常情况下，ACTH 对醛固酮的分泌并无调节作用，但当机体受到应激刺激时，ACHT 分泌增加，可对醛固酮的分泌一定的支持作用。

### （四）肾上腺雄激素

肾上腺皮质合成和分泌的雄激素主要有脱氢表雄酮和雌烯二酮。这些激素能使生长加速，促使外生殖器发育和第二性征出现。肾上腺雄激素是女性体内雄激素的主要来源，具有刺激女性腋毛和阴毛生长，维持性欲和性行为等作用。

## 二、肾上腺髓质激素

肾上腺髓质嗜铬细胞主要分泌肾上腺素和去甲肾上腺素，它们是儿茶酚胺类激素。

### （一）生物学作用

1. 调节物质代谢

（1）肾上腺素和去甲肾上腺素均可通过与细胞膜上不同的

肾上腺素能受体结合，经第二信使激活 PKA 或 PKC 而发挥作用。

（2）肾上腺素和去甲肾上腺素都能促进葡萄糖的生成，但因受体的差异，机制略有不同。

（3）肾上腺髓质受交感神经节前纤维支配，两者关系密切，组成交感-肾上腺髓质系统。

2. 参与应急反应　肾上腺髓质与交感神经系统组成交感-肾上腺髓质系统，髓质激素的作用与交感神经的活动紧密联系，机体遭遇特殊紧急情况时，如畏惧、焦虑、剧痛、失血、脱水等，肾上腺素与去甲肾上腺素的分泌大大增加，它们作用如下。

（1）提高中枢神经系统兴奋性，使机体处于警觉状态。

（2）呼吸加强加快、肺通气量增加，心跳加快，心室力增强，心输出量增加，血液循环加快，内脏血管收缩，骨骼肌血管舒张同时血流量增多，全身血液重新分配，以利于应急时重要器官得到更多的血液供应。

（3）肝糖原分解增强，血糖升高，脂肪分解加速，葡萄糖与脂肪酸氧化过程增强，以适应在应急情况下对能量的需要。

通过交感-肾上腺髓质系统发生的适应性反应，称为应急反应。

### （二）分泌调节

1. 肾上腺髓质受交感神经胆碱能节前纤维支配，交感神经兴奋时，引起肾上腺素与去甲肾上腺素的释放。若交感神经兴奋时间较长，可促进儿茶酚胺的合成。

2. ACTH 促进髓质合成儿茶酚胺的作用主要是通过糖皮质激素完成的，但也有直接作用。

3. 去甲肾上腺素或多巴胺在细胞内的量增加到一定程度时，

可抑制儿茶酚胺的合成。

### 三、肾上腺髓质素

肾上腺髓质嗜铬细胞能分泌一种由52个氨基酸残基组成的单链多肽，称为肾上腺髓质素，其结构特征类似降钙素基因相关肽，具有扩张血管、降低血压、抑制内皮素及血管紧张素释放等作用。血管平滑肌和内皮细胞也可分泌肾上腺髓质素，血中的肾上腺髓质素主要来源于血管内皮细胞。

## 第七节　组织激素及功能器官内分泌

### 一、组织激素

#### （一）前列腺素

1. 前列腺素的生成

（1）首先是细胞膜的磷脂在磷脂酶$A_2$的作用下生成PG的前体花生四烯酸，后者在环加氧酶的催化下，形成不稳定的环过氧化物$PGG_2$，随后又转变为$PGH_2$。

（2）$PGH_2$可在血栓烷合成酶的作用下转变为血栓烷$A_2$（$TXA_2$），也可在前列环素合成酶的作用下转变为前列环素（$PGI_2$）。

（3）阿司匹林类药物可抑制环加氧酶，从而抑制PG的合成。

2. 前列腺素的生物学作用

（1）血小板产生的$TXA_2$能使血小板聚集及血管收缩，而血管内膜产生的$PGI_2$则能抑制血小板聚集并有舒张血管的作用。

（2）$PGE_2$可使支气管平滑肌舒张，而$PGF_{2\alpha}$则使支气管平滑肌收缩。

（3）$PGE_2$可促进肾脏排 $Na^+$和排水。

（4）前列腺素对体温调节、神经系统、内分泌系统和生殖系统的活动发生影响。

PG 对机体各个系统功能活动的影响，见表 11-7-1。

表 11-7-1　前列腺素对机体各系统的基本作用

| 器官系统 | 主要作用 |
| --- | --- |
| 循环系统 | ↑或↓血小板聚集、影响血液凝固，使血管平滑肌收缩或舒张 |
| 呼吸系统 | 使气管平滑肌舒张或收缩 |
| 消化系统 | ↓胃腺分泌，保护胃黏膜，↑小肠运动 |
| 泌尿系统 | 调节肾血流量，促进水、钠排出 |
| 神经系统 | 调制神经递质的释放和作用，影响下丘脑体温调节，参与睡眠活动，参与疼痛与镇痛过程 |
| 内分泌系统 | ↑皮质醇的分泌，↑组织对激素的反应性，参与神经内分泌调节过程 |
| 生殖系统 | 调节生殖道平滑肌活动，↑精子在男、女性生殖道的运行，参与调制月经、排卵、胎盘及分娩等生殖活动 |
| 脂代谢 | ↓脂肪分解 |
| 防御系统 | 参与炎症反应，如发热和疼痛的发生等 |

### （二）脂肪细胞内分泌

1. 瘦素　是一种蛋白质激素。主要由白色脂肪组织合成和分泌。分泌具有昼夜节律，夜间分泌水平较高。体内脂肪储量是影响瘦素分泌的主要因素。

（1）瘦素的生物作用

1）瘦素具有调节体内脂肪贮存量和维持能量平衡的作用。

2）瘦素可直接作用于脂肪细胞，抑制脂肪的合成，降低体内脂肪的贮存量，并动员脂肪，使脂肪贮存的能量转化和释放，避免肥胖的发生。

3）循环血液中的瘦素可作用于下丘脑的弓状核，使摄食量减少。

4）瘦素的生物学效应比较广泛，不但可影响下丘脑-垂体-性腺轴的活动，对 GnRH、LH 和 FSH 的释放起双相调节作用，还能抑制饥饿引起的应激反应，对下丘脑-垂体-甲状腺轴和下丘脑-垂体-肾上腺轴的活动发生影响。

（2）瘦素作用机制：瘦素通过与其受体（ob-R）结合后发挥效应。

（3）瘦素分泌调节：体脂量是影响瘦素分泌的主要因素外，胰岛素和肾上腺素也可刺激脂肪细胞分泌瘦素。

2. 脂联素　主要由脂肪细胞分泌，对肝及骨骼肌细胞的作用通过脂联素受体介导。脂联素可促进外周组织摄取葡萄糖，抑制肝糖异生和输出；促进血浆中游离脂肪酸氧化；增高靶细胞对胰岛素的敏感性。脂联素通过抑制某些导致血管内皮损伤细胞因子的信号传导，可起抗炎、抗动脉粥样硬化和保护心肌的作用。

### （三）骨骼肌细胞内分泌

骨骼肌除可合成和分泌与其他组织共有的多种调节肽、细胞因子和生长因子等生物信号分子外，还特异地产生肌肉抑制素和肌肉素等。骨骼肌内分泌功能紊乱参与运动系统和多种全身性疾病的发病过程。

### （四）骨骼细胞内分泌

骨钙素由成骨细胞合成并分泌，在调节和维持骨钙中起重要作用，其血清水平可反映成骨细胞的活性。

## 二、功能系统器官内分泌

功能系统器官主要指直接发挥维持内环境稳态作用的循环、呼吸、营养和排泄等系统的器官及其组织。

1. 心肌细胞分泌心房钠尿肽、脑钠尿肽。
2. 血管生成缩血管的内皮素，舒血管的 NO 和 $H_2S$。
3. 肝脏合成 IGF。
4. 肾合成钙三醇、促红细胞生成素、肾素。
5. 肺是前列腺素含量最高的器官。

### 历年真题

1. 某患病动物动脉血压升高，血清钠升高，血清钾下降，可能的原因是
   A. 激肽系统激活
   B. 醛固酮分泌增多
   C. 肾上腺素分泌增多
   D. 心房钠尿肽分泌增多
   E. 肾素分泌增多
2. 下列属于类固醇激素的是
   A. 甲状腺激素
   B. 甲状旁腺激素
   C. 血管升压素
   D. 脂肪酸
   E. 糖皮质激素
3. 下列关于糖皮质激素作用的叙述，错误的是
   A. 减弱机体对有害刺激的耐受
   B. 促进蛋白质分解，抑制其合成
   C. 分泌过多时可引起脂肪重新分布
   D. 对保持血管对儿茶酚胺的正常反应有重要作用
   E. 可使血糖升高

参考答案：1. B　2. E　3. A

# 第十二章　生　　殖

## 核心问题

1. 睾丸的内分泌功能、卵巢功能及其调节。
2. 卵泡、月经的周期性变化。

## 内容精要

生殖对于种族的繁衍、遗传信息的传递、动物的进化都起着重要的作用。人类生殖的基本过程主要包括男性性腺睾丸产生精子和女性性腺卵巢产生卵子；性交使精子进入女性生殖道，在输卵管与卵子相遇发生受精；受精卵发育成囊胚后植入子宫内膜，即着床；胚胎在母体子宫中发育成胎儿以及胎儿成熟分娩等。

## 第一节　男性生殖功能及其调节

### 一、睾丸的功能

睾丸实质由曲细精管和结缔组织间质构成。睾丸的功能有两方面，即产生精子和分泌雄激素。

1. 睾丸的生精功能

（1）精子的生成：精子在曲细精管内生成，曲细精管上皮有生精细胞和支持细胞，生精细胞生成精子。从青春期起，原始生精细胞即精原细胞经过逐级的分裂和发育，形成精子。精子移入管腔，暂时贮存于附睾内，并在附睾内进一步成熟。整个生精过程大约历时 2.5 个月。

（2）支持细胞的作用：①支持、保护和营养生精细胞。②参与形成血-睾屏障。③分泌雄激素结合蛋白、抑制素等。④吞噬功能。

2. 睾丸的内分泌功能　睾丸的间质细胞分泌雄激素，雄激素是一种类固醇激素，主要有睾酮、脱氢表雄酮和雄烯二酮。其中睾酮分泌量最多，生物活性也最强。男性血浆中的睾酮95%来自睾丸。

（1）雄激素的合成、代谢和利用：睾酮是在间质细胞线粒体内的胆固醇经羟化，侧链裂解，形成孕烯醇酮，孕烯醇酮转变为雄烯二酮，雄烯二酮经 17-羟类固醇脱氢酶的作用转化形成。大部分睾酮与血浆中的性激素结合球蛋白结合，少部分的睾酮与血浆白蛋白或皮质醇结合蛋白结合。血浆中只有 2%的睾酮以游离形式存在，仅游离的睾酮才具有生物活性。结合形式的睾酮可作为血浆中睾酮的贮存库。睾酮主要在肝脏代谢，灭活，最终的代谢产物随尿液排出。

（2）睾酮的生理作用

1）对胚胎性别分化的影响：胎儿时期由睾丸的胚胎型间质细胞分泌的睾酮诱导男性内、外生殖器发育，促使男性第一性征出现。如果胚胎型间质细胞发育不良或对胎盘绒毛膜促性腺激素反应低下致睾酮分泌不足，胎儿内、外生殖器不能正常分化，是导致男性假两性畸形的原因之一。如果女胎在母体内受到过多雄激素作用也可能导致女性的假两性畸形。

2）促进男性第二性征发育：青春期睾丸分泌大量睾酮，刺激男性附性器官的生长发育，促进男性第二性征出现并维持其正常状态。男性特有的体征如阴毛、胡须出现，喉头隆起，声音低沉，骨骼和肌肉发达。睾酮还刺激和维持正常的性欲。

3）对生精过程的影响：高浓度的睾酮能刺激曲细精管产生精子。维持生精作用，睾酮自间质细胞分泌后，经支持细胞为双氢睾酮进入曲细精管内，睾酮可直接或转变为活性更强的双氢睾酮与生精细胞上的雄激素受体结合，促进精子的生成，同时提高与维持雄激素在曲细精管的局部浓度有利于生精过程。

4）对代谢的影响：①促进蛋白质合成并抑制其分解，特别是肌肉和生殖器官的蛋白质合成，同时还能促进骨骼、肌肉生长与钙磷沉积，因此能加速机体生长。②睾酮对脂代谢有不利影响，表现为血中低密度脂蛋白增加，而高密度脂蛋白减少，因此男性患心血管疾病的风险高于绝经前的女性。③睾酮还参与调节机体水和电解质的平衡，有类似于肾上腺皮质激素的作用，可使体内钠、水潴留。

5）其他作用：促进肾脏合成促红细胞生成素，使红细胞增多等。

## 二、睾丸的功能调节

1. 下丘脑-腺垂体-睾丸轴的调节

（1）睾丸的生精和内分泌作用，主要受下丘脑-腺垂体-睾丸轴的调节。来自环境的刺激，通过中枢神经系统，影响下丘脑促性素释放激素（GnRH）的分泌，促使腺垂体分泌促卵泡激素（FSH）和黄体生成素（LH），进而影响睾丸的功能。

（2）腺垂体分泌的 LH 促使间质细胞合成与分泌睾酮，LH 又称间质细胞刺激素，当血中睾酮达到一定浓度后，便可作用于下丘脑和垂体，抑制 GnRH 和 LH 的分泌。

（3）FSH 对生精过程起始动作用，适量的睾酮则有维持生精效用。FSH与睾酮都刺激支持细胞形成雄激素结合蛋白（ABP），ABP与睾酮结合可促进精母细胞减数分裂，利于生精过程。FSH促进支持细胞分泌抑制素，而抑制素对垂体FSH的分泌有负反馈调节作用。此外，FSH还使支持细胞中的睾酮经芳香化酶作用，转化为雌二醇，雌二醇可能对睾酮的分泌有反馈调节作用，从而使睾丸的功能保持适宜程度。

（4）在支持细胞与生精细胞、间质细胞与支持细胞之间，存在着错综复杂的局部调节机制。

2. 睾丸内的局部调节　睾丸的功能除受到下丘脑和垂体的调控外，睾丸内各种细胞分泌的局部调节因子，如生长因子、胰岛素样生长因子、免疫因子也以自分泌或旁分泌的形式参与睾丸功能的调控。

## 第二节　女性生殖功能及其调节

### 一、卵巢的功能及其调节

#### （一）卵巢的生卵功能

1. 卵子的生成及生命历程　胎龄5~6周开始，原始生殖细胞通过有丝分裂增殖成为卵原细胞，卵原细胞从8~9周起陆续开始第一次减数分裂转化为初级卵母细胞。到出生后6个月时，所有的卵原细胞全部转变为初级卵母细胞。青春期后卵母细胞排出第一极体，成为次级卵母细胞，并随即开始第二次减数分裂。如受精发生，则卵母细胞第二次减数分裂完成，排出第二极体，成为卵子。如没有受精，则卵细胞死亡、溶解不同于精子生成。如果卵母细胞的发育快于卵泡生长，将发生退化凋亡，残余的卵泡可能形成卵巢囊肿。

2. 卵泡的生长发育　成年女性的卵巢中有数万个初级卵泡。

卵泡发育次序为原始卵泡→初级卵泡→次级卵泡→成熟卵泡。

3. 排卵　成熟卵泡破裂，卵细胞和卵泡液排至腹腔的过程，称为排卵。

4. 黄体的形成和退化　排卵后，残存的卵泡壁塌陷，其腔内由卵泡破裂时流出的血液所填充。留在残存卵泡内的颗粒细胞增生变大，胞质中含有黄色颗粒，这种细胞称为黄体细胞。黄体细胞聚集成团形成黄体。若排出的卵子未受精，黄体一般维持（14±2）天便开始萎缩，最后被吸收并纤维化，转变成白体。若卵子受精，黄体则继续生长，成为妊娠黄体。

5. 卵泡闭锁　生育年龄的妇女，一般除妊娠外，每月都有几个甚至几十个初级卵泡，同时生长发育，但通常只有一个发育成熟。其他卵泡都在发育不同阶段退化或闭锁卵泡。

### （二）卵巢的内分泌功能

卵巢分泌的性激素有两类：一类是雌激素，由卵泡的颗粒细胞和黄体细胞所分泌，有雌二醇、雌酮、雌三醇等，其中雌二醇分泌量最大，活性最强；另一类是孕激素，主要由黄体细胞分泌，以孕酮（黄体酮）的作用最强。卵巢也分泌少量的雄激素。

1. 卵巢性激素的合成、代谢和降解　卵巢性激素的生物合成也利用血液运输来的胆固醇为原料。雌激素和孕激素在血中主要以结合型存在，游离存在的量很少。其中，雌激素在血液循环中约70%与特异的性激素结合球蛋白结合，约25%与血浆白蛋白结合，其他为游离型。雌激素和孕激素主要在肝脏代谢失活，以葡萄糖醛酸盐或硫酸盐的形式由尿排出，小部分经粪便排出。

2. 雌激素的主要作用　促进女性生殖器官的生长发育和第二性征的出现，并维持在正常状态。主要作用如下。

（1）对生殖器官的作用

1）雌激素协同 FSH 促进卵泡发育。

2）促进输卵管上皮纤毛细胞和分泌细胞增生，促进输卵管的收缩和纤毛摆动，有利于精子与卵子的运行。

3）促进子宫发育，内膜发生增生期的变化。

4）促进子宫平滑肌的增生，在分娩前，雌激素能增强子宫肌的兴奋性，提高子宫肌对催产素的敏感性。

5）使阴道黏膜上皮细胞增生、角化，降低阴道内的 pH，增强阴道对感染的抵抗力。

6）促进外生殖器的发育。

7）使排卵期宫颈口松弛，子宫颈分泌大量清亮、稀薄的黏膜，有利于精子穿行。

（2）对乳腺和副性征的作用：雌激素刺激乳腺导管和结缔组织增生，促进乳腺发育，并使全身脂肪和毛发分布具有女性特征，音调较高，骨盆宽大，臀部肥厚。

（3）对代谢的作用

1）促进蛋白质合成，特别是促进生殖器官的细胞增殖与分化。

2）刺激成骨细胞的活动，而抑制破骨细胞的活动，加速骨的生长，并能促进骨骺软骨的愈合致女性往往较男性更早停止生长。绝经后，雌激素水平的降低，骨骼中的钙容易流失，因此一些妇女容易发生骨质疏松、骨折。

3）提高血中载脂蛋白的含量，并可降低血脂固醇浓度，改善血脂成分，是抗动脉硬化的重要因素之一，因此对心血管具有保护作用。

4）高浓度的雌激素有导致水、钠潴留的趋势，可能是由于促进醛固酮分泌所引起的。

主治语录：雌激素导致水钠潴留，糖皮质激素可保钠排钾排水。

（4）对中枢神经系统的影响：对腺垂体 FSH 和 LH 的分泌有负反馈或正反馈两种作用。雌激素的中枢作用还表现为促进神经细胞的生长、分化、再生、突触形成以及调节许多神经肽和递质的合成、释放与代谢，雌激素缺乏可能与阿尔茨海默病的发病有关。

（5）其他方面：促进肾小管重吸收钠并提高肾小管对抗利尿激素的敏感性，从而增加细胞外液量，故有保钠保水作用。增加蛋白质合成，钙盐沉着，因此对青春期生长发育有促进作用。

3. 孕激素主要作用　孕激素的作用基本上是在雌激素作用的基础上发挥的，保证胚泡着床和妊娠的维持。

（1）对生殖器官的作用

1）促使在雌激素作用下增生的子宫内膜进一步增厚，并发生分泌期的变化，有利于早期胚胎的发育和着床，并使子宫基质细胞转化为蜕膜细胞。

2）孕酮可使子宫肌细胞兴奋性降低，从而抑制子宫发生收缩，并可抑制母体对胎儿的排斥反应，防止将胚胎排出，具有安宫保胎作用。

3）在雌激素作用的基础上，进一步促使子宫内膜和其中的血管、腺体增生，并引起腺体分泌，为受精卵及卵裂球提供丰富的营养和促进胚胎生长的活性物质。

4）使宫颈腺分泌少而黏稠的黏膜，形成黏膜塞，不利于精子通过宫颈管。

5）抑制阴道上皮增生，并使其角化程度降低。

（2）对乳腺的作用：刺激乳腺腺泡的发育。在雌激素作用的基础上，孕酮主要促进乳腺腺泡发育，为产后泌乳做好准备。

（3）抑制排卵：负反馈抑制腺垂体 FSH 和 LH 的分泌，妊娠期间的女性由于血中高浓度的孕激素使卵泡的发育和排卵都

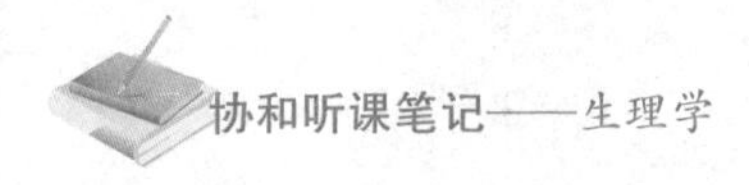


受到抑制，不会发生二次受孕。

(4) 产热作用：女性基础体温在排卵前先出现短暂降低，而在排卵后升高0.2~0.5℃，并在黄体期一直维持在此水平上。临床上常将这一基础体温的双相变化，作为判定排卵的标志之一。

(5) 其他作用：促进钠、水排泄。另外，孕激素能使血管和消化道肌张力下降。因此，妊娠期妇女因体内孕激素水平高易发生静脉曲张、痔疮、便秘、输卵管积液等。

## 二、月经周期及调控

### (一) 月经及月经周期的概念

女性青春期后，除妊娠外，每月一次子宫内膜脱落出血，经阴道流出的现象，称为月经。月经形成的周期性过程，称为月经周期。成年妇女月经周期平均为28天，在20~40天也属正常。但每个妇女自己的月经周期是比较稳定的。一般12~15岁开始第一次来月经称为初潮。月经初潮后一段时间内，月经周期可能不规则，一般1~2年后便逐渐规则起来。45~50岁月经周期停止，以后称为绝经期。

### (二) 月经周期的分期

月经周期中卵巢和子宫内膜都出现一系列形态、功能的变化。根据子宫内膜的变化，可将月经周期分成三期。

1. 卵泡期（增生期）　一般为月经周期第1~14天。此期内卵巢中卵泡生长发育成熟，并不断分泌雌激素，雌激素促使子宫内膜增殖变厚，其中的血管、腺体增生；腺体增多。这时宫颈分泌黏液逐渐增加。

2. 黄体期（分泌期）　从排卵后到下次月经前，即月经周期的第15~28天。排卵后形成的黄体分泌雌激素和大量孕激素。这两种激素特别是孕激素促使子宫内膜进一步增生变厚，其中的血管扩张充血，腺体迂曲并分泌大量黏液。这样，子宫内膜变得松软并富含营养物质，子宫也较静止，为胚泡着床和发育准备了条件。黄体期的宫颈分泌黏液量逐渐减少，质地变黏稠而混浊，拉丝度差，易断裂。

主治语录：月经周期中的黄体期的时间长度相对稳定，而卵泡期的长短变化较大，因此临床上常将月经来潮前的第14天推算为排卵日。

3. 月经期　月经周期开始的几天与增生期的早期有所重叠。若排出的卵子未受精，黄体于排卵后8~10天开始退化萎缩。孕激素、雌激素伴随黄体退化萎缩而分泌减少，于排卵后期末处于低水平。子宫内膜失去这两种激素的维持而崩溃出血，即月经来潮。月经持续时间3~5天，流血量20~100ml，平均50ml。剥脱的子宫内膜混于月经血中。月经血含纤维蛋白溶酶，故不凝固。

### （三）月经周期的调控

1. 下丘脑-垂体-卵巢轴的功能联系

（1）月经周期的产生与下丘脑、腺垂体和卵巢分泌的有关激素关系密切。青春前期，下丘脑、腺垂体发育未成熟，促性腺素释放激素、促卵泡激素、黄体生成素分泌极少，未能引起卵巢和子宫内膜周期性变化。随着青春期到来，下丘脑、腺垂体发育成熟，月经周期便表现出来。

（2）女性青春期开始，下丘脑分泌的促性腺素释放激素使垂体分泌促卵泡激素和黄体生成素。促卵泡激素促使卵泡生长发育成熟，并与黄体生成素配合使卵泡分泌雌激素。

（3）在卵巢分泌的雌激素的作用下，子宫内膜呈排卵前期的变化，同时对下丘脑-垂体进行反馈调节。排卵前期末，雌激素在血中浓度达高水平，通过正反馈使促性腺素释放激素分泌增加，进而使促卵泡激素，特别是黄体生成素分泌增加。这时已发育成熟的卵泡，在高浓度的黄体生成素和促卵泡激素作用下，导致排卵。抑制素则主要选择性抑制 FSH 合成与分泌。

2. 月经周期各期的内分泌调控

（1）卵泡期开始时：血中雌激素与孕激素浓度均处于低水平，对垂体 FSH 与 LH 分泌的反馈抑制作用较弱，血中 FSH 含量逐渐升高，1~2 天后 LH 也有所增加。排卵前 1 周左右，卵泡分泌的雌激素明显增多，血中的浓度迅速升高，与此同时，血中 FSH 的水平有所下降，这是由于增加的雌激素和颗粒细胞分泌的抑制素对垂体 FSH 的分泌产生反馈抑制作用。虽然血中 FSH 浓度暂处于低水平，但雌激素浓度并不因此减少，却反而持续增加，其原因是雌激素可加强内膜细胞的分裂与生长，使 LH 受体数量增加，从而使雄激素转化为雌激素的速率加快。

（2）月经周期的中期：血中雌激素浓度达到顶峰，在其作用下，下丘脑增强 GnRH 的分泌，GnRH 经垂体门脉转运至腺垂体，促进 LH 与 FSH 的释放，血中以 LH 浓度增加最为明显，形成 LH 峰。一般在 LH 峰值出现 16~24 小时排卵。LH 峰是排卵所必需的，是控制排卵发生的关键性因素。

（3）排卵后的黄体期：黄体生成素促使排卵后的残余卵泡形成黄体，并继续分泌雌激素和大量孕激素。一般排卵后 7~8 天，形成雌激素的第二个高峰及孕激素分泌峰，对下丘脑、腺垂体起负反馈作用，抑制促性腺素释放激素、促卵泡激素、黄体生成素的分泌。若卵子没有受精，在排卵后第 8~10 天黄体开始退化，雌激素、孕激素分泌也迅速减少，至排卵后期末降到低水平。子宫内膜失去这两种激素的维持便发生痉挛性收缩，随后出现子宫内膜脱落与流血，形成月经。

随着血中雌激素、孕激素浓度降低，对下丘脑、腺垂体的抑制作用解除，卵泡又在促卵泡激素的作用下生长发育。新的月经周期又开始。

3. 其他对月经周期的影响　中枢神经系统接受内外环境的刺激，能通过下丘脑-腺垂体系统调节卵巢功能，从而影响月经周期。因此，强烈情绪波动，生活环境的改变以及体内其他系统的疾病，往往都可引起月经失调。其他一些内分泌激素，如催乳素、甲状腺素和胰岛素也参与调节卵巢的功能活动，这些激素分泌异常也会影响到月经周期及月经。所以，在防治月经疾病中，应作全面而周密的分析研究。

### 三、卵巢功能的衰退

一般女性性成熟期约持续 30 年，40~50 岁的女性卵巢功能开始衰退，对 FSH 和 LH 的反应性下降，卵泡常停滞在不同发育阶段，不能按时排卵，雌激素分泌减少，子宫内膜不再呈现周期性变化。此后，卵巢功能进一步衰退，卵巢中的卵泡几乎完全耗竭，生殖功能也随之完全丧失则进入绝经期。

## 第三节　妊　　娠

妊娠是新个体产生的过程，包括受精、着床、妊娠的维持、胎儿的成长以及分娩。临床上，妊娠时间一般以最后一次月经的第一天开始算起，所以人类的妊娠时间为 280 天。如果以排卵开始计算，则人类的妊娠时间应为 266 天。

### 一、受精和着床

1. 受精

（1）精子获能：精子和卵子结合的过程称为受精，一般在输卵管壶腹部进行。射入阴道的精子，靠本身的运动和射精后引起的子宫收缩，被运送到子宫，进入输卵管，获得使卵子受精的能力，称为精子获能。

（2）顶体反应：排出的卵，靠输卵管伞端汲取、输卵管蠕动及其上皮细胞纤毛摆动，被运送到壶腹部。与卵子接近的精子仅200个左右，当精子与卵子即将接触的一瞬间，精子顶体中的酶系便释放出来，协助精子穿透卵子外各层，这一过程称为顶体反应。顶体反应是精子在受精时的关键变化，只有完成顶体反应的精子才能与卵母细胞融合，实现受精。

（3）受精卵的形成：一个精子进入后，卵子立即产生抑制顶体素的物质，封锁透明带，使其他精子不再进入；同时触发减数第二分裂的最后一步，放出第二极体。卵细胞核形成雌性原核，卵子内精子染色质形成雄性原核。随即两性原核融合成新的细胞，即合子，来自于雌、雄配子的染色体合在一起，恢复为体细胞的染色体构成，即23对染色体，其中一对为性染色体。

2. 着床　胚泡通过与子宫内膜相互作用，侵入子宫内膜的过程。一般认为着床开始于受精后的第6~7天，至第11~12天完成，最常见的植入部位为子宫后壁靠中线的上部。

（1）胚胎发育与子宫内膜的蜕膜化：着床成功的关键需要胚胎发育与到达子宫的时间都必须与子宫内膜的分化程度相一致，也就是同步。子宫内膜蜕膜化与胚泡发育的同步，一方面需要母体黄体分泌的激素作用使子宫内膜转变为蜕膜；另一方面需胚泡提供的信息诱导妊娠黄体进一步分泌激素，使前蜕膜转变为蜕膜。两方面的因素缺一不可，且必须同步，否则不能发生着床。

（2）着床过程：包括定位、黏着和穿透三个阶段。胚泡进入子宫后胚泡先在宫腔内缓慢移动1~2天后，脱去透明带，靠近子宫内膜，并进一步黏着固定。随即，滋养层细胞开始分泌蛋白酶，水解子宫内膜上皮细胞之间的连接而造成隙缝，胚泡便逐渐从这个隙缝进入内膜的基层中。胚泡再缓慢向内侵蚀，直至破坏微血管的内皮细胞，与母体血液循环产生联系，着床即初步完成。之后，滋养层细胞迅速增殖，并侵入到子宫的螺旋动脉内，最后建立母胎间物质交换的专门器官——胎盘。

## 二、妊娠的维持

### （一）胎盘的功能

胎盘除实现胎儿与母体之间的物质交换外，还具有内分泌功能。

1. 胎盘的物质转运功能　母体血液中的物质与胎儿血液中的物质相互交换的过程，是胎盘最重要的功能之一。母体血液循环中的水分、电解质、氧气以及各种营养物质均通过胎盘提供给胎儿、满足其生理需要。在母体与胎儿之间，$CO_2$和$O_2$以简单扩散方式进行交换。胎盘具有转运三大营养物质的能力，葡萄糖和氨基酸的跨胎盘转运是通过葡萄糖和氨基酸转运体介导的，大多数脂肪酸是以简单扩散的方式由母体侧向胎儿侧转运。

2. 胎盘的内分泌功能

（1）人绒毛膜促性腺激素（hCG）：由胚泡滋养层细胞分泌，其作用如下。①与LH相似，能刺激黄体转变成妊娠黄体，并使其分泌大量雌激素和孕激素，以维持子宫及乳腺继续发育增长。②降低淋巴细胞活力，防止母体对胎儿的排斥反应，达到安胎效应。受精后8~10天，hCG就出现于孕妇血中，并由尿排出。随后在血和尿中的浓度逐渐升高，至妊娠8~10周达到高峰，接着逐渐下降，至妊娠第90天左右达到低水平。测定尿或血中的hCG，可作为诊断早期妊娠的指标。

（2）人胎盘催乳素（hPL）：可降低母体对葡萄糖的利用并将其转给胎儿作能源，同时增加母体游离脂肪酸以利胎儿摄取更多营养，所以有促进胎儿生长的作用。hPL还促进乳腺生长，为泌乳做好准备。

（3）类固醇激素：妊娠3个月后，胎盘可代替妊娠黄体的功能，分泌大量雌激素（主要是雌三醇）和孕激素，促进子宫、乳腺的发育，维持妊娠，直到分娩。胎儿、胎盘和母体共同制造雌三醇。检测雌三醇可用作胎儿存活与否的标志。血中雌激素、孕激素在整个妊娠期间都保持高水平，对下丘脑-腺垂体反馈抑制很强，致使卵泡不发育，卵巢不排卵。故妊娠期间既不来月经，也不再受孕。

### （二）母体的适应性生理变化

1. 心血管系统　妊娠期母体血容量和心输出量增加，但血压并不升高。母体血容量在妊娠期间约增加45%，其中血浆增加量比红细胞的增加量要大。心输出量增加的原因是由于血容量的增加。因为雌激素和孕激素可使母体外周血管舒张，所以母体血压并不升高。

2. 内分泌系统　妊娠期间母体的一些内分泌功能特别是垂体、肾上腺、甲状腺、甲状旁腺的活动增强。甲状旁腺功能增强可使母体血中游离钙水平升高以满足胎儿骨骼生长。

3. 呼吸和泌尿系统　母体呼吸功能变化的主要表现为肺通气功能增强，妊娠期呼吸功能变化主要与子宫增大对膈肌的压迫以及孕酮对呼吸中枢的作用有关。妊娠期母体肾脏稍有增大，这主要是由于血容量增加导致肾脏负荷过重所致。

4. 能量代谢　妊娠早期的基础代谢率几乎没有变化或略有

降低，但是由妊娠中期开始母体的基础代谢率开始逐步升高，至妊娠末期时比未孕时升高15%~20%。

## 三、分娩

1. 分娩过程　子宫末期，成熟胎儿自子宫娩出母体的过程，称为分娩。分娩时，子宫对缩宫素更加敏感，产生了节律性的收缩即宫缩。宫缩使胎儿压向宫颈，反射性引起缩宫素释放，缩宫素进一步加强宫缩，这种正反馈过程持续进行，直至胎儿娩出。

2. 妊娠期间子宫收缩性的变化　根据子宫平滑肌的功能状态，将孕期子宫的活动分为舒张期（静息期）、分娩前的激活期、分娩时的收缩期和产后的复原期。

在孕期的前36~38周，在孕激素和松弛素的作用下子宫处于舒张状态，且随着胎儿的长大而扩大。孕期最后2~4周，由舒张期向收缩期过渡并被激活，此时，子宫肌和宫颈的结构和功能发生明显变化，如子宫平滑肌细胞间缝隙连接增加，缩宫素和前列腺素受体等收缩相关蛋白大量增加，子宫平滑肌对缩宫素和前列腺素的反应增强以及宫颈软化成熟及子宫下段形成等。在激活期可以出现弱而不规则的子宫收缩。到了分娩发动时，子宫平滑肌对缩宫素和前列腺素的敏感性进一步加强，从不规律收缩发展为有节律的强烈收缩。

3. 分娩启动的机制

（1）胎儿信号的作用：胎儿下丘脑-垂体-肾上腺轴的激活，糖皮质激素逐渐增多，促进胎盘的孕激素向雌激素转化，使孕激素水平下降，而雌激素水平上升。

（2）胎盘激素的作用：胎盘分泌的雌激素和孕激素在子宫激活中起重要作用。前列腺素（PG）能诱发宫缩，促进宫颈成熟，在分娩发动中起重要作用。妊娠期子宫膜、子宫肌层、宫颈黏膜、羊膜、绒毛膜、脐带、血管、胎盘均能合成和释放PG。

(3) 母体来源的激素：缩宫素是分娩中起重要作用的母体来源激素。分娩过程中，胎儿刺激宫颈可反射性引起神经垂体释放缩宫素，促使子宫肌收缩力度增加。

## 第四节　性生理与避孕

### 一、性成熟

#### (一) 男性性成熟的表现

1. 男性生殖器官的发育　发育进入青春期后，睾丸迅速发育且增大并具有生精和分泌雄激素。伴随着睾丸的发育，附睾、精囊腺、前列腺等附属性器官也迅速发育，并分泌液体，与精子混合后形成精液，这时会出现遗精，阴茎常会勃起。

2. 男性第二性征的出现　主要表现为声调变低，喉结突出，长出胡须、腋毛和阴毛，肌肉发达，骨骼粗壮等。

#### (二) 女性性成熟的表现

1. 女性生殖器官的发育　进入青春期后，卵巢开始迅速发育，至17~18岁时卵巢发育基本成熟。子宫在10岁左右开始迅速发育，18岁接近成年人水平。

2. 女性第二性征的出现　主要表现为乳腺发育、乳房增大、长出阴毛和腋毛、体态丰满、骨盆宽大、声音细润等女性特有的体貌特征。

#### (三) 性成熟的调节

主要受到下丘脑-垂体-性腺轴的调节，遗传、环境、情绪、营养和疾病等因素对其也有影响。下丘脑被认为是青春期的始动者。

随着青春期的到来，促性腺激素释放激素（GnRH）神经元日渐成熟，其分泌呈脉冲式释放，这是性成熟的重要标志。GnRH 调节垂体合成和释放促性腺激素 LH 和 FSH，这些促性腺激素刺激了女性卵巢卵泡的发育、排卵、黄体形成以及性激素的合成及分泌等系列事件。

对于男性，则是刺激了男性睾丸的生精作用和雄激素的合成与分泌等。下丘脑 GnRH 神经元的脉冲性电活动与外周血中 LH 脉冲同步。

GnRH 的脉冲式释放对于女性的生殖周期十分重要：高频率、低幅度的脉冲式释放为卵泡期的特征；而低频率、高幅度的脉冲释放为黄体期的特征。CnRH 脉冲式释放模式的丧失将导致闭经。

## 二、性兴奋与性行为

1. 男性的性兴奋与性行为　男性的性兴奋除心理性活动外，主要表现为阴茎勃起和射精。

2. 女性的性兴奋与性行为　女性的性兴奋主要包括阴道润滑、阴蒂勃起及性高潮。

3. 性行为的调节

（1）性行为的神经调节：性行为的调节主要是在中枢神经系统的控制下，通过条件反射和非条件反射实现的。

（2）性行为的激素调节：调节性反应的激素主要包括雄激素、雌激素和孕激素。

4. 性功能障碍　不能进行正常的性行为或在正常性行为中不能得到性满足的一类障碍。

（1）器质性性功能障碍：是由于机体某个器官或系统发生

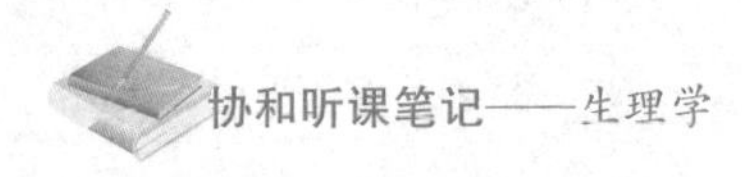


病理改变而引起的性功能障碍。

1）男性器质性性功能障碍：可因多种因素引起，如垂体或性腺功能减退、肾上腺皮质或甲状腺功能异常、外伤、手术药物以及疾病等。

2）女性器质性性功能障碍：除上述引起男性器质性性功能障碍的神经和内分泌异常外，还有自然绝经、卵巢功能早衰及长期服用避孕药物等因素。

（2）功能性性功能障碍：多数是由于缺乏性知识、精神心理紊乱及环境不适当引起的。

## 三、避孕

目前常用的避孕方法包括避孕药、屏障避孕法、宫内节育和绝育等。

## 历年真题

1. 成熟的卵泡能分泌大量的
   A. 促卵泡激素
   B. 黄体生成素
   C. 绒毛膜促性腺激素
   D. 雄激素
   E. 雌激素
2. 血液中浓度急剧下降导致月经发生的激素是
   A. 生长激素
   B. 雌激素
   C. 孕激素
   D. 雌激素和孕激素
   E. 孕激素和生长激素
3. 血液中浓度出现高峰可以作为排卵的标志的激素是
   A. 雌激素
   B. 孕激素
   C. 黄体生成素
   D. 促卵泡激素
   E. 生长激素

参考答案：1. E　2. D　3. C